U0907514

计算机网络工程技术及其实践应用

初雪 著

中国原子能出版社

图书在版编目(CIP)数据

计算机网络工程技术及其实践应用 / 初雪著. --北京:中国原子能出版社,2018.7
ISBN 978-7-5022-9232-4

Ⅰ.①计… Ⅱ.①初… Ⅲ.①计算机网络－研究 Ⅳ.①TP393

中国版本图书馆 CIP 数据核字(2018)第 170825 号

内 容 简 介

计算机网络工程是指按计划进行的以工程化的思想、方式、方法,设计、研发和解决网络系统问题的工程。本书对计算机网络工程技术及其实践应用进行了研究,主要内容包括:网络传输介质与互连设备、网络通信基础、局域网技术、广域网技术、IPv4 与 IPv6、网络安全技术、网络工程建设与管理等。本书结构合理,条理清晰,内容丰富新颖,是一本值得学习研究的著作。

计算机网络工程技术及其实践应用

出版发行 中国原子能出版社(北京市海淀区阜成路 43 号 100048)
责任编辑 张 琳
责任校对 冯莲凤
印 刷 北京亚吉飞数码科技有限公司
经 销 全国新华书店
开 本 787mm×1092mm 1/16
印 张 16
字 数 287 千字
版 次 2019 年 3 月第 1 版 2024 年 9 月第 2 次印刷
书 号 ISBN 978-7-5022-9232-4 定 价 63.00 元

网址:http://www.aep.com.cn E-mail:atomep123@126.com
发行电话:010－68452845

前　言

计算机网络技术是当今世界发展最为迅速的一门技术，也是计算机应用中一个空前活跃的领域。新的技术、新的网络标准层出不穷、日新月异，时刻影响并改变着每一个人的生活。对计算机网络技术展开系统性的研究，深入揭示其技术机理，厘清其发展脉络，发掘其技术创新的着力点，为构建集先进性、实用性、扩展性为一体的计算机网络提供有效的解决方案，无疑是一项十分有意义的工作。为此，作者特撰写本书，对计算机网络工程技术及其实践应用展开系统性的研究。

全书内容共分 8 章：第 1 章在简单概述计算机网络的定义、内涵、体系结构、拓扑结构的同时，简单讨论了网络工程的内涵与特点，为全书的研究奠定了基础；第 2 章讨论了网络传输介质与互连设备，其中传输介质从有线介质和无线介质两个方面进行讨论，互联设备按物理层、数据链路层、网络层、应用层进行分类讨论；第 3 章讨论了网络通信的基础理论和基本技术，主要包括信道复用技术、数据编码技术、数据交换技术、差错控制技术等；第 4 章针对局域网技术进行了系统的研究讨论，主要包括局域网的模型与标准、介质访问控制方法、以太网及其组网技术、虚拟局域网和无线局域网等；第 5 章研究讨论了广域网技术，主要包括广域网接入技术、Internet 接入技术、TCP 协议、UDP 协议等；第 6 章针对 IPv4、IPv6 以及从 IPv4 到 IPv6 的过度技术进行了讨论；第 7 章分析讨论了网络安全技术，主要包括数据加密技术、防火墙技术、计算机病毒及其防治、网络攻击与入侵检测等；第 8 章分析讨论了网络工程的建设与管理，内容主要包括需求分析、网络规划设计、综合布线、测试与验收、管理与维护等。

全书以“系统观”的思想组织网络技术的理论体系，内容完整、逻辑条理、层层递进，完整呈现了计算机网络工程技术的核心概貌。既夯实基础又贴近前沿，既注重理论研究又重视实践应用，还加入了许多作者在相关方面的创新想法。既具有一定的学术价值，又具有广泛的应用性。

在撰写本书的过程中，本人得到了同行业内许多专家学者的指导帮助，也参考了国内外大量的学术文献，在此一并表示真诚的感谢。

计算机网络工程是一个十分活跃的专业领域，新思想、新技术、新标准层出不穷。限于本人水平有限，书中难免存在疏漏和不足之处，真诚希望有关专家和读者批评指正。

作　者

2018 年 5 月

目 录

第 1 章 概述…………………………………………………………………… 1

1.1 计算机网络概述 ………………………………………………………… 1
1.2 计算机网络的体系结构 ………………………………………………… 8
1.3 计算网络的拓扑结构…………………………………………………… 14
1.4 网络工程的内涵与特点………………………………………………… 18

第 2 章 网络传输介质与互连设备 …………………………………………… 23

2.1 网络传输介质…………………………………………………………… 23
2.2 物理层使用的设备……………………………………………………… 34
2.3 数据链路层使用的设备………………………………………………… 37
2.4 网络层使用的设备……………………………………………………… 43
2.5 应用层使用的设备……………………………………………………… 47

第 3 章 网络通信基础 ………………………………………………………… 55

3.1 数据通信基本知识……………………………………………………… 55
3.2 数据编码技术…………………………………………………………… 64
3.3 多路复用技术…………………………………………………………… 68
3.4 数据交换技术…………………………………………………………… 76
3.5 差错控制技术…………………………………………………………… 79

第 4 章 局域网技术 …………………………………………………………… 84

4.1 局域网概述……………………………………………………………… 84
4.2 局域网的模型与标准…………………………………………………… 88
4.3 介质访问控制方法……………………………………………………… 92
4.4 以太网及其组网技术 ………………………………………………… 103
4.5 虚拟局域网 …………………………………………………………… 110
4.6 无线局域网 …………………………………………………………… 117

第 5 章　广域网技术…………………………………………………………… 121

5.1　广域网概述 …………………………………………………………… 121
5.2　广域网接入技术 ……………………………………………………… 124
5.3　Internet 接入技术 …………………………………………………… 130
5.4　TCP 与 UDP 协议 …………………………………………………… 136

第 6 章　IPv4 与 IPv6 ……………………………………………………… 145

6.1　IPv4 编址概述 ………………………………………………………… 145
6.2　子网划分与子网掩码 ………………………………………………… 155
6.3　IPv6 地址概述 ………………………………………………………… 174
6.4　IPv6 的运行方式 ……………………………………………………… 184
6.5　IPv6 的路由选择及过渡技术 ………………………………………… 188

第 7 章　网络安全技术……………………………………………………… 197

7.1　网络安全概述 ………………………………………………………… 197
7.2　数据加密 ……………………………………………………………… 197
7.3　防火墙技术 …………………………………………………………… 203
7.4　计算机病毒与防治 …………………………………………………… 213
7.5　网络攻击与入侵检测 ………………………………………………… 214

第 8 章　网络工程建设与管理……………………………………………… 221

8.1　网络的需求分析与规划 ……………………………………………… 221
8.2　网络方案的设计 ……………………………………………………… 228
8.3　网络的综合布线 ……………………………………………………… 233
8.4　网络的测试与验收 …………………………………………………… 237
8.5　网络的管理与维护 …………………………………………………… 238

参考文献……………………………………………………………………… 245

第1章 概 述

计算机网络是计算机技术和通信技术紧密结合的产物。它的诞生使计算机的体系结构发生了巨大变化,并在当今社会经济发展中发挥非常重要的作用。一个国家网络建设的规模和应用水平是衡量一个国家综合国力、科技水平和社会信息化的重要标志。在当今的信息社会,计算机网络技术已经进入了一个崭新的时代,网络技术已日益深入到国民经济各部门和社会生活的各个方面,成为人们日常生活和工作中不可缺少的工具。本章将在简要概述计算机网络的定义与发展历程的基础上,讨论其体系结构、拓扑结构以及网络工程的有关内容。

1.1 计算机网络概述

计算机网络源于计算机与通信技术的结合,自20世纪90年代以来,它取得了长足的发展。在今天,计算机网络技术已经普及到人类生产和生活的各个方面,深刻影响着人类社会的各个领域。

1.1.1 计算机网络的定义

计算机网络是当今人类最熟悉的事物之一,然而在不同的历史时期,人类对计算机网络有着不同的认识与定义。在当前的信息化时代,计算机网络的定义可以简单概括为:一些互相连接的、自治的计算机的集合。这里"互相连接"意味着互相连接的两台或两台以上的计算机能够互相交换信息,达到资源共享的目标。而所谓"自治",具体指的是,任何一台计算机都可以独立地工作,都不受其他计算机的控制或干预,例如启动、停止等,任意两台计算机之间不需要主从关系。

通过上述定义我们容易发现,计算机网络主要涉及以下三个问题:

(1)两台或两台以上的计算机相互连接起来才能构成网络,达到资源共享的目标。

(2)两台或两台以上的计算机相互连接进行通信,就需要有一条通道,这条通道的连接是物理的、由硬件实现,这就是连接介质(有时称为信息传输介质)。它们可以是“有线”介质,也可以是“无线”介质。

(3)为了使得计算机之间能够很好地交换信息,即实现通信,就必须制定一些协议,这里的协议指的是一些能够确保计算机能够“理解”对方信息的一些约定或规则。

综上所述,我们可以给计算机网络一个更为精确的定义。即所谓计算机网络,是指利用特定设计的通信设备或通信线路,将所处地理位置不同而且彼此独立工作的多台计算机及其外部设备连接起来,使之能够按照一定的约定或规则进行信息交换的一种现代化系统,在该系统之下,人们可以利用各类计算机软件实现信息交换和资源共享。

早期面向终端的网络由于网络中的终端没有自治能力,因此在今天就不能再算作是计算机网络,而只能称为联机系统,但在那个时代,联机系统就是计算机网络。在不同的历史时期,计算机网络的定义显然会有所不同。我们有理由相信,随着计算机技术的不断发展与变迁,计算机网络的定义还会发生变化,而其功能也会越来越强大。

1.1.2 计算机网络的产生与发展

回眸历史,计算机网络经历了从简单到复杂,从单一主机到多台主机,从终端与主机之间的通信到计算机与计算机之间的直接通信等阶段。其发展历程大致可划分为四个阶段。

1. 计算机技术与通信技术结合(诞生阶段)

计算机网络发展的第一阶段是20世纪60年代末,这一阶段又称萌芽阶段。此时,计算机是只具有通信功能的单机系统,一台计算机经通信线路与若干终端直接相连,该系统被称为终端计算机网络,是早期计算机网络的主要形式,如图1-1所示。

第一个远程分组交换网是ARPANET,它计算机网络发展的第一阶段的典型代表,它的诞生标志着计算机网络的诞生。从功能上看,ARPANET是通信网络和资源网络复合构成计算机网络系统,这在计算机发展史上具有划时代的意义。这一阶段的网络特征是共享主机资源。存在的问题是主机负荷较重,主机既要承担通信任务又要负责数据处理,通信线路利用率低,网络可靠性差。

这里需要特别指出的是,第一阶段的计算机网络的终端并没有CPU

和内存，而只有一台计算机及其显示器、键盘等外部设备，不具备自主处理数据的能力，仅能完成输入/输出等功能，所有数据处理和通信任务均由中央主机完成。

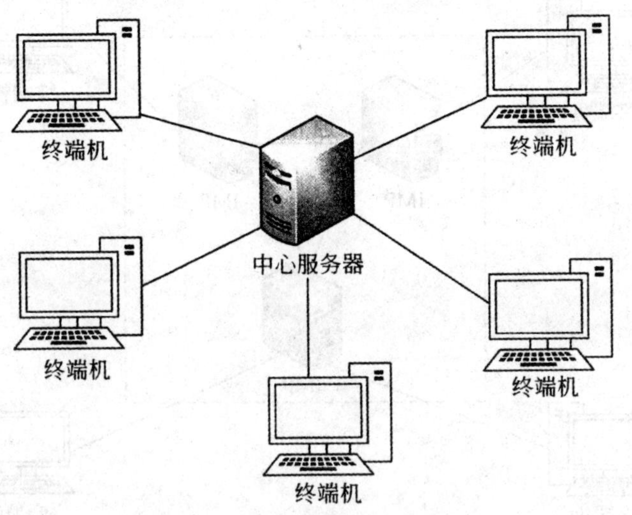

图1-1 第一阶段的计算机网络

2. 计算机网络具有通信功能(形成阶段)

第二阶段的计算机网络是以多台主机通过通信线路互联，为用户提供服务。主机之间不是直接用线路相连，而是通过接口报文处理机(Interface Message Processor，IMP)实现互联。IMP及处于它们之间通信线路构成通信子网，而主机间的通信任务正是由通信子网来完成的。对应地，由通信子网互联的主机构成了资源子网，资源子网的主要任务就是运行相关程序，从而实现资源共享。如图1-2所示，是第二阶段的计算机网络示意图。总的来说，这一时期计算机网络的基本概念就是：将功能独立的计算机通过一定的技术手段互联起来，构成一个有机的集合体，从而达到资源共享的目的。

这个阶段，每台主机服务的子网之间的通信均是通过各自主机之间的直接连线实现数据的转发。其网络特征是以多台主机为中心，网络结构从“主机一终端”转向为“主机一主机”；而其存在的问题是该阶段各企业的网络体系及网络产品相对独立，没有统一标准。此时的网络只能面向企业内部服务。

随着子网间通信数量的增加，由主机负责数据转发的通信网络显得力不从心，于是新的网络设备被研制出来，即通信控制处理机(Communication Control Processor,CCP)。该设备负责主机之间的通信控制,使主机从通信任务工作中被分离出来。

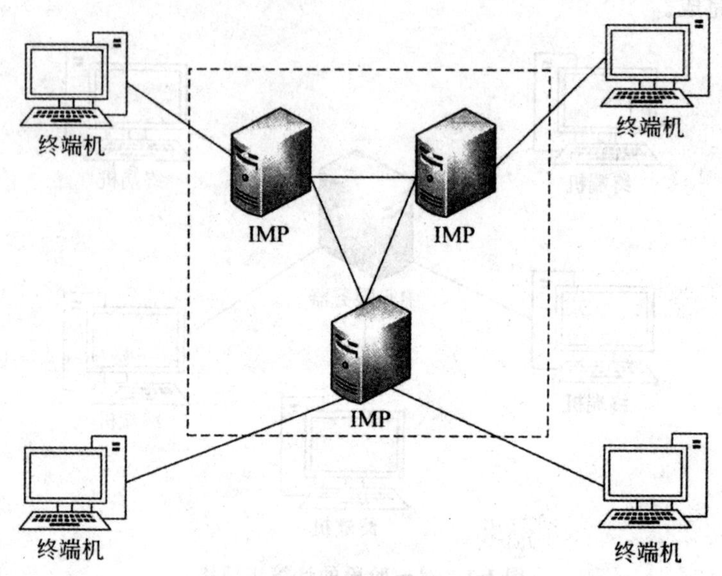

图 1-2　第二阶段的计算机网络

3. 计算机网络互联标准化(互联互通阶段)

20 世纪 70 年代末 80 年代初,网络发展到第三阶段,主要体现在如何构建一个标准化的网络体系结构,使不同公司或部门的网络系统之间可以互联,相互兼容,增加互操作性,以实现各公司或部门间计算机网络资源的最大共享。

1977 年,国际标准化组织成立了"计算机与信息处理标准化委员会"下属的"开放系统互联分技术委员会",专门着手制定开放系统互联的一系列国际标准。1983 年,ISO 推出"开放系统互联参考模型"(Open System Interconnection/Recominended Model,OSI/RM)的国际标准框架。自此,各网络公司的网络产品有了统一标准的依据,各种不同网络的互联有了可参考的网络体系结构框架。

目前,有两种国际通用的体系结构,即 OSI 和 TCP/IP。这两种结构使网络产品有了统一的标准,同时也促进了企业竞争,尤其为计算机网络向国际标准化方向发展提供了重要依据。

20 世纪 80 年代以后,个人计算机(PC)的应用越来越广泛,这为局域网的产生与发展提供了客观条件。1980 年 2 月,着眼于计算机、个人计算机、局域网的发展,美国电气与电子工程师协会(IEEE)于旧金山成立了局域网标准委员会(IEEE 802,又称 LMSC),该组织的基本任务就是致力于制定局域网技术的一系列协议标准。随后的几年时间里,光纤分布式数据接口(FDDI)技术迅速发展起来,该技术又称新一代光纤局域网技术,对局域网技术的发展有着极其重要的推进意义。如图 1-3 所示,是第三阶段的计算机网络的标准化结构图。通过该图容易发现,在第三阶段的计算机网络中,路由器和交换机是通信子网的主要交换设备。

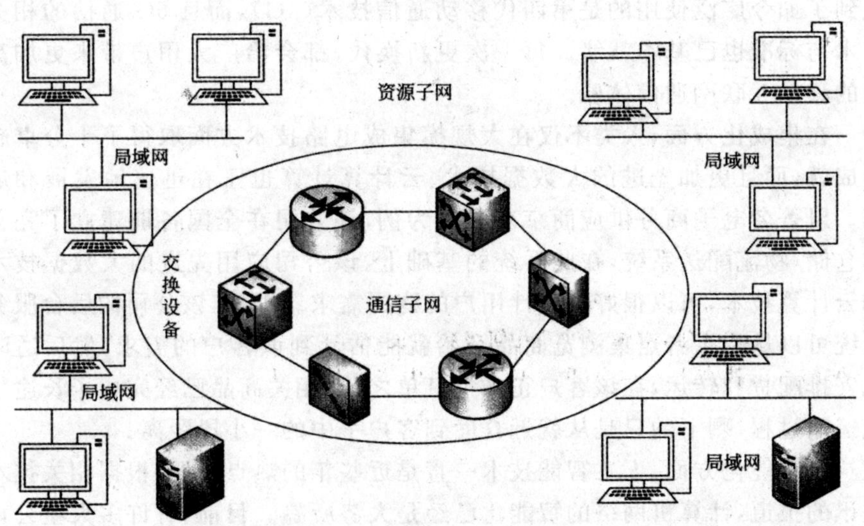

图 1-3　第三阶段的计算机网络

4. 互连、高速、宽带、智能与更广泛的应用

经过上述三阶段的发展,计算机网络所潜藏的巨大使用价值逐渐被人们发掘,计算机网络的应用前景也越来越光明。越来越多的商业机构积极加入到计算机网络技术的研究和发展中来,基于计算机网络的各种应用,也如雨后春笋般涌现。20 世纪 90 年代之后,人类陆续在高速通信技术、大规模集成电路技术、微电子技术等方面取得了重大突破,以这些先进技术为有力支持,计算机网络技术继往开来,向着互联互通、高速化、集成化、智能化的方向不断迈进,新一代网络的问世已经成为大势所趋。

在互联互通方面,以先进的计算机网络技术为依托,不仅全球各地的人们都可以通过 Internet 实现实时通讯,而且诸如虚拟社区、电子政务、电子商务、虚拟大学之类的网络应用层出不穷,通过先进的计算机网络,人类可以实现跨越时间与空间障碍的便捷通信,实现各方面的广泛交流与互动。

随着工业互联网技术的发展，在不久的将来，我们传统的工业生产模式也将被打破，实现"你想要什么样的商品→通知相关生产商→生产商按要求生产→便捷物流配送到你手中"的个性化生产供应。

在高速化方面，网络从十兆以太网、百兆以太网、千兆以太网、万兆以太网到十万兆以太网，它的每个发展过程都给人们带来了惊喜，可谓"长江后浪推前浪，一浪更比一浪强"。

在移动互联网方面，已经从第一代移动通信技术(1G)，经历 2G、3G，发展到了如今广泛使用的是第四代移动通信技术(4G)，而且 5G 通信的相关技术与标准也已基本就绪。每一次更新换代，都会给广大用户带来更加高速的移动互联网通信体验。

在集成化方面，人类不仅在大规模集成电路技术方面取得了十分卓越的成就，而且更加先进的大数据技术、云计算计算也正在迅速地发展和应用。以著名电子商务供应商京东商城为例，该公司在全国各地建立了完善的仓储/物流配送系统，在此系统的基础上，该公司应用先进的大数据技术和云计算技术，可以很好地估计用户的购买需求。据称，该公司的后台服务系统可以从购买者点集浏览商品开始就能估计到该客户的需求，然后适时地安排配货和转运，在该客户正式下订单之前，相关商品已经完成了长途物流运输过程，剩下的只是从就近仓库到客户手中的一小段距离。

在智能化方面，人工智能技术一直是近些年的热点话题，根据相关技术快讯的报道，计算机网络的智能化已经是大势所趋。目前，有许多大型公司纷纷加入人工智能的研究和应用行列，美国的典型代表有亚马逊、谷歌等，而中国的典型代表有百度、科大讯飞等。就以百度应用人工智能向其手机 APP 用户推送信息流为例而言，相信使用过手机百度的人士一定深有体会。在手机百度上面，你经常搜索什么，对什么话题感兴趣，手机百度就会不停地向你推送相关信息。你喜欢某些演员，你的手机百度里就会频繁出现该演员的相关新闻；你对国家的军事比较关心，你的手机百度里总是会向你推送我国军事科技发展或人民解放军实战演练等相关新闻。不仅如此，百度的技术团队还将用户的消费习惯也集成于其中。细心的用户可以发现，在你浏览的信息最后所附的广告中，广告的商品和服务往往正是你所需要的。这是由于，如果你需要某种商品或服务，你可能在百度里搜索该商品或服务的相关信息，你的这一举动会被百度的人工智能系统准确地记录下来，然后将相关商品或服务的广告链接相应地推送到你所浏览的媒体信息之后。

总之，当今的计算网络正朝着互连、高速、集成化、智能化的方向高速发展。

1.1.3 计算机网络的组成与分类

1. 计算机网络的组成

从资源构成的角度来看,计算机网络是由硬件和软件组成的。硬件包括各种主机、终端等用户端设备,以及交换机、路由器等通信控制处理设备,而软件则由各种系统程序和应用程序以及大量的数据资源组成。但从计算机网络工程的角度看,更多的是从功能的角度去看待计算机网络的组成,并从功能上将计算机网络逻辑划分为资源子网和通信子网。通信子网为资源子网提供信息传送服务,是支持资源子网上用户之间相互通信的基本环境。一般地,计算机网络的主要组成元素包括分组交换器、集线器、多路转换器、分组组装/拆卸设备 PAD、网络控制中心 NCC、网关、资源子网、主机 HOST、终端设备、网络操作系统、网络数据库等。限于本书篇幅,这里不再详细讨论这些组成元素的具体细节,有需要的读者可以参阅相关文献资料。

2. 计算机网络的分类

计算机网络的分类方法有许多种。例如,根据覆盖的地理范围的不同,可以分为局域网、城域网和广域网;根据所采用交换方式的不同,可以分为电路交换网、分组交换网、帧中继交换网、信元交换网等;根据应用规模的不同,可以分为 Intranet、Extranet、Internet;根据拓扑结构的不同,可以分为总线型、星状、环状、网状等;根据所采用的网络协议的不同,可以分为 TCP/IP 协议网络、SNA 协议网络、SPX/IPX 协议网络、AppleTALK 协议网络等。

虽然网络类型的划分标准各种各样,但是从地理范围划分是一种大家都认可的通用网络划分标准。按这种标准可以把各种网络类型划分为分局域网、城域网、广域网和互联网四种。局域网(Local Area Network,LAN)一般来说只能是在一个较小区域内;城域网(Metropolitan Area Network,MAN)是不同地区的网络互联;广域网(Wide Area Network,WAN)也称为远程网,所覆盖的范围比城域网更广,地理范围可从几百千米到几千千米;因特网(Internet)是目前地理范围和网络规模都最大的一种网络,它实现了全球计算机的互联,常称之为“Web”“WWW”或“万维网”。不过在此要说明的一点就是,这里的网络划分并没有严格意义上地理范围的区分,只是一个定性的概念。

1.2 计算机网络的体系结构

计算机网络是由多台独立的计算机和各类终端通过传输媒体连接起来,相互交换数据信息的复杂系统,相互通信的计算机系统必须高度协调地工作。计算机网络体系结构从整体角度抽象地定义了计算机网络的构成及各个网络部件之间的逻辑关系和功能,给出了协调工作的方法和计算机必须遵守的规则。

1.2.1 网络的体系结构和协议

代表现代计算机网络的计算机网络体系结构是按结构化方式进行设计的,分层次定义了网络通信功能,制定了各层的通信协议标准。每一层都建立在它的下层之上(除了最低层)。每一层次在逻辑上相互独立,且都具有特定的功能。对于一个网络体系而言,一般情况下,如果其体系结构不同,那么其各层的名称、内容、功能以及所分层次的数量都将会有所不同。但是就目前的计算机网络的具体结构来看,绝大多数情况下,计算机网络中的每一层都是为了给上一层提供一定的服务而设计的。

传统的网络模型是面向传输硬件的,具有十分明显的局限性。层次模型打破了面向传输硬件这一局限,极大地增强了网络的灵活性和可靠性,而且成本十分低廉,在以业务为基础的现代网络中得到了广泛的应用。以层次模型为基础建立基础网,不仅可以专门用于信息位流的传送,而且还可以组建形式多样的业务网,进而满足更多业务和应用的需要。

计算机网络上的数据通信发生在不同系统的实体之间。实体是指能发送和接收信息的任何东西,如用户应用程序、进程、浏览器、电子邮件软件、数据库管理系统等。系统则是指一个物理的物体,可以是计算机、终端设备、网络设备等。系统中可以存在一个或多个实体。两个实体要成功地交换信息就必须具有同样的语言。交换什么,怎样交换及何时交换,都必须遵从互相都能接受的一些规则,这些规则的集合称为协议。协议主要由说明数据格式和结构的语法、定义数据每一位意义的语义、描述事件实现顺序的定时关系 3 个部分组成。

每个协议都用于特定目的,所以各个协议的功能是不一样的。但是也有一些功能会经常出现在不同的协议中,如差错检测和纠正、对数据块的分块和重组、为数据块编号排序、发送和接收速度的协调匹配等。协议的设计过程通常要考虑网络系统的拓扑结构、信息的传输量、所采用的传输技术、数据存取方式，还要考虑其效率、价格和适用性等问题。

在组建网络的过程中，考虑到网络设备各方面的特性，用户会要求把不同厂商生产的设备互连在一起。为使这些设备相互间能正常交换信息，各个生产厂商都要遵守预先制定的标准，以保证设备间协同工作的能力。尽管标准有时会延长产品的开发时间，降低设计的灵活性，但是来自于用户的需求使工业界认识到使用标准的必要性。目前，标准已被网络设备的制造者所接受，并正在起到促进技术发展的作用。

1.2.2 OSI参考模型

为使不同公司生产的计算机之间能互连成网，国际标准化组织(ISO)在1977年为计算机网络提出了一种独立于特定机型、操作系统的开放系统互连参考模型(OSI/RM)。经过若干年的发展，在1983年形成了开放系统互连参考模型的正式文件，即ISO7498国际标准。OSI参考模型是连接异种计算机的标准框架，为连接分布式的“开放”系统提供了基础。所谓开放就是指遵循OSI标准后，一个系统就可以和其他也遵循该标准的系统进行通信。

OSI采用了分层的结构化技术，有7层，分别为物理层、数据链路层、网络层、传输层、会话层、表示层、应用层，各层功能详述如下：

(1)物理层。物理层建立在物理媒体上，是OSI参考模型的最底层，负责在物理媒体上传输数据位。所有的通信设备、计算机等均需要用物理媒体互连起来，因此物理层是组成计算机网络的基础。物理层的功能是通过物理媒体，建立、维护和拆除实体之间的物理连接，实现实体之间的位传送，向数据链路层提供一个透明的位流传送服务。

(2)数据链路层。数据链路层最主要的作用就是通过一些数据链路层协议，在相邻节点的物理链路上建立数据链路，实现可靠的数据传输，从而保证数据通信的正确性。数据链路层的主要功能包括数据链路的管理、帧同步、差错检测和恢复、信息流量控制、数据的透明传输、寻址等。

(3)网络层。网络层的任务是将数据信息从源端传输到目的端。从源端到目的端可以经过许多中继节点，也可能要经过好几个通信子网，这是网络层与物理层、数据链路层的主要区别。网络层是处理端到端数据传输的最底层，具备路由选择、拥塞控制等功能。

(4)传输层。传输层的目标是为用户在网络上提供有效、可靠和价格合理的数据传输服务。传输层是整个协议层次结构中最关键的一层。较低层的协议一般要比传输层简单，且容易理解。对于两个需要利用网络进行通信的主机来说，端到端的可靠通信还是要靠传输层协议来解决。另外，许多网络应用也只需要在两台机器之间进行可靠的位流传输，而不需要任何会话层和表示层的服务。

(5)会话层。会话层给会话用户提供一种称为会话的连接，并在其上提供以普通方式传输数据的方法。会话层的主要功能是数据的交换和会话的管理。

(6)表示层。表示层的主要功能是保证所传输的数据经传输后不改变意义。这是因为各种计算机都有自己的数据信息表示方法，不同的计算机之间交换数据信息需要经过一定的转换，这样才能使数据的意义在不同计算机内保持一致。

(7)应用层。应用层是 OSI 的最高层，它借助应用实体(AE)、应用协议和表示服务交换信息，并给应用进程访问 OSI 环境提供手段。应用层的作用是在实现多个进程相互通信的同时，完成一系列业务处理所需要的服务功能，这些服务功能与业务功能(如远地文件操作、远地报文分发等)有密切的关系。

如图 1-4 所示，是 OSI 参考模型。OSI 是设计和描述网络通信的基本框架、生产厂商根据 OSI 模型的标准设计自己的产品。OSI 描述了网络硬件和软件如何以层的方式协同工作进行网络通信。

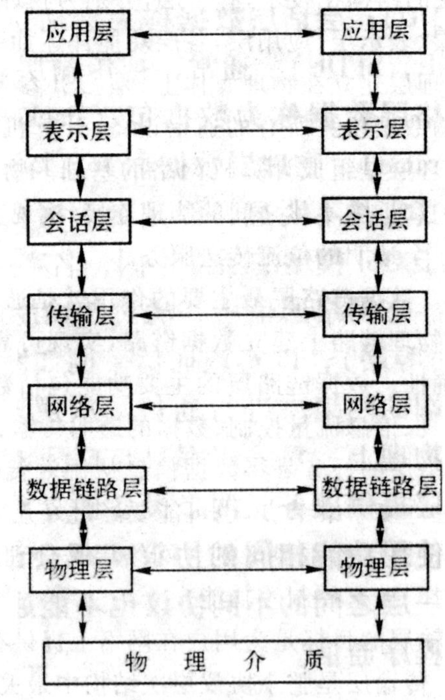

图 1-4 OSI 参考模型

1.2.3　TCP/IP 参考模型

OSI 是理论上比较完善的体系结构，它的各层协议也考虑得比较周到，但由于种种原因没有得到应用。目前得到广泛应用的是 TCP/IP 模型和符合 TCP/IP 协议栈的产品，几乎所有的工作站和服务器都配有 TCP/IP 协议，这使得 TCP/IP 协议成了计算机网络事实上的标准。

TCP/IP 模型源自于 ARPANET。ARPANET 是最早出现的计算机网络之一，现代计算机网络的很多概念和方法都是从 ARPANET 中发展起来的。ARPANET 研究计划要求网络的通信设备和通信线路在部分损坏时，仍能正常工作，同时要求 ARPANET 能适应从文件传送到实时数据传输的各种应用需求。因此它要求的是一种灵活的网络体系结构，实现异种网的互连与互通。针对这些要求人们设计了 TCP/IP 协议簇，形成了 TCP/IP 参考模型。TCP/IP 协议之所以能迅速发展和广泛使用，是因为它适应了世界范围内数据通信的需要。

TCP/IP 参考模型与 OSI/RM 有不少区别，如图 1-5 所示。因为 TCP/IP 在设计时考虑到要与具体的网络无关，所以在 TCP/IP 的标准中没有对最低的两层做出规定。这样 TCP/IP 模型就只有 4 层。TCP/IP 模型的最高一层是应用层，相当于 OSI/RM 的应用层，传输层与 OSI/RM 的传输层相对应，网际层与 OSI/RM 的网络层相对应，主机—网络层与 OSI/RM 的数据链路层和物理层相对应。在 TCP/IP 参考模型中，没有与 OSI/RM 中的表示层和会话层相对应的层次。

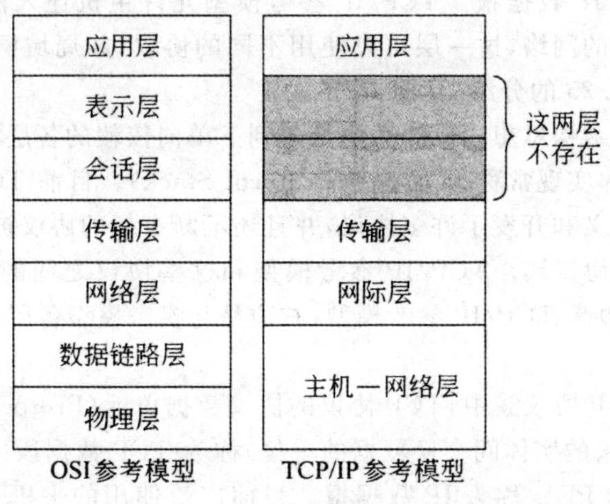

图 1-5　OSI 模型和 TCP/IP 模型的比较

网际层的主要功能是负责将源主机的报文分组发送到目的主机，源主机与目的主机可以在同一个网上，也可以在不同的网上。该层的协议被命名为 IP 协议(Internet Protocol)。它的功能包括 3 个方面，即处理来自传输层的数据段发送请求，处理接收到的数据报，处理网络互连的路径、流量控制与拥塞问题。

传输层在 TCP/IP 模型中处于网际层之上。它负责在源端和目的端主机上的对等实体间建立端到端连接。TCP/IP 参考模型的传输层定义了两种协议，即传输控制协议和用户数据报协议。传输控制协议的英文全称是 Transport Control Protocol，简称 TCP；用户数据报协议的英文全称是 User Datagram Protocol，简称 UDP。TCP 协议是一种可靠的面向连接的协议，它能将一台主机的字节流无差错地传送到目的主机。TCP 协议将应用层的字节流分成多个数据段(segment)，然后将一个个数据段交给网际层，发送到目的主机。在目的主机，网际层把接收到的数据段交给传输层，传输层再将多个数据段还原成字节流递交给应用层。TCP 协议同时还要完成流量控制功能，协调收发双方的发送与接收速度，达到正确传输的目的。UDP 协议是一个不保证可靠性的无连接协议，用于不需要 TCP 的排序和流量控制能力的场合。

应用层位于传输层的上面，是 TCP/IP 模型的最高层，它包含所有的高层协议。最早引入的协议有远程终端协议(Telnet)、文件传输协议(FTP)、简单邮件传输协议(SMTP)以及大量的、后来不断增加的各种应用协议，如域名系统、HTTP 协议等。

网际层下面是主机—网络层，它是 TCP/IP 模型的最底层，负责通过网络发送和接收 IP 数据报。TCP/IP 参考模型允许主机连入网络时使用多种协议。不同的网络，这一层可以使用不同的协议，如局域网的 Ethernet、TokenRing、X. 25 的分组交换网等。

按照层次结构思想构成的一组从上到下单向依赖的各层协议称为协议簇，它们的具体实现常称为协议栈(Protocol Stack)。目前 TCP/IP 参考模型的各层已定义和开发了许多协议，并且还不断有新的协议被开发出来，组成了 TCP/IP 协议簇。TCP/IP 参考模型和这些协议之间的关系如图 1-6 所示，图中左边是 TCP/IP 参考模型，右边是与参考模型各层相对应的各种协议。

在 TCP/IP 协议簇中，TCP 协议的协议数据单元(Protocol Data Unit，PDU，相同层次的实体间交换数据的单位)称为 TCP 数据段或简称为 TCP 段。IP 协议的 PDU 称为 IP 数据报。目前广泛使用的主机—网络层是以太网，它传输的位流称为帧。如图 1-7 所示，给出了用户数据在 TCP/IP 协议栈中处理的过程。

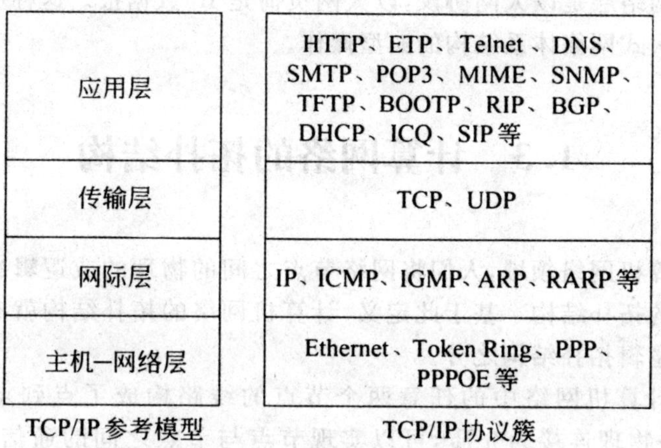

图 1-6　TCP/IP 参考模型与 TCP/IP 协议簇

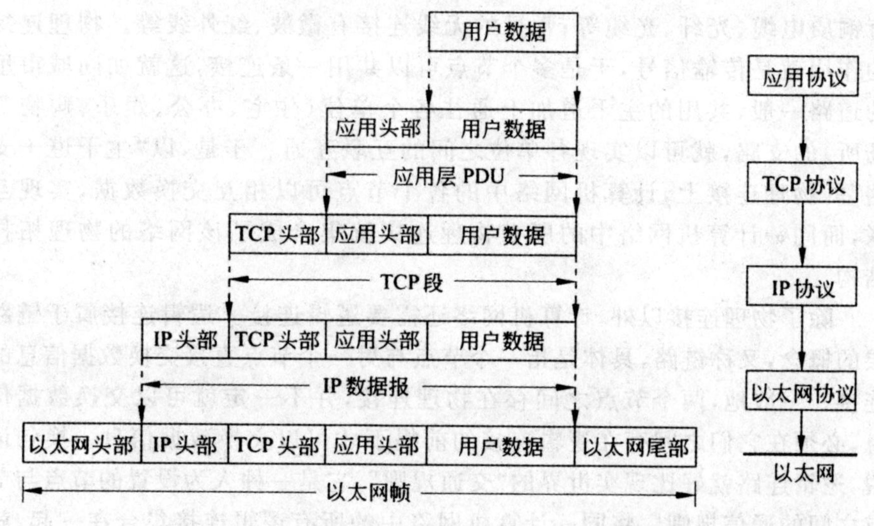

图 1-7　用户数据通过 TCP/IP 协议栈的封装过程

用户数据在应用层添加上应用头部构成应用层的 PDU，应用层 PDU 传送给传输层的 TCP 协议，TCP 协议在应用层 PDU 上添加 TCP 头部构成 TCP 报文段后传送给网际层的 IP 协议。IP 协议对 TCP 段添加 IP 头部，构成 IP 数据报。若 IP 数据报的长度超过数据链路层的最大传输单元(Maximum Transmission Unit，MTU)，则 IP 层对 IP 数据报进行分片(Fragment)，每片上也有 IP 头部。IP 层传送给主机—网络层的数据单元是报文分组(Packet)，分组可以是一个 IP 数据报，也可以是 IP 数据报的一个片。在 TCP/IP 协议栈中,添加头部和尾部的过程称为封装。图 1-7 中的主机—网络层是以太网协议,以太网负荷是 IP 数据报。这种一层一层的封装是层次式网络体系结构的典型操作。

1.3 计算网络的拓扑结构

在计算机网络领域,人们将网络节点之间的物理的或逻辑的连接方式称为网络的拓扑结构。基于此定义,计算机网络的拓扑结构就有了物理拓扑结构和逻辑拓扑结构之分。

连接计算机网络中的任意两个节点的线路构成了点到点的物理连接,以这条物理连接为介质,可以实现节点与节点之间的通信。一般地,物理连接可以是有线连接,也可以是无线连接,但是无论采用哪种连接方式,目的都是传输代表数据信息的电信号或者光信号。常见的有线连接有铜质电缆、光纤、光缆等;常见的无线连接有微波、红外线等。物理连接的作用就是传输信号,于是多个节点可以共用一条连接,这就如同城市里的道路一般,共用的主干道加上通往各个单位(住宅、办公、娱乐、购物等场所)的支路,就可以实现各单位之间的互联互通。于是,以"主干道+支路"的物理连接上,计算机网络中的各个节点可以相互交换数据,实现互联,而同一计算机网络中的所有物理连接就集合成了该网络的物理拓扑结构。

除了物理连接以外,计算机网络还需要逻辑连接。逻辑连接属于链路层的概念,又称链路,具体是指一个节点与另一个节点直接交换数据信息的连接。一般地,两个节点之间存在物理连接,并不一定就可以交换数据信息,必须在它们之间存在逻辑连接的前提下才可以交换数据信息。换句话说,逻辑连路就好比现实世界的"交通规则",它是一种人为设置的节点与节点之间的通信规则。将同一计算机网络中的所有逻辑连接集合在一起,就构成了该网络的逻辑拓扑。

在计算机网络中,常见的基本拓扑结构有 5 种,分别是网状、星形、树形、总线型和环形,接下来,我们就对这些拓扑结构展开讨论。

1.3.1 网状拓扑结构

网状拓扑结构中的节点用点到点的方式相互连接在一起。一个 n 个节点的全连接的网状网络需要 $n(n-1)/2$ 个连接。为了适应全连接的需要,

每个节点必须有 $n-1$ 个输入输出端口，如图 1-8(a)所示。当然网状拓扑结构并不要求节点间必须全连接。与其他网络拓扑结构相比，网状拓扑结构具有以下优点：

(1)每个连接仅承担它自己的数据传送负载，这就避免了多个节点共享连接所引起的各种数据流动问题。

(2)网状拓扑结构很健壮，即使一条连接因为某种原因不能使用，整个网络系统仍能运行。

(3)网状拓扑结构有较好的安全性，数据在专用链路上传送时，只有预定的接收者才能看到，线路的物理特性防止了其他用户读取这些数据。

(4)点到点的连接很容易做到故障的定位和隔离，因此数据流动过程中可以避开那些有问题的连接。

网状拓扑结构的缺点是：需要大量的通信电缆和节点的 I/O 端口，费用比较大；每个节点必须与其他节点相互连接，建立和配置线路连接比较困难。

因此，网状拓扑结构一般用在要求较高、长距离连接的应用场合，如混合型网络的主干网连接，以及局域网之间的互连。

1.3.2 星形拓扑结构

在星形拓扑结构中，存在一个中心控制节点，网络中的每一个节点都与该节点之间进行专用的点到点连接，其结构如图 1-8(b)所示。一般地，如果某一局域网采用星形拓扑结构，那么可以选择网络集线器、路由器、交换机等作为中心控制节点。若选用集线器作为中心控制节点，则数据信息的交换在节点与节点之间直接进行，此时的网络拓扑结构与总线型拓扑结构等价。若选用交换机中心控制节点，那么数据信息的交换只能在节点与中心控制节点之间进行，即中心控制节点充当所有节点之间信息交换的中转站，此时网络的逻辑拓扑结构也是星形的。

星形拓扑结构可以大幅度减少网络所消耗的电缆或光纤，费用较低，经济效益较高，这是由于采用星形拓扑结构以后，每个节点只需要一个 I/O 端口加一个物理连接，很容易即可完成线路的建立和配置。同时，星形拓扑结构也是一种比较灵活的网络拓扑结构，在这种结构中增加、减少或移动某一个节点，都只与其中心节点有关，并不影响其他节点。

实践经验表明，在星形拓扑结构中，当某一物理连接发生故障时，只有该连接上的通信受到影响，并不冲击其他连接的工作，这说明星形拓扑结构是一种比较健壮的网络拓扑结构。星形拓扑结构的这一特点，给网络故障的定位和隔离带来了极大的方便，只要保证中心控制节点正常工作，它就可以十分方便地监视网络中的所有物理连接。

1.3.3 总线型拓扑结构

总线型拓扑结构打破了点到点连接的束缚，采用了多点互连模式，其整个网络由一根物理链路连接所有的设备而构成，结构如图 1-8(c)所示。

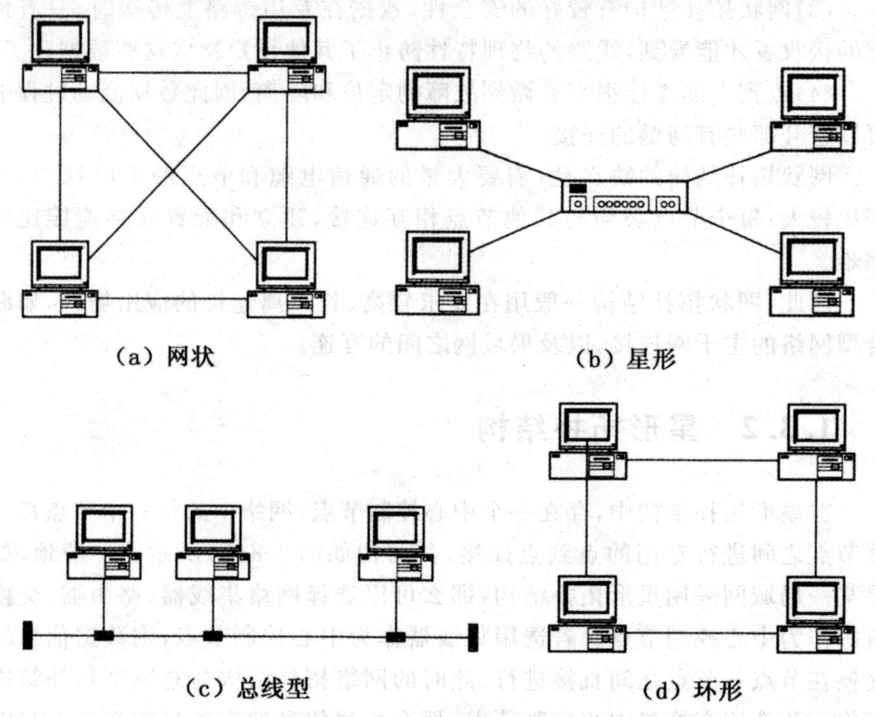

图 1-8 网络拓扑结构

总线型拓扑结构的优点是网络容易建立，电缆可以以最经济的方法伸展，因此所需要的电缆较少。但是该结构也有其显著的缺点，一般采用了总线型拓扑结构的网络，都不易于重新构造，而且也给故障的检测与分析带来了很大的不便，在给网络增加新的设备时，总是要不可避免地冲击整个网络的工作。另外，采用总线型拓扑结构的网络，其所连接的设备数量不易太多，其电缆长度也不易太大，这是由于在采用总线型拓扑结构的网络中，设备与电缆的每一个连接点处都会产生干扰电波，使得网络所传输的信号质量下降。

1.3.4 环形拓扑结构

在计算机网络中，如果将每一对相邻的节点（设备）都用点到点的连接方式连接起来，从而使整个网络构成一个环，则称这种网络拓扑结构为环形拓扑结构，如图 1-8(d)所示。在环形拓扑结构中，环上的每一台设备除了要肩负自己本身的任务以外，还要承当重复器的作用。沿着环的方向，数据信息信号自发起节点出发，陆续经过中间各台设备，最终到达目的设备，在每经过一台设备时，该设备都要适当放大信号。

一般地，采用环形拓扑结构的网络，在其中增加、减少或移动某一设备，都只会影响与其相邻的两台设备，其他设备不受影响，故而环形拓扑结构的建立比较容易，而且重构也并不困难。另外，故障的分析比较简单，因为总有信号在环上循环，所以，如果一个设备在一个固定的周期内没有收到信号就可以发出警报，告知故障的位置。环上信号单方向传送是它的缺点，如果某个设备关闭了，或者某段线路中断了，都将影响整个网络的运行。解决的方法是使用双环结构，或者使用可以隔离中断点的开关装置。

实际上，在实现了计算机网络互连后的真实的网络中采用的往往是由上述几种拓扑结构结合而成的混合型拓扑结构。对于这种结构只能在某个局部范围内分辨出各种类型的连接。

1.3.5 树形拓扑结构

树形拓扑结构是由总线拓扑结构和星形拓扑结构演变而来的。它有两种类型：一种是由总线拓扑结构派生出来的，由多条总线连接而成，不构成闭合环路而是分支电缆；另一种是星形拓扑结构的扩展，各节点按一定的层次连接，信息交换主要在上下节点之间进行。在树形拓扑结构中，顶端有一个根节点，带有分支，每个分支还可以有子分支，其几何形状像一棵倒置的树或横置的树，故得名树形拓扑结构，如图 1-9 所示。树形拓扑结构的主要特点如下：

(1)天然的分级结构，使各节点按一定的层次连接。

(2)易于扩展、易进行故障隔离、可靠性高。

(3)对根节点的依赖性大，一旦根节点出现故障，将导致全网瘫痪，电缆成本高。

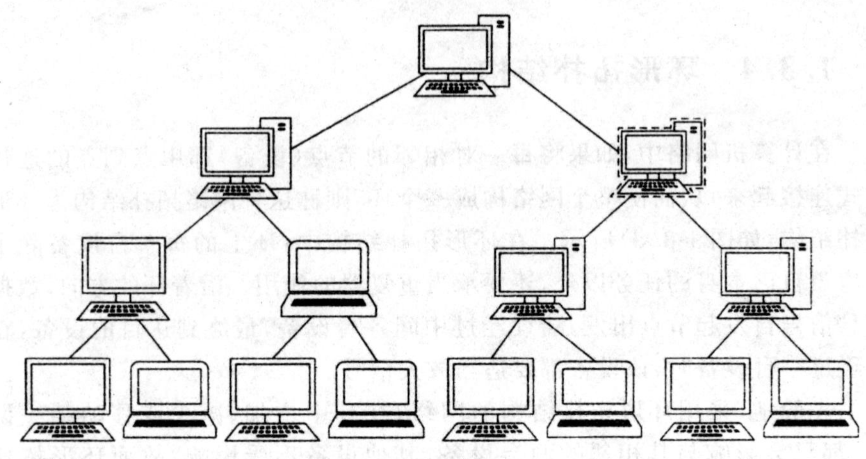

图 1-9　树形拓扑结构

1.4　网络工程的内涵与特点

作为网络平台和传输平台的计算机网络由网络结构、网络设备、网络服务器、网络工作站、综合布线、网络操作系统等子系统组成。计算机网络工程就是使用系统集成的方法,根据建设计算机网络的目标和网络设计原则将计算机网络的技术、功能、子系统集成在一起,为信息系统构建网络平台、传输平台和基本的网络应用服务。计算机网络的建设已经进入了系统化和工程化时代。

计算机网络的建设涉及网络的需求分析、设计、施工、测试、维护和管理等方面。进行网络建设时,首先要进行详细的需求调查和分析,了解网络上必要的应用服务和预期的应用服务,确定网络系统的目标和设计原则。就一项工程而言,按用户的需求,有时需要分阶段进行,即存在工程的近期目标和远期目标。这时必须明确各个阶段的建设目标是什么,网络建设到怎样的规模,满足用户怎样的需求。设计原则是指导网络建设的总体原则,必须根据设计目标的要求,遵循系统整体性、先进性和可扩充性等一般性原则,指导网络设计人员建立经济合理、资源优化、符合用户需求的系统设计方案。

1.4.1　网络工程的定义与内容

综合当今的网络建设概况,我们可以认为,所谓计算机网络工程,具体就是指在相关工程方法和组织机构的严格指导之下,依照一定的标准、规范和技术原理，综合考虑服务对象的具体需求，规划设计有效的解决方案，然后将相关的硬件设备、软件系统等有机地组装起来，进而构建完善的计算机网络工作。为了方便起见，本书把计算机网络工程简称为网络工程。

综上所述，网络工程是研究网络系统规划、设计、实施与管理的工程科学，是网络系统建设过程中科学方法与规律的总结。

1.4.2　网络工程的组织机构及其职责

对目前所有的网络工程进行抽象，可以将网络工程的组织机构归纳为三方结构，分别是甲方、乙方和监理方。这三方的基本关系如图 1-10 所示。

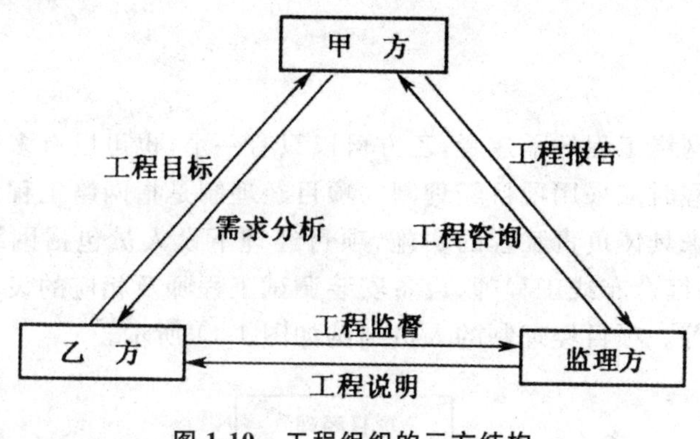

图 1-10　工程组织的三方结构

1. 甲方

甲方是网络工程中的用户，即网络工程的提出者和投资方。一般地，甲方的职责如下：

(1)进行网络需求分析，编制用户网络需求书。网络需求分析是网络建设的重要过程，甲方要对自身目前的网络现状、建网的目的和目标、新建网络要实现的功能和应用、未来对网络的需求和性能，以及所需网络设备的性能参数等进行仔细分析，为招标和乙方的投标提供重要依据。

(2)编制招标书。招标书要根据用户网络需求书，详细说明甲方要求的网络工程任务、网络工程技术指标参数和网络工程建设要求等内容。

(3)组织或委托招标公司进行工程项目招标。甲方将编制好的招标书送交主管部门审定后，自己组织或委托招标公司向社会进行工程项目公开招标。有时也可只向少数专业公司公布(称为邀标)，只请他们来投标。投标的公司按照招标书的要求和指标参数，提出自己的实现方案，形成投标书，并按甲方规定的时间，将投标书送到指定的地点。甲方在收到所有投标书以后，要按时组织专家对投标书进行评审，比较投标书中方案的优劣，对投标方进行综合评定，最终确定中标方。宣布评标结果，这一过程称为开标。

(4)验收产品、协助施工、工程质量监督。甲方有对网络工程进行全面监督的权利和责任。对于技术力量相对薄弱的甲方，其监督工作的重点一般放在工程的进度和资金上，而对有关工程技术方面的监督工作可以请专业的监理公司来负责。

(5)组织工程竣工验收。在网络工程建设工作全部完成后，甲方要成立由专家组、甲方、乙方和监理方组成的工程验收小组对新建的网络进行竣工验收。

(6)组织管理和技术人员参加乙方组织的培训，对网络系统进行试运行。

2. 乙方

乙方是网络工程的承建者，乙方可以只有一个，也可以有多个。乙方在承建网络工程时多采用项目经理制。项目经理制是指网络工程由一名乙方任命的经理来具体负责工程的实施，项目经理下设人员包括网络规划设计工程师、网络综合布线工程师、设备安装调试工程师及相应的设计技术人员和技术工人等。项目经理制的人员结构如图 1-11 所示。

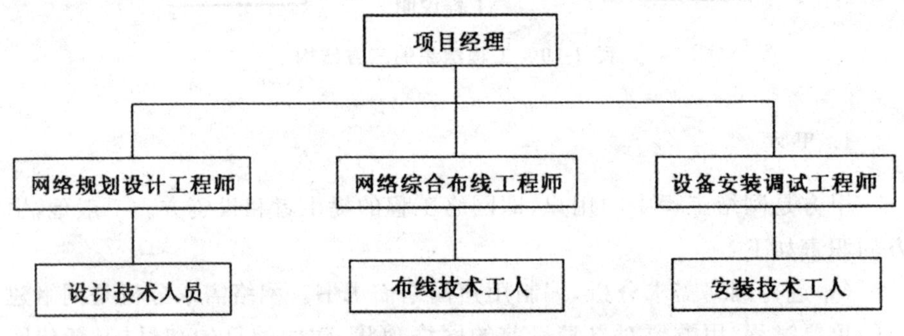

图 1-11　项目经理制的人员结构图

项目经理制人员结构中的网络规划设计工程师负责网络的规划与设计、网络设备的选型、网络应用软件的开发等。网络综合布线工程师负责网络工程中的网络布线。设备安装调试工程师负责设备的采购、安装、配置、调试和试运行。一般地，乙方的职责如下：

(1)编制投标书。乙方在接到甲方的招标书后，按照招标书的要求制订自己的方案，编制投标书，参与甲方或招标公司组织的公开招(竞)标。

(2)签订网络工程合同。如果中标，乙方要与甲方签订工程合同。工程合同由甲方起草，双方经过反复地协商修改后，签字生效。

(3)进行详细的网络需求调查。在甲方发布的用户网络需求书的基础上，乙方要对甲方网络系统的用户需求进行详细的调查分析，以确定网络工程应具备的功能和应达到的指标。

(4)进行网络规划设计。乙方在进行用户网络需求分析的基础上，对所承建的网络系统进行规划和设计，形成一个详细的网络设计方案。该方案是工程施工的技术依据，要由甲方聘请的评审专家进行评审。

(5)制订网络工程实施方案。网络设计方案通过评审后，网络工程进入实施阶段。乙方要制订一个网络工程实施方案，对网络工程的工期、分工、具体施工方法、资金使用、网络测试、竣工验收、网络运行、技术培训等内容，进行详细说明。实施方案是网络工程具体施工的基本依据，是网络工程建设的具体指导性文件。

(6)网络产品选型。乙方根据技术设计方案的要求，选择合适的产品，包括网络硬件设备和软件系统。产品选型要以用户应用需求为目标，以技术设计方案为依据，在做好市场调研的基础上，兼顾产品的适用性、稳定性、先进性和可扩充性。

(7)网络系统集成。做好上述工作后，工程进入到系统集成阶段。系统集成是指按照技术方案和实施方案的要求，进行网络综合布线、网络设备安装与调试、软件环境配置、网络系统测试等。

(8)网络系统试运行，人员培训。网络系统集成工作结束后，乙方对甲方的网络技术人员和管理人员进行培训，同时双方共同对建成的网络系统进行试运行，试运行时间一般至少需要一个月。

(9)工程竣工验收。网络系统试运行结束后，乙方要准备网络工程竣工验收的所有材料。

3. 监理方

网络工程监理是指为了帮助用户建设计算机网络系统，在网络工程建设过程中，给用户提供前期咨询、网络方案论证、确定系统集成商、网络质量控制等服务。提供工程监理服务的机构就是监理方。一般地，监理方的职责如下：

(1)网络建设项目可行性论证。可行性论证的目的是论证甲方是否确实需要建设网络系统、拟建的网络系统在技术上是否可行以及是否具备建设网络系统的条件。

(2)帮助用户做好网络需求分析。这项工作，一方面，可以使甲方对用户网络需求做得更加细致完善，另一方面，监理方可以深入了解用户需求，把握工程质量。

(3)帮助用户控制工程进度。监理方的专业技术人员可以帮助用户控制工程进度,按期分段对工程验收,保证工程按期、高质量完成。

(4)帮助用户控制工程质量。监理方一般需要通过多方面的工作来帮助用户控制工程质量。

(5)帮助用户做好网络的各项测试工作,工程监理人员按照相关标准、规范,对网络综合布线、网络设备和整个网络系统进行全方面的测试。

(6)协同甲方和乙方做好网络工程竣工验收。在进行网络工程竣工验收时,监理方要对所建成的网络系统做出客观的评价,阐明监理方对工程竣工的意见和建议。

1.4.3 网络工程建设的过程

如图 1-12 所示,给出了网络工程建设的大致过程,图中的实线表示组织方必须参与其过程,虚线表示组织方可参与也可不参与的过程。

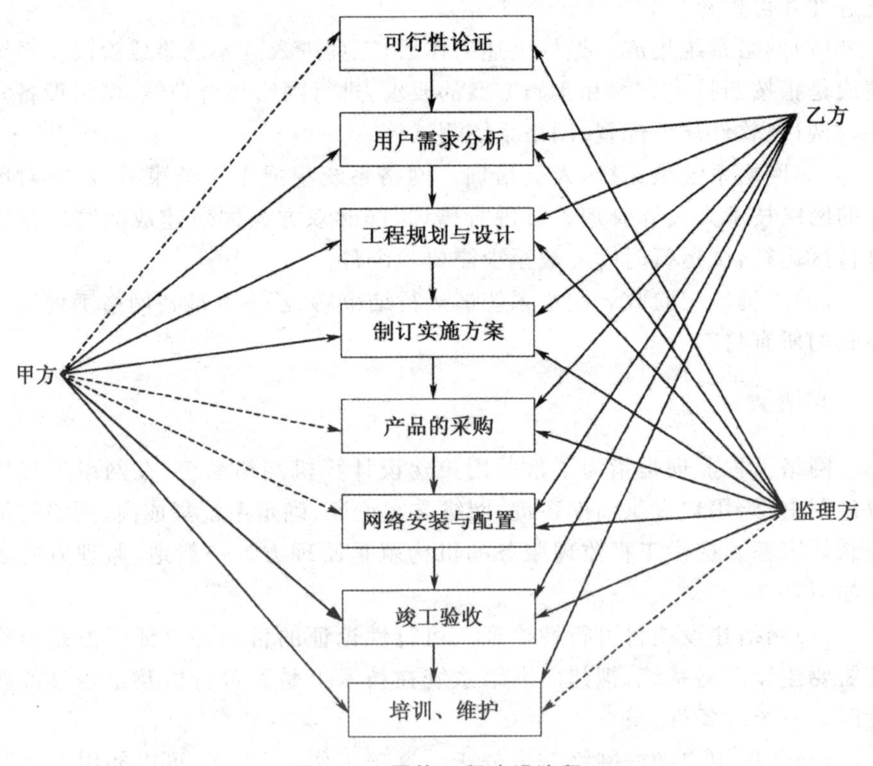

图 1-12 网络工程建设流程

第 2 章　网络传输介质与互连设备

网络互连设备是实现网络互连的关键，这些互连设备在实现网络连接功能时对应于 OSI 与 TCP/IP 参考模型的不同层次，有不同的功能特点和应用环境。目前，较为普及的计算机网络传输介质是双绞线电缆、光纤和微波。50Ω 同轴电缆在 20 世纪 90 年代初期扮演局域网传输介质的主要角色，但是在我国，从 90 年代中期开始被双绞线电缆所淘汰。近年来，随着 Cable Modem 技术的引入，大量使用 75Ω 同轴电缆实现互联网接入，同轴电缆又回到计算机网络传输介质的行列。本章我们将讨论网络的传输介质以及各种网络互联设备工作层次、作用、分类和使用。

2.1　网络传输介质

传输介质又称传输媒体或传输媒介，它是计算机网络中连接发送器和接收器的物理通道。传输介质一般可分为两大类，即导向传输介质（Guided Media）和非导向传输介质（Unguided Media）。在导向传输介质中，电磁波被导向沿着固体介质（铜线或光纤）传播，习惯上被称为有线传输；而非导向传输介质就是指自由空间，在非导向传输介质中电磁波的传输通常称为无线传输。计算机网络常用的传输介质主要包括同轴电缆、双绞线、光纤、微波、红外线和卫星。其中前 3 种属于导向传输介质，后 3 种属于非导向传输介质。

2.1.1　有线传输介质

有线传输介质是指在两个通信设备之间实现的物理连接部分。它能将信号从一方传输到另一方，有线传输介质主要有双绞线（五类、六类）、同轴电缆（粗、细）和光纤（单模、多模）。双绞线和同轴电缆传输电信号，光纤传输光信号。

1. 双绞线

双绞线(Twisted Pair)是由两条相互绝缘的导线按照一定的规格相互缠绕(一般以逆时针缠绕)在一起而制成的一种通用配线,属于信息通信网络传输介质。双绞线过去主要是用来传输模拟信号的,但现在同样适用于数字信号的传输。

双绞线分为非屏蔽双绞线(Unshielded Twisted Pair,UTP)与屏蔽双绞线(Shielded Twisted Pair,STP)两类。UTP是最常用的网络连接传输介质,有4对绝缘塑料包皮的铜线,这8根铜线每两根相互扭绞在一起,形成线对,如图2-1所示。STP的结构如图2-2所示,其外层由铝箔包裹,以减小辐射,但并不能完全消除辐射,它结合了屏蔽、电磁抵消和线对扭绞的技术。

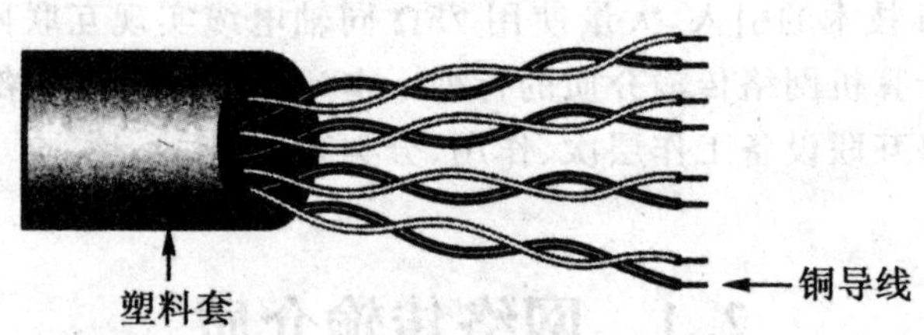

图 2-1 非屏蔽双绞线(UTP)

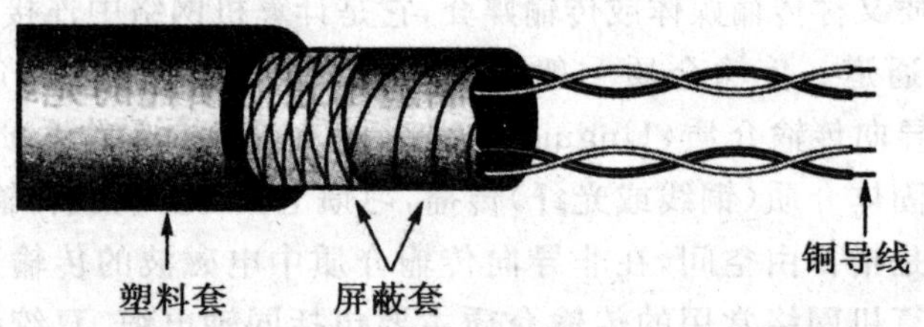

图 2-2 屏蔽双绞线(STP)

双绞线有很高的频率响应特性,可以高达600MHz,接近电视电缆的频率响应特性。依据频率响应特性的不同,双绞线电缆可以分为一类线(CATl)、二类线(CAT2)、三类线(CAT3)、四类线(CAT4)、五类线(CAT5)、超五类线(CAT5e)、六类线(CAT6)、超六类线或6A(CAT6A)和七类线(CAT7)。限于本书篇幅,这里不再一一赘述,有需要的读者可以参考相关文献资料。

2. 大对数双绞线

大对数双绞线是由 25 对具有绝缘保护层的铜导线组成的。它有 3 类 25 对大对数双绞线，5 类 25 对大对数双绞线，为用户提供更多的可用线对，并被设计为扩展的传输距离上实现高速数据通信应用。传输速度为 100MHz。导线色彩由蓝、橙、绿、棕、灰、白、红、黑、黄、紫编码组成，如表 2-1 和表 2-2 所示。

表 2-1　大对数双绞线色彩

	蓝	橙	绿	棕	灰
白	白/蓝	白/橙	白/绿	白/棕	白/灰
红	红/蓝	红/橙	红/绿	红/棕	红/灰
黑	黑/蓝	黑/橙	黑/绿	黑/棕	黑/灰
黄	黄/蓝	黄/橙	黄/绿	黄/棕	黄/灰
紫	紫/蓝	紫/橙	紫/绿	紫/棕	紫/灰

表 2-2　大对数双绞线色彩编码

线对	色彩码	线对	色彩码
1	白/蓝//蓝/白	14	黑/棕//棕/黑
2	白/橙//橙/白	15	黑/灰//灰/黑
3	白/绿//绿/白	16	黄/蓝//蓝/黄
4	白/棕//棕/白	17	黄/棕//棕/黄
5	白/灰//灰/白	18	黄/绿//绿/黄
6	红/蓝//蓝/红	19	黄/棕//棕/黄
7	红/橙//橙/红	20	黄/灰//灰/黄
8	红/绿//绿/红	21	紫/蓝//蓝/紫
9	红/棕//棕/红	22	紫/橙//橙/紫
10	红/灰//灰/红	23	紫/绿//绿/紫
11	黑/蓝//蓝/黑	24	紫/棕//棕/紫
12	黑/橙//橙/黑	25	紫/灰//灰/紫
13	黑/绿//绿/黑	/	/

5类25对24AWG非屏蔽大对数线由25对线组成，为用户提供更多可用线对，并被设计为在扩展的传输距离上实现高速数据通信应用。电气特性如表2-3所示，导线色彩编码组成如表2-2所示。

表2-3　5类25对24AWG非屏蔽大对数线电气特性

频率需求	阻抗(Ω)	最大衰减值(dB/100m)	NEXT(dB)(最差对)	最大直流电阻(100m/20℃)
256kHz	85～115	1.1		9.38Ω
512kHz		1.5		
772kHz		1.8	64	
1MHz		2.1	62	
4MHz		4.3	53	
10MHz		6.6	47	
16MHz		8.2	44	
20MHz		9.2	42	
31.25MHz		11.8	40	
62.50MHz		17.1	35	
100MHz		22.0	32	

3. 同轴电缆

同轴电缆由内导体铜质芯线、隔离材料、网状编织的外导体屏蔽层（也可以是单股的）以及保护性塑料外层所组成，如图2-3所示。内导体可以是单股的实心导线，也可以是多股绞合线；外导体可以是金属箔，也可以是编织的网状线。由于外导体屏蔽层的作用，同轴电缆具有很好的抗干扰特性，被广泛用于较高速率的数据传输。

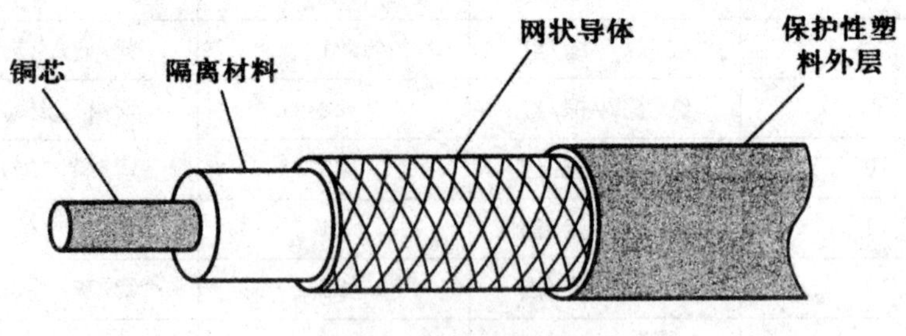

图2-3　同轴电缆的结构

按特征阻抗的不同，同轴电缆可以划分为两种类型，即基带同轴电缆和宽带同轴电缆。

基带同轴电缆的屏蔽层是用网状铜丝编织而成的，特征阻抗为 50Ω，如 RG-8、RG-58 等，主要用于在数据通信中传送基带数字信号。基带同轴电缆以 10Mbps 的速率在 1km 距离内传送基带数字信号是完全可行的，但随着传输速率的增加，所能传送的距离就变得更短。在早期的局域网中广泛使用这种同轴电缆作为物理介质。粗缆和细缆都只能用于总线型拓扑结构，适应于机器密集的网络应用环境。但是当任一连接点发生故障时，故障不仅影响到串接在整根电缆上的所有机器，且它的诊断和修复都十分麻烦，基于此，基带同轴电缆已被双绞线或光缆所替代。

宽带同轴电缆的屏蔽层是用铝箔缠绕而成的，特征阻抗为 75Ω，如 RG-59 等，是有线电视系统 CATV 中的标准传输电缆，主要用于模拟传输系统，电缆上传送的信号采用了频分复用的宽带信号。宽带同轴电缆用于传送模拟信号时，其带宽可高达 500MHz 以上，传输距离可达 100km。宽带电缆通常都划分为若干个独立信道，由于在宽带系统中总是要用到放大器来放大模拟信号，而这种模拟放大器只能单向工作，因此在宽带电缆的双工传输中，一定要有两条分别用于数据发送和接收的数据通路，采用双电缆系统和单电缆系统都可以达到这个目的，如图 2-4 所示。

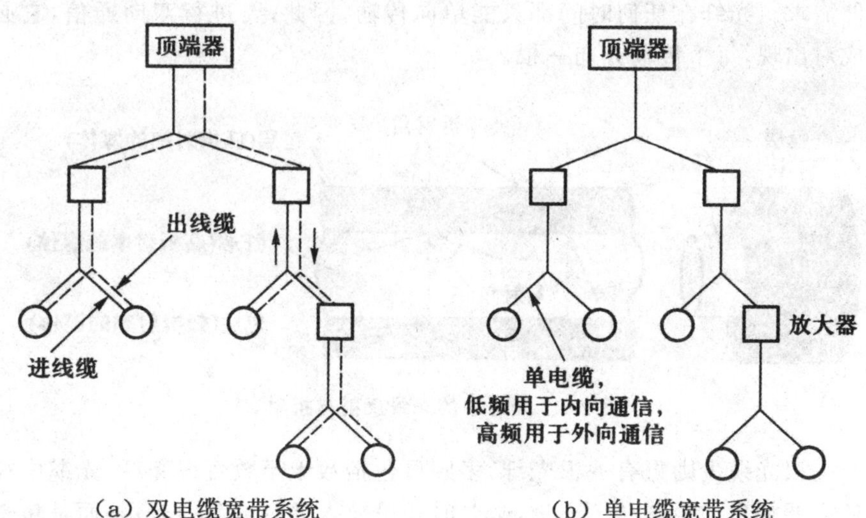

（a）双电缆宽带系统　　（b）单电缆宽带系统

图 2-4　宽带同轴电缆

双电缆宽带网络拓扑结构一般为树形。两套电缆是一样的，分别供计算机发送和接收信号之用。由于发送和接收采用独立的电缆，因此可以采用同样的频率。顶端器(Headend)的作用是将各计算机从发送电缆发过来的信息转换到接收电缆,使得各计算机能从接收电缆上收到发送给它们的信息。在简单的情况下,顶端器可以是无源的,但当电缆较长时,也可在顶端器和电缆线路中增加一个放大器,使接收电缆上的信号有足够的强度。图 2-4 中的小圆圈为计算机,小四方形为电缆上可能需要加上的放大器。

单电缆宽带网络是在同一条电缆上进行双向通信,它是把电缆频带分成相互独立的两部分,各计算机使用低频段发送信息。顶端器收到后进行变频,将信息在高频段转发出去,然后各计算机再接收这些信息。虽然单电缆系统只需一条电缆,但可用的频带带宽却只有双电缆系统的一半。

另外,从图 2-4 中可以看出,顶端器是宽带网络的核心部件,其可靠性十分重要,一旦顶端器出现故障,整个宽带网络就会瘫痪。

4. 光纤

光纤通常由非常透明的石英玻璃拉成细丝,主要由纤芯和包层构成双层通信圆柱体,如图 2-5 所示。纤芯很细,其直径只有 8～100μm,光波信号正是通过纤芯进行传导。包层由多层反射玻璃纤维构成,较纤芯具有较低的折射率,用来将光线反射到纤芯上。由于光纤非常细,连包层一起的直径也不到 0.2mm,因此必须将光纤做成很结实的光缆才能够满足实际敷设的拉伸需求。光纤在任何时间都只能单向传输,因此,要进行双向通信,它必须成对出现,每个传输方向一根。

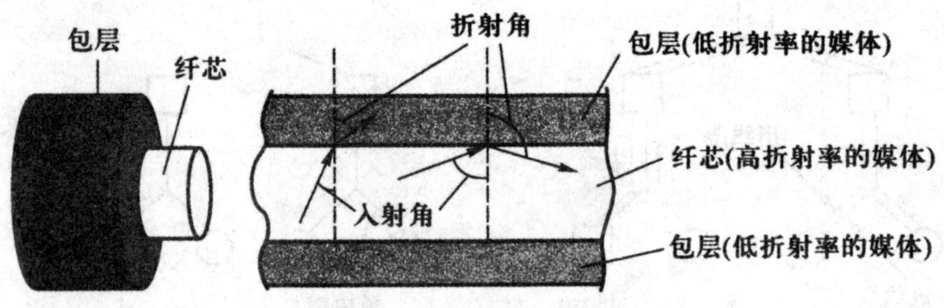

图 2-5　光纤中的光线反射与折射

一根光缆少则只有一根光纤,多则可包括数十至数百根光纤,光缆中往往还需要加上加强芯和填充物,必要时还可放入远供电源线,最外面是包带层和外护套。

光纤通信利用光纤传递光脉冲来进行数字通信。有光脉冲相当于 1,而没有光脉冲相当于 0。由于光的频率非常高,约为 108MHz 的量级,因此光纤通信系统的传输带宽远远大于目前其他各种传输介质的传输带宽。

光纤的传输原理是光的折射和反射。根据光的传输特点，当光线从高折射率的媒体射向低折射率的媒体时，其折射角将大于入射角，如图 2-5 所示。因此，如果入射角足够大，就会出现全反射，即光线碰到包层时就会完全反射回纤芯，这个过程不断重复，光也就沿着光纤一直传输下去，如图 2-6 所示。

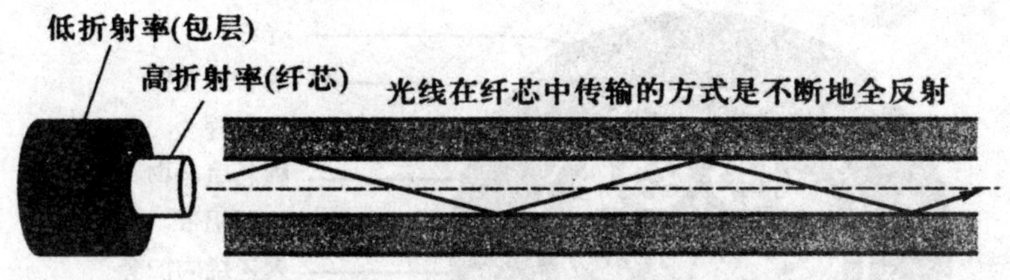

图 2-6　光信号在纤芯中的传播

现代生产工艺可以制造出超低损耗的光纤，即做到光信号在纤芯中传输数十千米甚至上百千米而基本上没有什么衰耗。这一点乃是光纤通信得到飞速发展的关键因素。按照光波在光纤中传播方式的不同，一般常见的光纤可以分为多模光纤和单模光纤两类，如图 2-7 所示，分别给出了这两类光纤的具体结构示意图。光纤的传输特性并不是平坦的，对不同频率的光衰减不尽相同，在经常使用的频率范围内有 3 个衰减较小的波段，波长中心分别位于 0.85μm、1.31μm 和 1.55μm，其中 1.31μm 处的损耗值可做到 0.5dB/km 以下，1.55μm 处的损耗值可做到 0.2dB/km 以下。上述 3 个波段都能够提供 25000～30000GHz 的带宽，可见光纤的通信容量非常巨大。

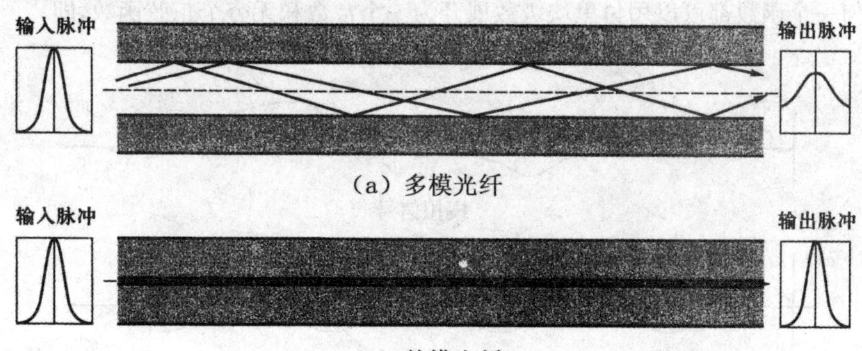

（a）多模光纤

（b）单模光纤

图 2-7　多模光纤和单模光纤

一般地，由光纤经过一定的工艺而形成的线缆，称为光缆，如图 2-8 所示。光缆是高速、远距离数据传输的重要传输介质，多用于局域网的骨干线段和局域网的远程互联。

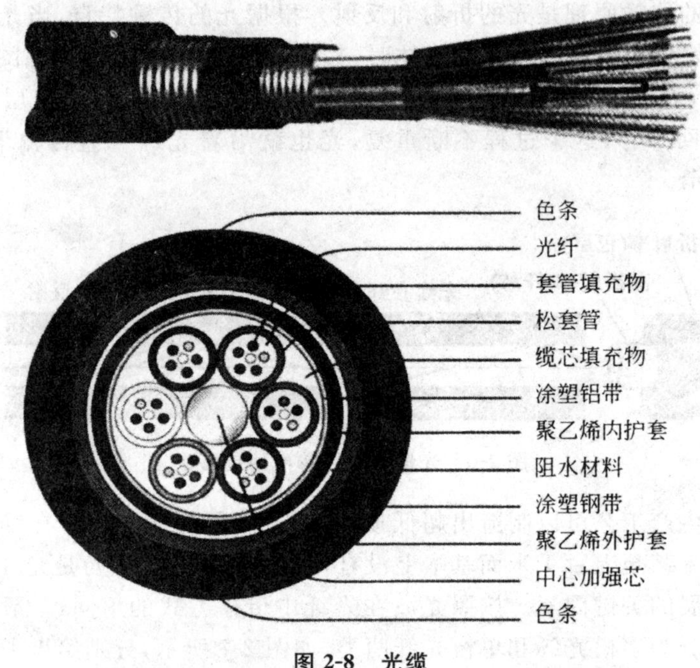

图 2-8　光缆

最后有必要特别指出的是，在网络中有三种类型的电信号，分别为模拟信号、正弦波信号和数字信号，如图 2-9 所示。计算机是一种使用数字信号的设备，电信号传输到目的地以后，都需要转化为数字信号。不管是模拟信号还是数字信号，都是由大量频率不同的正弦波信号合成的。数学上可以解释为，任何一个函数都可以用付里埃级数展开为一个常数和无穷个正弦函数，即

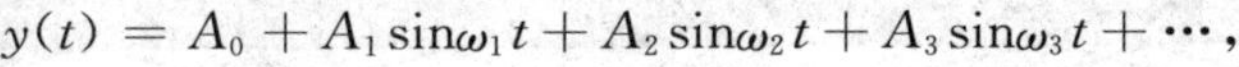

$$y(t) = A_0 + A_1 \sin\omega_1 t + A_2 \sin\omega_2 t + A_3 \sin\omega_3 t + \cdots,$$

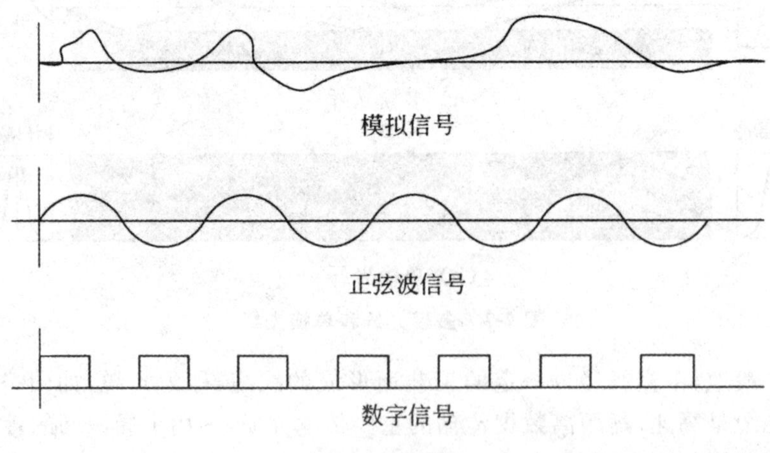

图 2-9　信号的种类

函数图形如图 2-10 所示。其中，A_0 是信号 $y(t)$ 的直流成分；$\sin\omega_1 t$、$\sin\omega_2 t$、$\sin\omega_3 t$、…是 $y(t)$ 的谐波；A_1、A_2、A_3、…是各个谐波的大小（强度）；ω_1、ω_2、ω_3、…是谐波的频率。

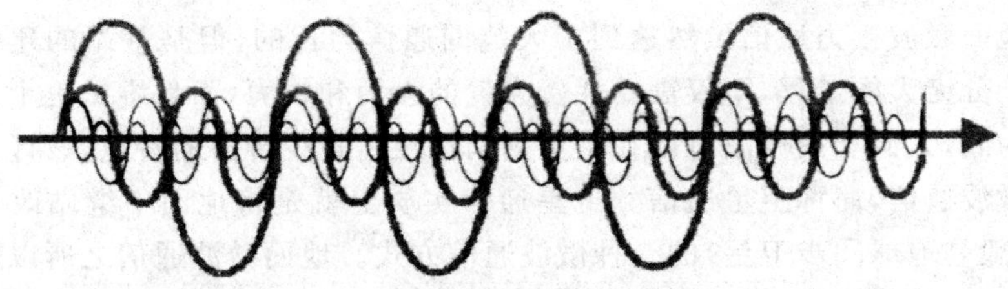

图 2-10 任意一个信号 $y(t)$，都是由不同频率 ω_i 的谐波组成

2.1.2 无线传输介质

由于无线传输无须布放线缆，其灵活性使得其在计算机网络通信中的应用越来越多。而且在未来的局域网传输介质中，无线传输将逐渐成为主角。无线传输介质主要有微波、蓝牙和激光等。

1. 微波通信

微波是指频率在 300MHz～300GHz 范围内的电磁波，它在空间中主要以直线传播的方式传播，并且具有较强的穿透性，能进入宇宙空间，在具体实践中，人们目前主要利用的微波的频率范围为 2～40GHz。微波是一种比较理想的通信介质，利用微波进行数据信息交换的通信方式称为微波通信。目前，微波通信的主要形式有两种，一种是地面微波接力通信，另一种则是卫星微波通信。

众所周知，地球是一个椭球体，地球表面是一个曲面，然而微波只可以沿直线传播，故而仅在地球表面上，微波通信的传输距离被很大程度地抑制。实践经验表明，如果不采用卫星微波通信，那么微波通信的有效距离一般仅 50km 左右。根据无线电物理学的有关原理，我们很容易发现，只要将发射和接收微波的天线塔加高，就可以有效放大微波通信的距离。事实证明，高约 100m 的天线塔可以将微波通信的有效距离增加到 100km。但是，对于大范围内的互联网通信，单台天线塔依然显得力不从心。为了实现远距离通信，人们发明了地面微波接力通信，这种通信的基本方法是，在通信覆盖范围内建立若干个中继站，保证每个中继站既可以有效服务其所在小区域的通信，又可以接收到其他中继站传输来的信号，并且可以将所接收的信号放大后传输给其他的中继站。这样，从通信始端发出的微波信号，就可以通过这些中继站不断“接力”而传输到很远的范围内，满足大范围内大部分用户的通信需求。

地面微波接力通信虽然达到了大范围通信的目的，但是基站的建设是一项十分庞大的工程，不仅需要耗费大量的人力和物力，而且维护也十分不便。为此，人们利用微波可以在宇宙空间长距离直线传播的特点，设计出了卫星微波通信，简称卫星通信。卫星通信实质上就是将地面中继站改成卫星（一般是地球同步卫星）的一种微波通信方式。地面微波通信之所以通信距离较短，并不是由于微波的消耗，而是由于微波只能沿直线传播，而地球表面是曲面。换而言之，地球微波通信就是在太空中建立了一个中继站，我们知道，中继站的塔高越高，微波通信就可以传输的越远，将距离地面约36000km 的人造同步地球卫星作为中继器，其通信覆盖范围之广是可想而知的。这样，一颗通信卫星就可以取代许多地面通信中继站。如图 2-11 所示，是卫星微波通信的示意图。就目前的技术水平来看，一个常规通信卫星一般拥有转发器的个数为 12～20 个，每个转发器大约拥有 36～50MHz 的频带宽度。一般情况下，要传输 50Mbps 速率的数据，或者 800 路 64Kbps 的数字化语音，由一个 50Mbps 的转发器即可满足要求。为了提高通信卫星的通信容量，卫星可以使用不同的频段进行通信，如表 2-4 所示，给出了卫星通信常用的频段。

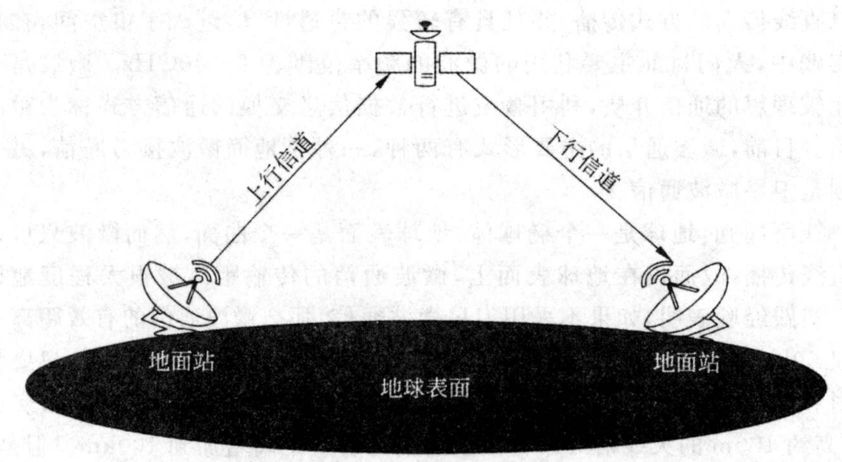

图 2-11　卫星微波通信

表 2-4　卫星通信常用的频段

波段	频率(GHz)	下行(GHz)	上行(GHz)	存在问题
C	4/6	3.7～4.2	5.925～6.425	地面干扰
Ku	11/14	11.7～12.2	14.0～14.5	雨衰
Ka	20/30	17.7～21.7	27.5～30.5	雨衰,设备价格昂贵

在当今的卫星通信领域中,甚小孔径地球站(Very Small Aperture Terminal,VSAT)已被大量使用。这种小站的天线直径往往不超过 1m,因而每一个小站的价格就较便宜。

2. 蓝牙

蓝牙(Bluetooth)是由爱立信、诺基亚、Intel、IBM 和东芝五家公司于 1998 年 5 月共同提出开发的。在无线技术中,蓝牙是一种短距离的无线通信技术,电子产品彼此可以通过蓝牙连接起来,省去了传统的有线传输介质。配有蓝牙技术的电子产品,透过芯片上的无线接收器能够在 10m 的距离内彼此相通,传输速率可以达到 1Mbps。蓝牙的主要替代对象是红外线和 RS－232 串口线,让连接变得更加方便和简单。利用蓝牙能在包括移动电话、PDA、无线耳机、笔记本电脑等众多设备之间进行信息无线交换,目前由蓝牙构成的无线个人网已在移动通信领域中广泛存在。

3. 激光

激光是一种高频电磁波,它可以通过利用特定的技术手段激发半导体材料而获得,而人为制造的可以产生激光的器件就称为激光发生器。从物理本质上看,除了频率的高低之外,激光与微波并没有其他区别,故而,激光也可以作为数据信息的一种传输介质。实践经验表明,激光不仅可以提供十分理想的通信带宽,而且成本低廉,经济效益十分可观。

当然,激光作为网络传输介质,也有其不可忽略的缺点。首先,激光的穿透能力比微波差很多,不仅容易被雨、浓雾等阻隔,而且也容易受到空气气流扰动的影响,通信质量不是十分可靠;其次,在目前的技术水平下,所有的激光发生器都不可避免地产生或多或少的辐射,进而可能危害周围人群的身体健康,所以安装激光通信装置必须获得国家有关部门的许可。

总之,与有线传输相比,无线传输具有不用铺设线路、造价较低、通信量大、可移动、数据传输速率高等优点,而且无线局域网使用的频段不会对人体健康造成伤害，它的缺点是易受环境的影响。在实际应用中，传输介质的选择取决于多种因素，这些因素包括网络拓扑结构、实际所需的通信容量、可靠性要求和价格等。

2.2 物理层使用的设备

计算机网络的物理层使用的网络设备主要有中继器、集线器、调制解调器。

2.2.1 中继器

中继器（RP，Repeater）是互联网络中最简单的网间连接器，用来连接两个具有相同物理层协议的局域网。当网络段已超过规定的最大距离时，用中继器把网络段上已衰减的信号经过放大和整形后传送给另一网络段，在物理层内实现二进制比特流的复制，从而延伸了整个网络的有效距离。如在细同轴电缆网络中每个网络段电缆只允许 185m，而细同轴电缆网络允许的最大干线长度为 925m，因此必须每隔 185m 的距离用中继器进行连接。中继器工作在 OSI 模型的最底层，即物理层，其连接结构图如图 2-12 所示。

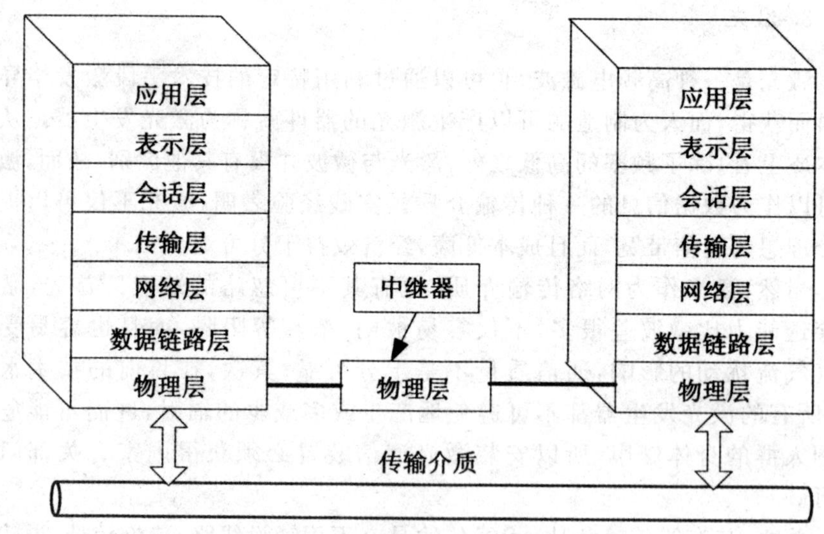

图 2-12 中继器的连接结构

随着网络技术的发展,目前中继器的功能已组合到集线器、交换机等设备中,不再作为一个单独的设备在市场上出售,但中继器的功能与名称仍然存在。

2.2.2　集线器

集线器(Hub)是中继器的一种扩展形式,区别在于集线器提供多端口服务,也称为多口中继器。集线器在 OSI/RM 中的位置如图 2-13 所示。集线器产品发展较快,局域网集线器通常分为 5 种不同的类型,分别为单中继器网段集线器、多网段集线器、端口交换式集线器、网络互联集线器和交换式集线器,它将对局域网交换机技术的发展产生直接影响。

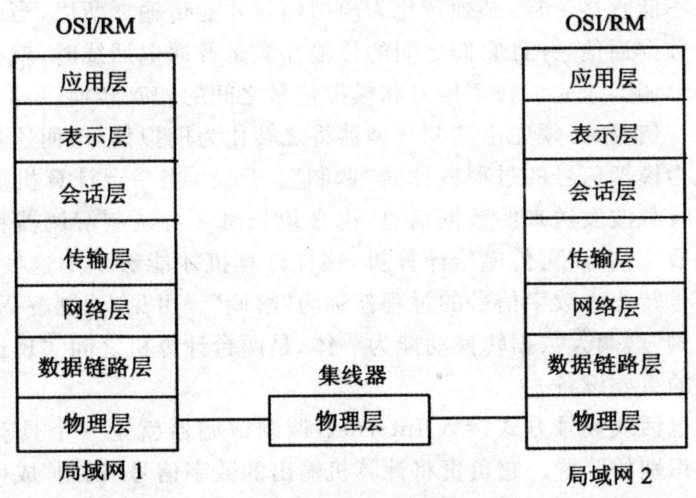

图 2-13　OSI/RM 中的集线器

集线器作为以太网的中心连接设备时,所有节点通过非屏蔽双绞线与集线器连接。这样的以太网在物理结构上看是星形拓扑结构,但是它在逻辑上仍然是总线拓扑结构。当集线器接收到某个节点发送的帧时,它立即将数据帧通过广播方式转发到其他的连接端口。集线器在 MAC 层仍然使用 CSMA/CD 介质访问控制方法。

集线器的主要功能是对接收到的信号进行再生、整形放大,以扩大网络的传输距离,同时把所有节点集中在以它为中心的节点上。它发送数据时都是没有针对性的,而是采用广播方式发送。集线器能将一些机器连接起来组成一个局域网,集线器各端口共享集线器的总带宽。

2.2.3 调制解调器

调制解调器(Modem)是调制器/解调器(Modulator/Demodulator)的缩写,它是计算机硬件的一种。在网络通信中,计算机所产生的数字信号必须经由调制解调器翻译,转化成模拟信号,才可以在普通电话线内传输;与此同时,普通电话发送来的模拟信号,也必须再由调制解调器翻译,转化成数字信号,才能够被计算机识别。由此可见,调制解调器是两台计算机之间实现通信的必需设备。

计算机在处理数据信息时,能够识别的只有由"0"和"1"组成的数字信号,并且计算机产生的数据信息也是数字信号。然而,在普通电话线上,数字信号并不能直接传输,必须转化为模拟信号才能传输。所以,当两台计算机要进行数据通信,并且它们之间的传输介质是普通电话线时,就必须要有一个调制解调器来完成数字信号和模拟信号之间的相互转换。对于计算机产生的数字信号,必须先由调制解调器将之转化为模拟信号,而这种将数字信号转化为模拟信号的过程就称为"调制"。反之,当一台计算机要接收由普通电话线载波发送来的数据信息,也必须先由一台调制解调器将模拟信号转化为数字信号,再传递给计算机,这样计算机才能够识别这些信息,而将模拟信号转化为数字信号的过程就称为"解调"。可见,调制解调器集"调制"与"解调"这两大数据转换功能为一体,是两台计算机之间实现远程通信不可或缺的重要设备。

利用电话线拨号方式接入 Internet,调制解调器就是一个具有波形变换和波形识别的装置。它负责将计算机输出的数字信号"调制"成可以在普通电话线上传送的脉冲信号;在线路的另一端再被另一个调制解调器"解调"为数字信号。这种上网方式对于互联网服务提供商和上网者而言初期投资比较少,无须改造线路,安装也比较简单,因此早期上网基本都采用这种方式。随着宽带网络的流行,更多的高速调制解调器(也称为基带调制解调器)会越来越多地进入人们的生活。

调制解调器的分类有多种,常用的分类方法如下:

(1)按照安装方式分类。按照安装方式不同,可以将调制解调器分为内置式调制解调器、外置式调制解调器和 PCMCIA 卡式调制解调器。

(2)按照调制信号的类型分类。按照调制信号类型的不同,调制解调器可分为如下两类:

①基带调制解调器。又称为短程调制解调器,是在相对短的距离内,如楼宇、校园内部或市内,连接计算机、网桥、路由器和其数字通信设备的装置。

②频带调制解调器。是利用给定线路中的频带(如一个或多个电话所占用的频带)进行数据传输,它的应用范围比基带调制解调器广泛得多,传输距离也较基带调制解调器要长。

2.3　数据链路层使用的设备

计算机网络的数据链路层使用的网络设备主要有网桥、网卡、交换机。

2.3.1　网桥

在局域网中,网桥是最常用的网间连接器,它工作在 OSI 模型的数据链路层,实现局域网的连接,由于网桥涉及高层协议的转换,因此可实现同一类型网络(即连接协议一致,且都使用相同的网络操作系统)的互联。网桥的功能是在局域网之间存储、转发帧并实现数据链路层上的协议转换。网桥通过数据链路层的 LLC 子层选择子网路径,把一个网络传来的信息帧发送到另一个网络上去,并对帧进行校验。网桥的连接结构图如图 2-14 所示。

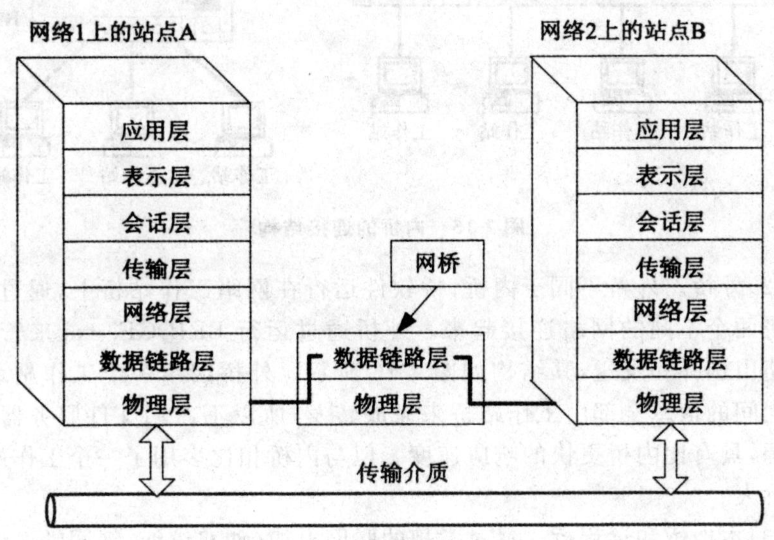

图 2-14　网桥的连接结构

网桥与中继器比较,具有以下特点:

(1)可以实现同一类型局域网的互联。

(2)网桥在收到一个帧后,先读取该帧的寻址信息,若这一帧的目的地址是在发送该帧的同一网段内，网桥就不会进行转发，从而有效提高了网络的性能。由于网桥的这种过滤能力，当一个网络段的某一工作站发生故障时，不会影响到网桥所连接的另一网段上的用户，起到了隔离错误的作用。

网桥可分为内桥和外桥，根据网桥连接的范围，又分为本地桥和远程桥，详述如下：

(1)内桥。内桥是文件服务器的一部分，桥软件随网络操作系统的启动已驻留在文件服务器中，通过文件服务器内的不同网卡把局域网连接起来，其结构如图 2-15 所示。内桥安装方便，不要求额外的软件和硬件，但文件服务器具有双重作用，占用了文件服务器的资源，降低了文件服务器的响应速度。

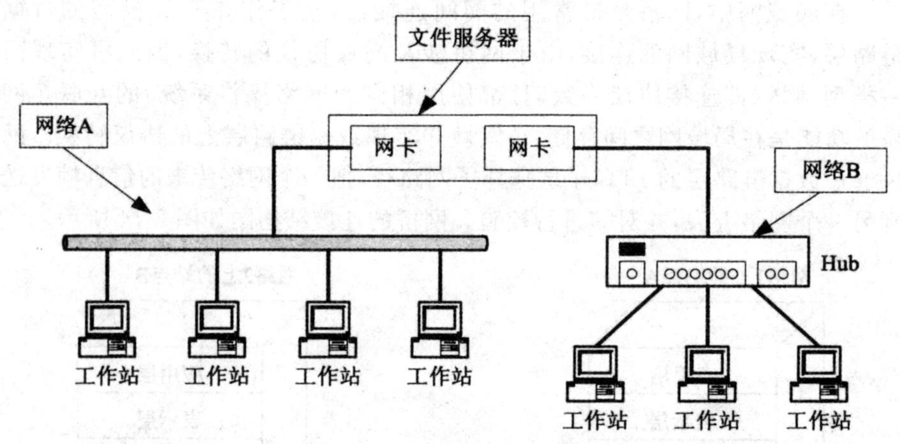

图 2-15　内桥的连接结构

(2)外桥。外桥不同于内桥，桥软件运行在网络工作站桥上，通过该工作站将两个不同的网络连接起来。外桥通过运行 BRIDGE. exe 来管理信息的路由选择和发送，其结构如图 2-16 所示。外桥因由一个工作站承担，网络之间的信息全部由工作站桥来完成转发，所以不占用文件服务器宝贵的资源，具有比内桥更快的响应速度。但与内桥相比多用了一个工作站，硬件代价大。

(3)本地桥和远程桥。通过常规的联网电缆(如双绞线、细同轴电缆等)连接起来的桥称为本地桥，而通过电话线或除常规电缆以外的介质连接的桥称为远程桥。远程桥一般用调制解调器和电话线实现两个远程网络的连接，其结构如图 2-17 所示。

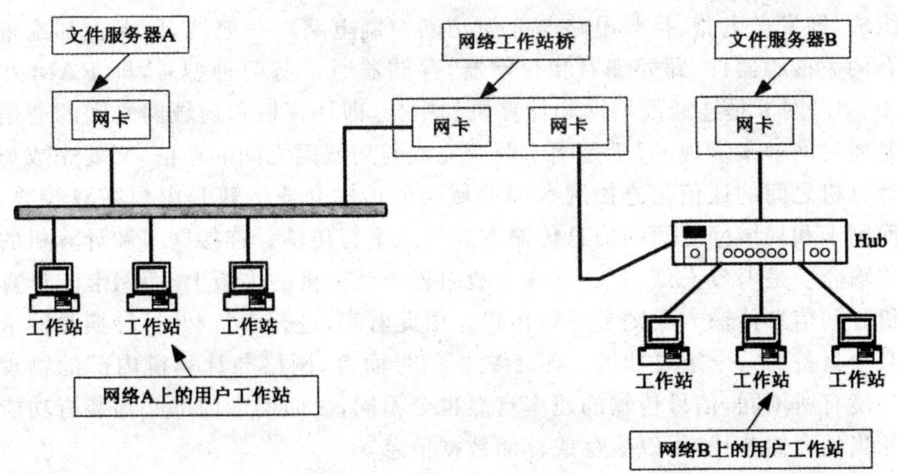

图 2-16　外桥的连接结构

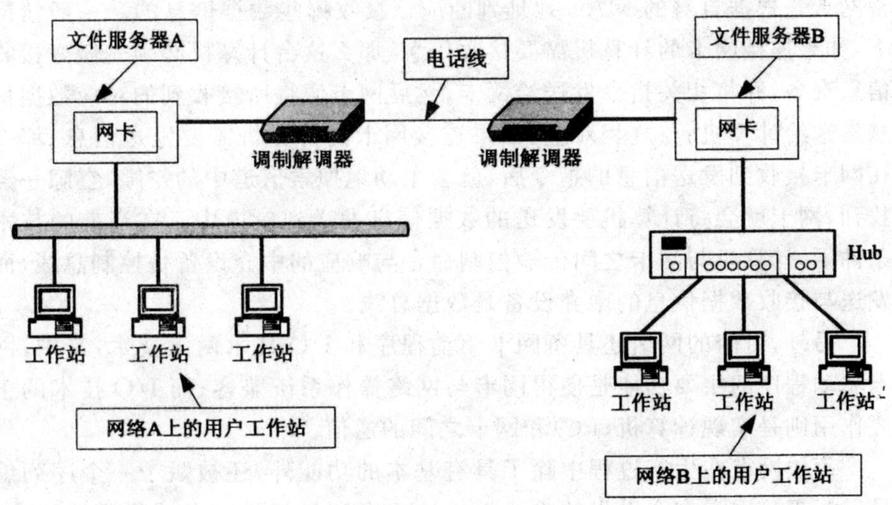

图 2-17　远程桥的连接结构

2.3.2　网卡

网卡即网络接口卡(NIC-Network Interface Card),又称为通信适配器或网络适配器。网卡是一种将计算机或其他设备连接到局域网的硬件设备。网卡属于 OSI 参考模型中第二层数据链路层的网络组件,是局域网中连接计算机和传输介质的接口,是单机与网络间通信的桥梁。

目前使用最广泛的网卡是 Ethernet 网卡。Ethernet 网卡由三个部分组成,即发送电路、接收电路与介质访问控制电路。一般地,网卡上都配置有两大核心器件,即处理器和存储器,存储器通常有两种型号,即 RAM 和 ROM。网卡是连通局域网和计算机的中介,即计算机和局域网之间的通信是通过网卡来实现的,于是网卡既要完成与局域网之间的通信,又要完成与计算机之间的通信。连接网卡和局域网的传输介质一般是电缆或双绞线,而网卡和局域网之间的信息传输方式则是串行传输。连接网卡和计算机的传输介质是 I/O 总线,I/O 总线一般内置于计算机的主板上,而网卡和计算机之间信息传输方式则是并行传输。由此看来,进行串行/并行转换是网卡必须具备的一个重要功能。对于数据信号而言,网络与计算机内部的物理环境有所不同,信号传输的速率自然也会不同,故而网卡内部必须装有功能相当的存储芯片,用以缓存或存储数据信息。

网卡的一个基本功能,就是随时侦听信道中的数据信息,并将自己应该接收的数据信息接收回来。当然,在接收信息时,还需要一个识别过程,通常网卡是根据自身的 MAC 地址判断应该接收哪些数据信息的。一般情况下,如果连接网卡的计算机需要接收信息,那么这台计算机必须先做好接收信息准备,并将相关指令发送给网卡,然后网卡便将所接收到的对应数据信息发送给计算机;与之相对应,如果连接网卡的计算机需要发送信息,那么在网卡接收到发送信息的指令后,就会主动地搜索信道中的空隙,空隙一经找到,网卡就会将计算机要发送的数据信息发送到信道中。在当前的技术条件下,计算机与网卡之间传输控制命令与响应的中介设备是控制总线,而发送与接收数据信息的中介设备是数据总线。

另外,目前的网卡还具备网卡驱动程序和 I/O 技术两大技术,其中,网卡驱动程序的主要功能是使得网卡与网络操作系统兼容;而 I/O 技术的主要作用则是实现计算机(PC)和网卡之间的通信。

每块网卡在生产过程中除了具有基本的功能外,还被赋予一个序列编号以标识该网卡在全世界的唯一性。这个序列号就是网卡的物理地址,习惯称为介质访问控制(Media Access Control,MAC)地址。

它由 48 位二进制数组成,共有 6 个字节,通常分成 6 段用十六进制表示,如 24-0A-64-CA-24-B9。其中,序列编号 FF-FF-FF-FF-FF-FF 不指向具体某一网卡,而是一数据链路层的广播地址。

48 位的 MAC 地址也叫硬件地址,分为前 24 位和后 24 位。前 24 位叫作"组织唯一标识符"(Organizationally Unique Identifier,OUI),是由 IEEE 的注册管理机构给不同厂家分配的代码,为了区分不同的厂家。后 24 位是由厂家自己分配的,称为扩展标识符。同一个厂家生产的网卡中

MAC 地址后 24 位是不同的。

MAC 地址对应于 OSI 参考模型的第二层数据链路层。工作在数据链路层的交换机维护着计算机 MAC 地址和自身端口的数据库，交换机根据收到的数据帧中的“目的 MAC 地址”字段来转发数据帧。

2.3.3　交换机

1. 交换机的原理

交换机工作在 OSI 模型的数据链路层。第 2 层交换机有如下 3 种不同的功能：

(1)地址学习(Address Learning)。交换机能够记住在一个接口上所收到的每个帧的源设备硬件地址，而且会将这个硬件地址信息输入到被称为转发/过滤表的 MAC 表中。

(2)转发/过滤决定(Forward/Filter Decisions)。当在某个接口上收到帧时，交换机就检查其硬件地址，并在 MAC 表中找到其外出的接口。帧只被转发到指定的目的端口。

(3)避免环路。如果为了提供冗余而在交换机之间创建多个连接，网络中就可能产生环路。在提供冗余的同时，可使用生成树协议来防止产生网络环路。

交换机在转发数据帧的时候，可以有如下 3 种模式：

(1)存储转发模式(Storeand Forward)。在存储转发模式中，交换机在转发数据之前必须完整地接受整个数据帧，读取数据帧的源 MAC 地址和目的 MAC 地址，应用相关过滤器，并且对该数据帧进行循环冗余校验。在校验时发现该数据帧出现错误，则丢弃该数据帧。由于在转发数据帧之前要进行校验，使得错误的数据帧被发现并且丢弃，减少了网络传输中错误数据帧的数量，保证了数据的正确性。因为要等到数据帧完全被接收才能被处理，所以存储转发模式是所有模式中最慢的，它的网络延迟最长。一般情况下，高端交换机都使用这种转发模式。

(2)直通模式(Cut Through)。在直通模式中，交换机不等到数据帧完全进入，而是当帧头刚刚进入交换机时，就读取其中的目的 MAC 地址并且将数据帧转发。这种模式大大减少了交换机延迟，因为它可以不等到数据帧完全进入交换机就转发该数据帧。但是交换机无法为数据帧进行循环冗余校验，错误的数据帧也被转发。直通模式是交换机速率最快但出错率最高的模式。

(3)无碎片模式(Fragment Free)。无碎片模式是对存储转发模式和直通模式的折中。无碎片模式可以在转发数据帧之前过滤出冲突碎片。冲突碎片是一种主要的数据帧错误。一般来说,冲突碎片都小于64B,大于64B的帧通常被认为是没有错误的。在无碎片模式中,交换机等待数据帧进入交换机达到64B时就读取帧头中的目的MAC地址并转发该数据帧。这种操作方式可以有效避免转发冲突碎片数据帧,但它依然没有对数据帧进行循环冗余校验。所以这种数据帧转发模式不能完全防止错误数据帧的转发。无碎片模式的工作速率不如直通式,但是比直通模式发送的错误数据帧少,同时又比存储转发模式快。

2. 交换机的分类

交换机的分类方式有多种,常见的分类方法如下:

(1)根据网络覆盖范围划分。根据网络覆盖范围的不同,可以分为广域网交换机和局域网交换机。

(2)根据交换机使用的网络传输介质及传输速度划分。根据交换机使用的网络传输介质及传输速度的不同,一般可以将局域网交换机分为以太网交换机、快速以太网交换机、千兆位以太网交换机、10千兆位以太网交换机、FDDI交换机、ATM交换机等。

(3)根据应用层次划分。根据交换机所应用的网络层次,又可以将网络交换机划分为企业级交换机、校园网交换机、部门级交换机、工作组交换机和桌面型交换机5种。

(4)根据交换机工作的协议层划分。根据工作的协议层交换机可分第二层交换机、第三层交换机和第四层交换机。

3. 交换机的配置与应用

一般地,交换机的配置方式有如下两种:

(1)Console端口。可进行网络管理的交换机上都有一个Console端口,用于对交换机进行配置和管理,通过Console端口连接并配置交换机,是配置和管理交换机必须经过的步骤。

(2)RJ-45端口。给交换机配置好IP地址,然后通过网络与计算机相连。计算机通过内置的Telnet或Web浏览器的方式访问、管理交换机。

设计大型网络时,为便于实现并方便管理,常将网络划分为三层,因而产生了三层交换机,如图2-18所示。所划分的三层具体如下:

①核心层交换设备。万兆核心多业务三层路由交换机。

②汇聚层交换设备。千兆智能以太网交换机。

③接入层交换设备。智能接入交换机。

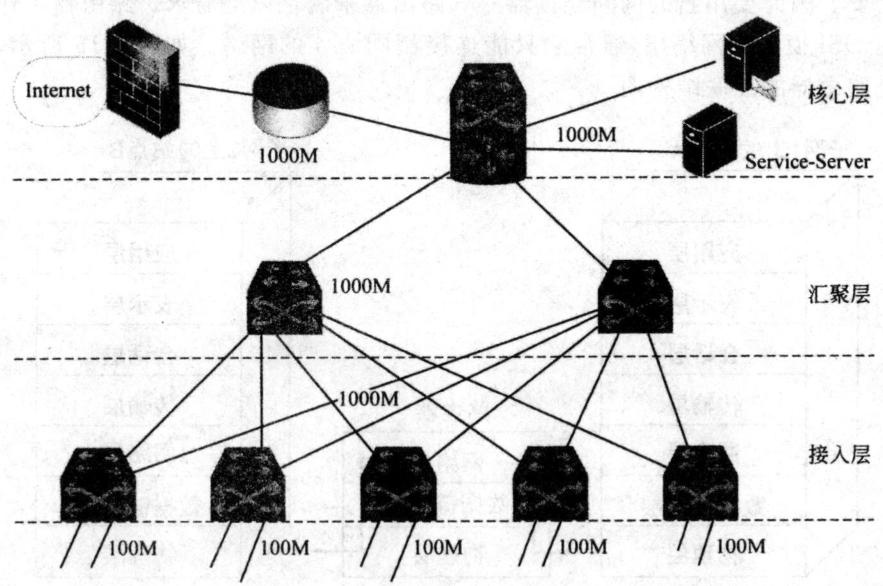

图 2-18　网络各层交换机

2.4　网络层使用的设备

网络层使用的网络设备是路由器，路由器是互联网的主要节点设备，它构成了 Internet 的骨架。

2.4.1　路由器及其互联结构

路由器是一台计算机，因为它的硬件和计算机类似，通常具有处理器（CPU）、不同种类的内存、操作系统、各种端口的接口等。当前，最先进的路由器具有三层交换功能，提供千兆位端口的速率、服务质量（QoS）、多点广播（multicasting）能力。

所谓“路由”，具体是指把数据从一个地方传送到另一个地方的行为和动作，路由器是一种典型的网络层设备。它在两个局域网之间按帧传输数据，在 OSI/RM 中被称为中介系统，完成网络层中继或第三层中继的任务。随着网络系统的扩大，特别是多种平台工作站、服务器及主机连成大规模广域网时,网桥在路由选择、系统容错及网络管理等方面已远远不能满足实际需要。因此要用新的网间连接器——路由器来满足以上需求。路由器工作在 OSI 模型的网络层,通常它只能连接相同协议的网络。如图 2-19 所示,是路由器的互联结构图。

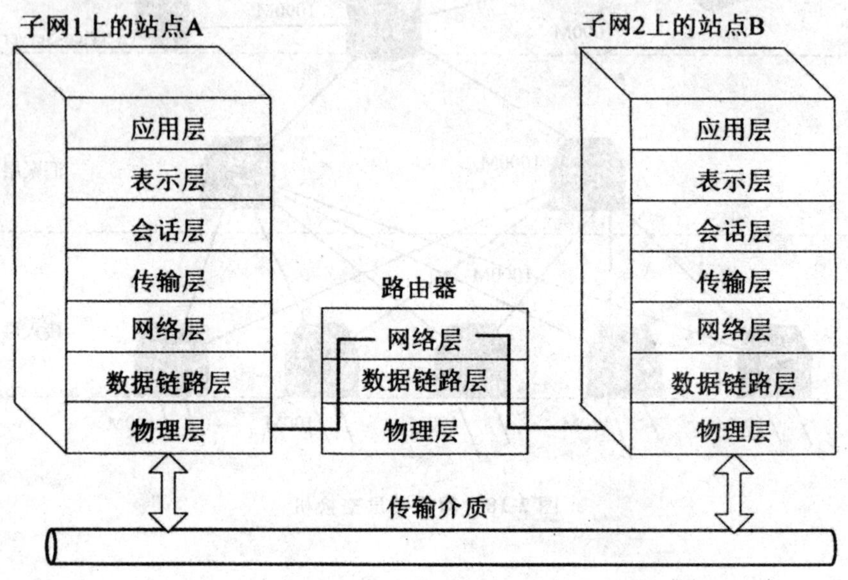

图 2-19 路由器的互联结构

路由器比网桥更复杂,但更具灵活性,有更强的网络互联能力。它利用网际协议将整个网络分成几个逻辑子网;而网桥只是把几个物理网络连接起来,提供给用户的还是一个逻辑网络。

路由器用于将信息包从一个子网转发到另一个子网,实现网络层上的协议转换。

2.4.2 路由器的功能

路由器属于网络层的一种互联设备,它不关心各子网使用的硬件设备,但要求运行与网络层协议相一致的软件。路由器能像交换机一样隔离冲突域,能检测出广播数据包并丢弃,因而能减小冲突发生的概率,有效地扩大网络的规模。一般地,路由器具备以下功能:

(1)路径选择功能。为经由路由器转发的每一个数据包寻找一条最佳的转发路径。

(2)转发/过滤功能。负责转发数据包并过滤网络广播,以确保各网络的独立性。通过设定隔离和安全参数，禁止某种数据传输到网络。

(3)连接功能。支持本地和远程同时连接。

(4)容错功能。利用如电源或网络接口卡等冗余设备提供较高的容错能力。

(5)监视功能。监视数据传输，并向管理信息库报告统计数据。

(6)报警功能。诊断内部或其他连接问题并触发报警信号。

路由器的一个作用是连通不同的网络，另一个作用则是为经过路由器的每个数据帧寻找一条最佳传输路径，并将该数据有效地传送到目的节点。所以，选择最佳路径的策略即路由算法是路由器工作原理的关键。为路由器进行路径选择时提供依据的是路由表(Routing Table)。路由表可以由路由器自动调整，也可以由主机控制；可以由系统管理员固定设置好，也可以由系统动态修改。

具体实践表明，不管网络有多么复杂，路由器在网络中的工作流程以及工作原理都是差不多的。然而，实际网络中路由器的工作会比理论上复杂许多，这需要读者的实践积累。

2.4.3　路由选择协议和算法

通过路由协议，路由器可动态适应网络结构的变化，并找到到达目的网络的最佳路径。路由协议有很多，其中最常用的是路由信息协议(RIP)、开放式最短路径优先协议(OSPF)、增强内部网关路由协议(EIGRP)和边界网关协议(BGP)，详述如下：

(1)RIP 路由协议。RIP 规定每 30s 与相邻的路由器交换一次路由信息，如果经过 16 个周期路由还未被更新则认为该路由已无效，将它从路由表中删除。RIP 单纯以“步跳数”的大小衡量路径的好坏，没有综合考虑网络的其他状况，所以得出的路径不一定是最优路径。由于在路由表更新过程中没有足够的路径信息，所以 RIP 会有路由环路出现的可能。为了避免环路的形成，减小慢收敛的影响，RIP 采取了以下策略：

①设定最大距离。RIP 规定最大步跳数为 15，当距离超过规定最大步跳数时就认为不可达。这解决了无限循环的增值问题，同时也限制了应用 RIP 的网络规模。

②水平分割。从某个接口学习过来的路由信息，路由器不会再把它从该接口广播回去。

③路由保持。对故障路由信息保持一段时间再删除，使它在网络中尽量广地传播开去。

④毒性逆转。对故障路由直接标记为距离无限大。

⑤触发更新。一旦检测到故障路由信息,立即广播此报文。而不必等待下一个更新周期。

在实际应用中,这些对策可以根据需要同时采用多种。

(2)OSPF 路由协议。链路状态算法的基本思想是网络中的路由器周期性地向其他路由器广播自己与相邻路由器的连接关系,最后各个路由器都知道了整个网络的拓扑结构。每个路由器以自己为中心可以生成最小生成树,就是到各个网络的最短路径。链路状态算法收敛速度快,交换的信息量较小,不会产生路由环路,但要求路由器有较高的处理能力。其典型的路由协议代表是 OSPF 路由协议。OSPF 路由协议适合于在大规模、环境复杂的网络环境中使用。OSPF 的"开放"表明 OSPF 路由协议不受某一家厂商控制,而是公开发表的。OSPF 以链路状态的变化更新路由表,只有当链路状态发生变化时,路由器才用洪泛法向所有路由器发送此信息。OSPF 建立邻接关系,由于各路由器之间频繁地交换链路状态信息,因此所有的路由器最终都能建立一个链路状态数据库,并通过算法选择最优路径。

(3)EIGRP 路由协议。EIGRP 路由协议是思科(CiSCO)路由器的专用协议,是上述两协议的综合。

(4)BGP 路由协议。BGP 是自治系统间的路由协议。BGP 交换的网络可达性信息提供了足够的信息检测路由回路并根据性能优先和策略约束对路由进行决策。特别地,BGP 交换包含全部 ASpath 的网络可达性信息,按照配置信息执行路由策略。

2.4.4 路由器的分类

路由器一般按范围级别、使用级别、功能级别和体系构成等分类,具体如下:

(1)按范围级别分类。路由器分本地路由器和远程路由器:本地路由器是用来连接网络传输介质的,如光纤、同轴电缆、双绞线;远程路由器是用来连接远程传输介质,并调用相应的设备,如电话线要配调制解调器,无线要通过无线接收机、发送机。

(2)按使用级别分类。按照使用级别的不同,路由器可分为接入路由器、企业级路由器和骨干级路由器等,同时,还有一些非常先进的路由器,如太比特路由器、多 WAN 路由器等。

(3)按功能级别类。按照功能级别的不同,路由器可分为宽带路由器、模块化路由器、非模块化路由器、虚拟路由器、核心路由器、无线路由器、智能流控路由器、动态限速路由器等。

(4)按体系构成分类。从体系结构上看，路由器可以分为第一代单总线单 CPU 结构路由器、第二代单总线主从 CPU 结构路由器、第三代单总线对称式多 CPU 结构路由器、第四代多总线多 CPU 结构路由器、第五代共享内存式结构路由器、第六代交叉开关体系结构路由器和基于机群系统的路由器等多类。

2.4.5　路由器与交换机的主要区别

用路由器连接的若干个网络是各自独立的。从一个网络访问用路由器连接的另一个网络中的站点，须指定该站点的逻辑地址(IP 地址)。

路由表是一种“端口－网络地址”表，它反映了端口与目的网络地址之间的关系。它是一种从分组中提取 IP 地址，并解析出其中的网络地址进行查表的方式。交换机的转发表是“端口－MAC 地址”表，存放的是端口与目的 MAC 地址之间的关系。

2.5　应用层使用的设备

计算机网络的应用层使用的设备主要有网关和防火墙。

2.5.1　网关

网关(Gateway)实现的网络互联发生在网络层以上，它是网络层以上互联设备的总称。网关可以设在服务器、微型机或大型机上。网关具有强大的功能并且大多数时候都和应用有关，它们比路由器的价格要贵一些。由于网关传输更负责，所以传输数据的速率比交换机或路由器低，但有造成堵塞的可能。

网关是软件和硬件的组合，通过使用适当的硬件与软件实现不同协议之间的转换功能。软件实现不同的互联网协议之间的转换，硬件提供不同网络的接口。由于网关连接的是不同体系结构的网络结构，所以网关往往都是针对某一特定应用的专用连接，没有通用的网关。常见的网关如下：

(1)电子邮件网关。通过这种网关，可以从一个系统向另一个系统传输数据，它允许使用不同系统电子邮件的人相互通信。

(2)Internet 网关。这种网关允许并管理局域网和 Internet 的接入。

它可以限制某些局域网用户访问 Internet。

(3)WAP 网关。这种网关负责连接无线网和 Internet,同时还作为获取数据的代理服务器。它负责从 Internet 标准协议到 WAP 协议的转换。

(4)IBM 主机网关。通过这种网关,可以在一台个人计算机和 IBM 大型机之间建立通信。

2.5.2 防火墙

防火墙一般是指用来在两个或多个网络间加强访问控制的一个或一组网络设备,它是网络安全的屏障。一个防火墙(作为阻塞点、控制点)能极大地提高一个内部网络的安全性,并通过过滤不安全的服务而降低风险。

1. 防火墙关键技术及设计

防火墙的种类多种多样,在不同的发展阶段,采用的技术也各不相同,采用不同的技术,因而也就产生了不同类型的防火墙。防火墙所采用的技术主要有以下几种:

(1)屏蔽路由技术。最简单和最流行的防火墙形式是“屏蔽路由器”。多数商业路由器具有内置的限制目的地间通信的能力。屏蔽路由器一般只在网络层工作(有的还包括传输层),采用包过滤或虚电路技术,包过滤通过检查每个 IP 网络包,取得其头信息,一般包括:到达的物理网络接口,源 IP 地址,目标 IP 地址,传输层类型(TCP、UDP、ICMP),源端口和目的端口。根据这些信息,判别是否与规则集中的某条目匹配,并对匹配包执行规则中指定的动作(禁止或允许)。包括滤系统通常可以重置网络包地址,从而流出的通信包看来不同于其原始主机地址转换(NAT),通过 NAT 可以隐藏内部网络拓朴和地址表。而虚电路技术的核心是验证通信包是一个连接中的数据包(两个传输层之间的虚电路)。首先,它检查每个连接的建立以确保其发生在合法的握手之后。并且在握手完成前不转发数据包,系统维护一个有效连接表(包括完整的会话状态和序列信息),当网络包信息与虚电路表中的某一入口匹配时才允许包含数据的网络包通过。当连接终止后,它在表中的入口就被删除,从而两个会话层之间的虚电路也就被关闭了。

(2)应用网关技术。应用网关型防火墙又称作代理型防火墙,其实也就是平时所说的代理服务器。顾名思义,它工作于 OSI 模型的应用层。代理型防火墙和包过滤型防火墙采用完全不同的工作模式,它的安全性要高于包过滤型产品。包过滤防火墙可以按照 IP 地址来禁止未授权者的访问。但是它不适合单位用来控制内部人员访问外界的网络,对于这样的企业来说应用级防火墙是更好的选择。所谓代理服务，即防火墙内外的计算机系统应用层的链接是在两个终止于代理服务的链接来实现的，这样便成功地实现了防火墙内外计算机系统的隔离。代理服务是设置在Internet防火墙网关上的应用，是网管员允许或拒绝的特定应用程序或者特定服务，同时还可应用于实施较强的数据流监控、过滤、记录和报告等功能。一般情况下可应用于特定的互联网服务，如超文本传输(HTTP)、远程文件传输(FTP)等。代理服务器通常拥有高速缓存，缓存中存有用户经常访问站点的内容，在下一个用户要访问同样的站点时，服务器就用不着重复地去抓同样的内容，既节约了时间也节约了网络资源。如图2-20所示，是应用网关型防火墙的基本结构。这类防火墙通常被配置为“双宿主网关”，具有两个网络接口卡，同时接入内部网和外部网。由于网关可以与两个网络通信，它是安装传递数据软件的理想位置。这种软件就称为“代理”，通常是为其所提供的服务定制的。代理服务不允许直接与真正的服务器通信，而是与代理服务器通信(用户的默认网关指向代理服务器)。各个应用代理在用户和服务之间处理所有的通信，能够对通过它的数据进行详细的审计追踪。许多专家也认为它更加安全，因为代理软件可以根据防火墙后面的主机的脆弱性来制定，以专门防范已知的攻击。一般最常见的代理服务器有应用代理服务器、回路级代理服务器、隔离域名服务器和邮件转发技术等。如图2-21所示，是应用层网关的工作原理示意图。

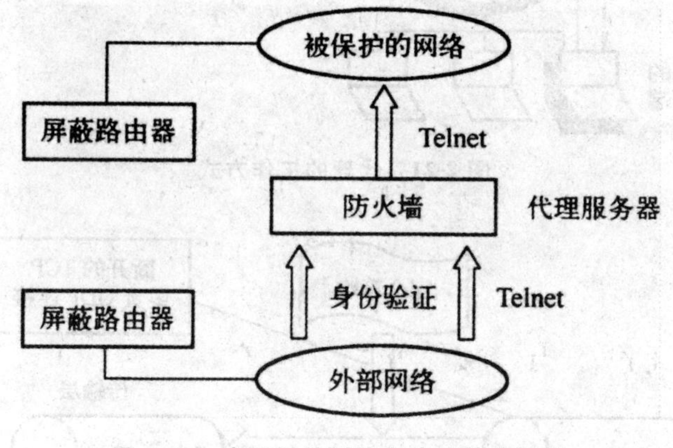

图2-20 应用网关型防火墙的基本结构

(3)包过滤技术。数据包过滤是一个传统的网络安全保护机制，用来控制流经它(流出和流入)的网络数据。包过滤一般是基于IP包头中的协议类型和协议字段值，以及更上一层的TCP,ICMP的协议包头信息来设定条件。因为以前的包过滤服务一般都由路由器提供，所以包过滤防火墙一般又被称为包过滤路由器。从方法学上讲，包过滤分为传统的无状态包过滤和新兴的有状态包过滤。在没有防火墙的 IP 层软件中，IP 层只是简单地从网络输入设备获取数据包，确定数据包发送路由，根据路由输出数据包。基于无状态包过滤的防火墙工作在 IP 层，而 IP 层功能可以抽象为数据包的输入、转发和输出 3 个功能模块。而且在 IP 层功能模块中加入防火墙功能可以提高 IP 层的智能，使 IP 层各功能模块能在处理数据包时根据定义的规则对数据包进行特定的处理，而不再是简单的转发。依据 IP 层功能模块的划分，将防火墙规则表划分为输入数据包过滤规则表、输出数据包过滤规则表、转发数据包过滤规则表及用户自定义规则表。其中输入、输出和转发规则表是系统规则表。如图 2-22 所示，是过滤防火墙的基本结构示意图。

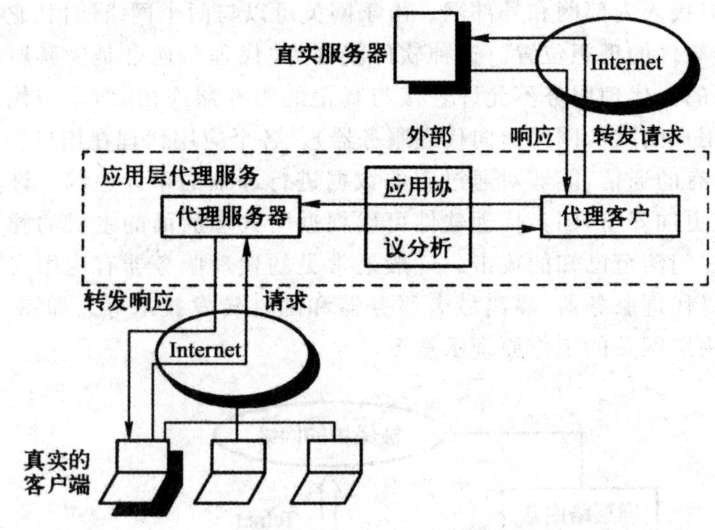

图 2-21 代理的工作方式

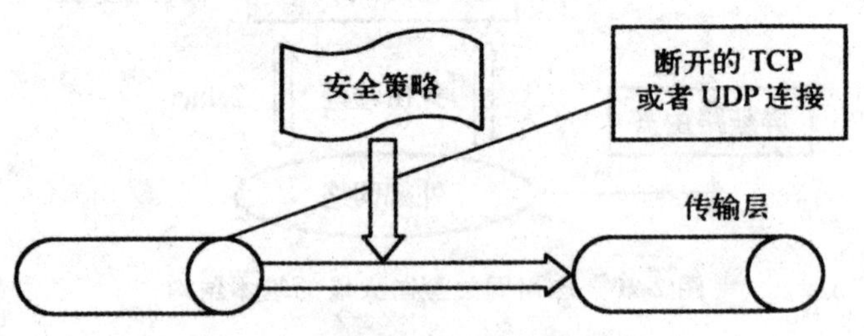

图 2-22 包过滤防火墙的基本结构

(4)动态防火墙技术。动态防火墙技术是针对静态包过滤技术而提出的一项新技术。静态包过滤技术局限于过滤基于源及目的端口、IP 地址的输入输出业务，因而限制了控制能力，并且由于网络的所有高位（1024～

65535)端要么开放,要么关闭,使网络处于很不完全的境地。而动态防火墙技术可创建动态的规则,使其适应不断改变的网络业务量。根据用户的不同要求,规则能被修改并接受或拒绝条件。具体地讲,动态防火墙技术并不是根据状态来对包进行有效性检查,而是通过为每个会话维护其状态信息,来提供一种防御措施和方法。它可分辨通信是初始请求还是对请求的回应。即是否是新的会话通信,以实现"单向规则",即在过滤规则中可以只允许一个方向上的通信。在该方向上的初始请求被允许和记录后,其连接的另一方向的回应也将被允许,这样不必在过滤规则中为其回应考虑,大大减少了过滤规则的数量和复杂性。同时,它还为协议和服务的过滤提供了理想的解决方案,能很好地实现"只允许内部访问外部"的策略,使内部网络更安全。从外部看,在没有合法的通信时,除规则允许外部访问的所有内部主机端口开放,并且当连接结束时,也随之关闭;而从内部看,除规则明确拒绝外,所有外部资源都是开放的,并且它还为一些针对 TCP 的攻击提供了在包过滤上进行防御的手段。动态防火墙为了跟踪维护连接状态,必须对所有进出的数据包进行分析,从其传输层,应用层中提取相关的通信和应用状态信息,根据其源和目的 IP 地址,传输层协议和源及目的端口来区分每一连接,并建立动态连接表为所有连接存储其状态和上下文信息;同时为检查后续通信。应及时更新这些信息,当连接结束时,也应及时从连接表中删除其相应信息。动态连接表是动态防火墙技术的核心,对所有进出的数据包,首先在动态连接表中查找相应的连接表项,若其存在,便可得到过滤结果,否则,查找相应过滤规则,并创建一连接表项。这样,就不必为每个数据包都在过滤规则中依次进行比较来查找相应规则,从而大大提高了过滤效率和网络通信速度。但是,动态防火墙包过滤技术在实现中也有一些缺陷:它通过检查关键词来实现对应用协议和数据的过滤,但无法对跨分组的关键词进行检查,而且一旦过滤掉分组后,它只能简单地关闭连接,不会向源端传送任何错误信息。

(5)电路网关技术。电路级网关是一个特殊的功能,可以由应用层网关来完成。电路级网关只依赖于 TCP 连接,并不进行任何附加的包处理或过滤。电路级网关简单地中继 Telnet 连接,并不做任何审查,过滤或 Telnet 协议管理。电路级网关就像电线一样,只是在内部连接和外部连接之间来回复制字节。但是由于连接似乎是起源于防火墙,其隐藏了受保护网络的有关信息。电路级网关优点是可以对各种不同的协议提供服务,其对外像一个代理,对内是一个过滤路由器。电路级网关缺点是一般只传输 TCP 的数据段。另外,新的应用出现可能会要求对电路级网关的代码做相应的修改。

(6)状态检测技术。状态检测防火墙克服了包过滤防火墙和应用代理服务器的局限性,作为防火墙技术其安全特性最佳。它采用了一个在网关上执行网络安全策略的软件引擎,称之为检测模块。检测模块在不影响网络正常工作的前提下,采用抽取相关数据的方法对网络通信的各层实施监测,抽取部分数据,即状态信息,并动态地保存起来作为以后制定安全决策的参考。检测模块支持多种协议和应用程序,并可以很容易地实现应用和服务的扩充。与其他安全方案不同,当用户访问到达网关的操作系统前,状态监视器要抽取有关数据进行分析,根据协议、端口及源、目的地址的具体情况,结合网络配置和安全规定做出接纳、拒绝、鉴定或给其通信加密等决定。对于每个安全策略允许的请求,状态检测防火墙启动相应的进程,可以快速地确认符合授权流通标准的数据包,这使得本身的运行非常快速。一旦某个访问违反安全规定,安全报警器就会拒绝该访问,并作下记录向系统管理器报告网络状态,监视器还可以监测 Remote Pro Cedure Call 和 User Datagram Protocol 类的端口信息。这种防火墙的优点是,一旦某个访问违反安全规定,就会拒绝该访问,并报告有关状态作日志记录。状态检测防火墙的另一个优点是,它会监测无连接状态的远程过程调用和用户数据报之类的端口信息,而包过滤和应用网关防火墙都不支持此类应用。这种防火墙无疑是非常坚固的。但是状态检测防火墙唯一的缺点是,这种状态检测可能造成网络连接的某种迟滞。不过硬件越快,这个问题就越不易察觉,而且配置也比较复杂。

2. 防火墙的体系结构

当一个网络接到 Internet 之后,保障网络安全的措施除了要考虑网络内的计算机病毒、计算机系统本身的稳定性外,更重要的是防止非法用户的入侵。而目前防止入侵的主要技术手段是在内部网络与 Internet 的接口处架设防火墙。防火墙实际上是一种访问控制技术,可以控制 Internet 用户对内部网络的访问,阻止对内部网络信息资源的非法访问,也可以使用防火墙阻止重要信息从内部网络非法输出,也就是说,防火墙可以控制进出两个方向的通信。但防火墙不是一个单独的计算机程序或设备,理论上讲,防火墙是由软件和硬件两部分组成,用来阻止所有网络之间不受欢迎的信息的交换。目前,实际的防火墙结构通常包含一个 DMZ(Demilitarized Zone)区,俗称“停火区”。此外,针对内部网络的特殊需要,防火墙的结构常常需要增加其他组件。例如,通常内部网络会有部分信息(WWW 服务器、匿名 FTP 服务器等)需要提供给 Internet 用户访问。对此常常是在防火墙中建立两个 DMZ 区来满足网络服务的需要,其中,外 DMZ 区的子网可以放置公共信息服务器，在这一配置中，外 DMZ 区上的路由应该采用静态方式，并且所有的外 DMZ 区的网络系统均不应被内部网络认为是可靠的。

由于防火墙对于企业网络的防御系统来说，是一个不可缺少的基础设施。在选择防火墙时，首先需要考虑的问题就是需要一个什么结构的产品。防火墙发展到今天，很多产品已经越来越像是一个网络安全的工具箱。工具的多少固然很重要，但系统的结构却是一个起决定性作用的前提。因为防火墙的结构决定了这些工具的组合能力，决定了当用户在某种场合需要系统提供功能的时候，是不是真的能够用得上。

接下来，我们着重讨论防火墙的如下三种主流体系结构：

(1)双端口主机体系结构。任何拥有多个接口卡的系统都被称为多端口的或多宿的，双端口主机体系是用一台装有两块网卡的主机做防火墙。两块网卡各自与受保护网和外部网相连。主机上运行着防火墙软件，可以转发应用程序，提供服务等，双端口主机体系结构如图 2-23 所示。双端口主机体系结构优于屏蔽路由器的地方是：堡垒主机的系统软件可用于维护系统日志、硬件拷贝日志或远程日志。这对于日后的检查很有用。但这不能帮助网络管理者确认内网中哪些主机可能已被黑客入侵。双端口主机体系结构的一个致命弱点是：一旦入侵者侵入堡垒主机并使其只具有路由功能，则任何网上用户均可以随便访问内网。

图 2-23　双端口主机体系结构示意图

(2)筛选主机体系结构。筛选主机体系结构又称路由器加过滤器(ScreenedHost)结构。这种结构主要由路由器(Router)和过滤器(Fiher)共同完成对外界计算机的通信，即在 Internet 访问内部网络时可对 IP 地址或域名等进行限制，还可指定或限制内部网络对 Internet 的访问。Filter 使计算机执行筛选、过滤、验证及安全监控等功能，因而可在很大程度上隔断内外网络间不正常的访问和登录。

(3)筛选子网体系结构。筛选子网防火墙体系结构添加额外的安全层到主机屏蔽体系结构，即通过添加周边网络更进一步地把内部网络与外网隔离，其结构如图 2-24 所示。通常堡垒主机是网络上最容易受攻击的机器。任凭用户如何保护它，它仍有可能被突破或入侵，因此没有任何主机是绝对安全的。在主机屏蔽体系中,用户的内部网络对堡垒主机没有任何防御措施,如果黑客成功入侵到主机屏蔽体系结构中的堡垒主机,那就毫无阻挡地进入了内部网络。通过在周边网络上隔离堡垒主机,能减少在堡垒主机上入侵的影响。可以说它只给入侵者一些访问的机会,但不是全部。筛选子网体系结构的最简单的形式为使用两个屏蔽路由器,位于堡垒主机的两端,一端连接内网,一端连接外网。为了入侵这种类型的体系结构,入侵者必须穿透两个屏蔽路由器。即使入侵者控制了堡垒主机,仍然需要通过内网端的屏蔽路由器才能到达内网。

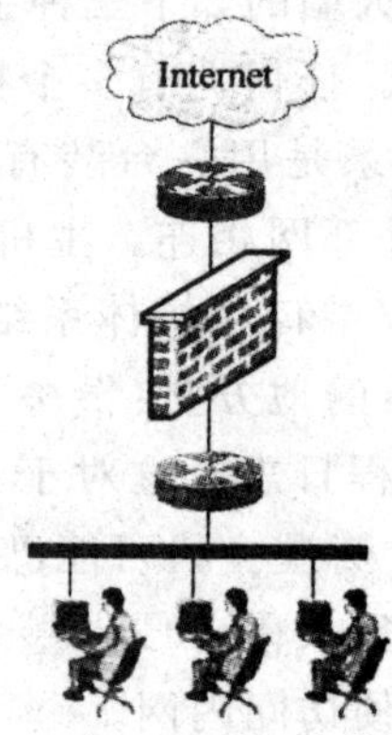

图 2-24　筛选子网体系结构防火墙

第3章 网络通信基础

数据通信技术是计算机技术与通信技术相结合的产物，主要研究计算机中数字数据的传输、交换、存储、处理的理论、方法和技术。早期的数据通信与现代的计算机通信是有区别的。但随着技术的进步，数据通信的含义也在发生变化，可以认为计算机通信与数据通信是可以混用的名词。在许多情况下，数据通信网往往是指计算机网络中的分组交换网。本章我们就来讨论网络通信的有关基础技术，包括数据通信系统、数据编码技术、多路复用技术、数据交换技术、差错控制技术等。

3.1 数据通信基本知识

数据通信是建立计算机网络系统的基础之一，是通信技术和计算机技术相结合而产生的一种通信方式。它通过传输信道将数据终端与计算机连接起来，而使不同地点的数据终端实现软、硬件和信息资源的共享。要想深入理解计算机网络与数据通信技术的内在联系，首先需要理解信息、数据、信号之间的区别与联系。

3.1.1 信息、数据、信号之间的关系

在计算机网络中，信息、数据、信号是三个不同的概念，它们的定义如下：

(1)信息(Information)。信息是数据的内容或解释。信息发送前要编码成数据，数据要用信号表示才能发送到对方。对方从信号中还原出数据，进而得到信息。

(2)数据(Data)。数据是传递(携带)信息的实体。数据分为模拟数据和数字数据。模拟数据是指连续的量，包括某个范围内的所有可能的数据，如区间\[1,10\]所有的实数。数字数据是指离散(不连续)的量，指有限的几个值，如1,5,12，在这些数据之间没有其他的数据。

(3)信号(Signal)。信号是数据的物理量编码(通常为电编码),数据以信号的形式在介质中传播。与数据类似,信号也分成模拟信号和数字信号。模拟信号是连续的,取遍某个区间内的所有值。数字信号是离散的,只包含几个值,如 0,1。从一个值变为另一个值是以突变的形式出现的,没有经过中间的过程。

如图 3-1 所示,给出了信息、数据、信号三者之间的关系。

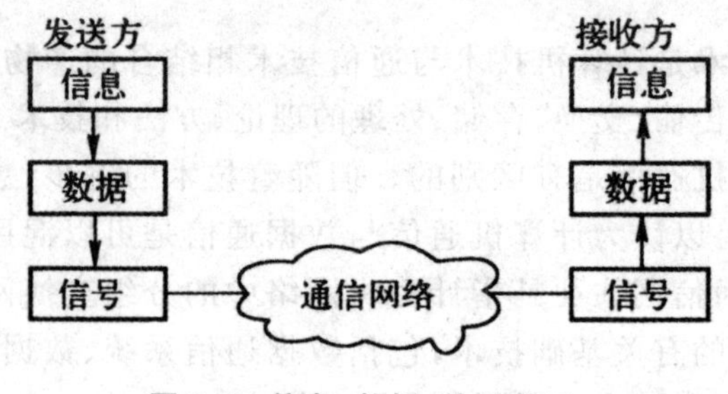

图 3-1　信息、数据、信号关系

3.1.2　数据通信系统

数据通信系统是指将分布在远地的数据终端设备通过介质连接起来,实现数据传输、交换、存储和处理的系统。如图 3-2 所示,是一个最简单的数据通信系统模型的实例。在这个实例中,两台计算机经过普通电话机的连线,再经过公用电话网(Public Switched Telephone Network,PSTN)进行通信,如图 3-2 所示。比较典型的数据通信系统主要由源系统(或发送端)、传输系统(或传输网络)以及目的系统(或接收端)三部分组成,详述如下:

(1)源系统。源系统一般包括以下两个部分:

①源点。源点设备产生要传输的数据。例如,正文输入到计算机,输出为数字比特流。

②发送器。通常源点生成的数据要通过发送器编码后才能够在传输系统中进行传输。例如,调制解调器将计算机输出的数字比特流转换成能够在用户的电话线上传输的模拟信号。

(2)目的系统。目的系统一般包括以下两个部分:

①接收器。接收器接收传输系统传送过来的信号,并将其转换为能够被目的设备处理的信息。例如,调制解调器接收来自传输线路上的模拟信号,并将其转换成数字比特流。

②终点。终点设备从接收器获取传送来的信息。

(3)传输系统。在源系统和目的系统之间的传输系统可以是简单的传输线,也可以是连接在源系统和目的系统之间的复杂网络系统。

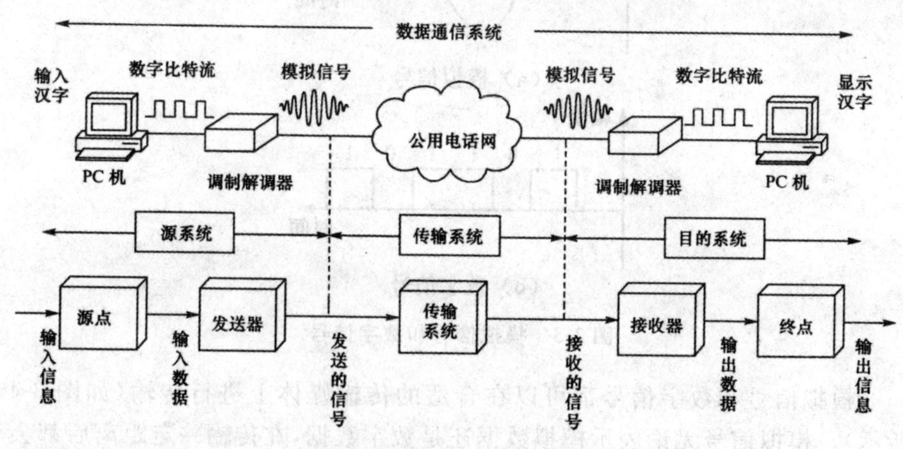

图3-2　数据通信系统的构成

3.1.3　模拟数据和数字数据

数据通信按照技术手段发展的先后大体可以分为模拟通信和数字通信两大类。一般将传输的数据分为模拟数据和数字数据两大类。模拟通信在通信技术发展的早期占有很大比重,例如语音广播、电话和电视,通信设备发送、传输的都是模拟信号。现代通信是模拟通信和数字通信的结合体,通常模拟通信和数字通信同时存在于一个通信系统中,但数字通信所占的比重越来越大。

模拟数据(Analog Data)是由传感器采集得到的连续变化的值,例如温度、压力以及目前在电话、无线电和电视广播中的声音和图像。数字数据(Digital Data)则是模拟数据经量化后得到的离散的值,例如在计算机中用二进制代码表示的字符、图形、音频与视频数据。

模拟数据和数字数据都可以用模拟信号或数字信号来表示,模拟信号和数字信号可通过参量(幅度)来表示(如图3-3所示)。无论信源产生的是模拟数据还是数字数据,在传输过程中都可以用适合于信道传输的某种信号形式来传输。具体可以概括为模拟数据表示成模拟信号、数字数据表示成模拟信号、模拟数据表示成数字信号、数字数据表示成数字信号。

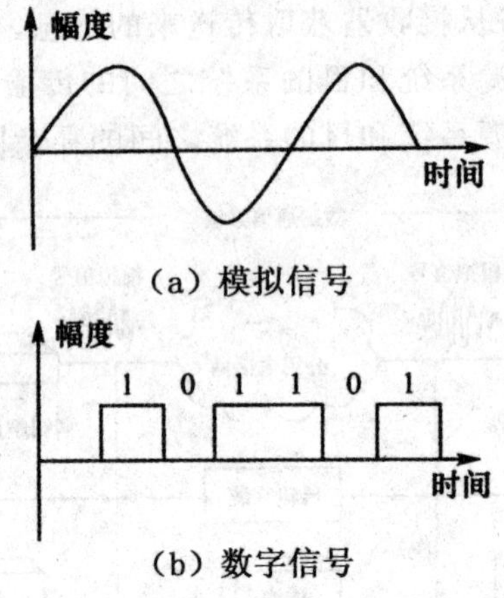

图 3-3 模拟信号和数字信号

模拟信号和数字信号都可以在合适的传输媒体上进行传输(如图 3-4 所示)。模拟信号无论表示模拟数据还是数字数据,在传输一定距离后都会衰减。克服的办法是用放大器来增强信号的能量,但噪声分量也会增强,以至引起信号畸变。数字信号长距离传输也会衰减,克服的办法是使用中继器,把数字信号恢复为“0、1”的标准电平后继续传输。

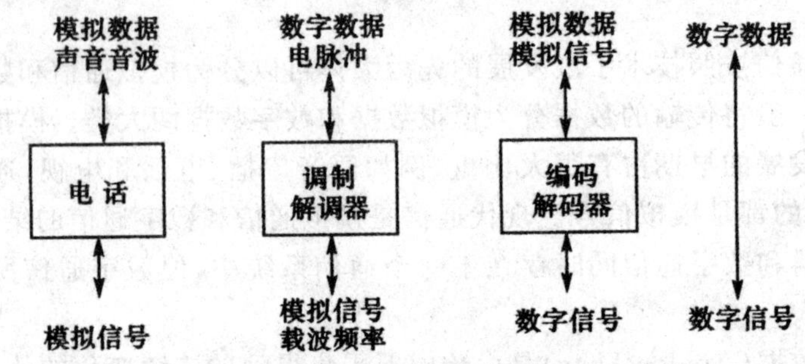

图 3-4 模拟信号和数字信号的传输

3.1.4 信道

信道(Channel)是信号传输的通道,信号是在信道上传输的。信道和电路并不等同。信道一般都是用来表示往某一方向传送信息的介质,因此,一条通信电路往往包含一条发送信道和一条接收信道。

使用模拟信号传输数据的信道称为模拟信道,使用数字信号传输数据的信道称为数字信道。数字信道有更高的传输质量,它传输的是由二进制的“1”和“0”组成的数字信号,一般编码为高/低电平、脉冲上升/下降沿、有/

无光脉冲等两种状态，因而具有相当大的容错范围，即使传输过程中有一定的信号畸变，一般不会影响到接收端的正确判断，正确还原的概率非常高。

一般计算机网络使用数字信号在数字信道上进行传输，称为基带传输。计算机网络的数字数据有时也借助于模拟信道传输，称为频带传输。

为了提高传输线路的利用率，数据通信中广泛使用多路复用（Muhiplexing）技术。在模拟信道上使用频分多路复用（Frequency Division Multiplexing，FDM），它将信道划分为多个频段以传输多路信号。在数字信道上使用时分多路复用（Time Division Multiplexing，TDM），将传输时间分割为多个时隙以传输多路信号，它是数据通信的主流技术。对于光信号的传输，还有波分多路复用（Wavelength Division Multiplexing，WDM），以充分挖掘光纤的巨大带宽潜力。多路复用可以看成是将一个物理信道划分为多个子信道，就像一条高速公路划分了多条车道一样。

3.1.5 数据通信方式

在点对点通信中，根据信号传输方向，数据通信可以分为单工通信（Simplex）、半双工通信（HalfDup1ex）和全双工通信（FullDuplex）。根据一次通信数据传输数位的多少又可将数据通信分为串行（Serial）传输和并行（Parallel）传输。限于本书篇幅，这里不对这些内容进行一一赘述，有需要的读者可以参阅相关文献资料。

3.1.6 基带、频带与宽带传输

在计算机网络通信中，根据其传输介质的频带宽度，可分为基带传输和宽带传输。为了有效地利用通信介质的带宽和通信能力，数字信号还可调制到一定的频带上进行传输，因此，又有一种数据传输方式叫频带传输。

1. 基带传输

计算机等数字设备中，二进制数字序列最方便的电信号形式为数字脉冲信号，即“1”或“0”分别用高（或低）电平或低（或高）电平表示，人们把数字脉冲信号固有的频带称为基带，数字脉冲信号称为基带信号。在信道上直接传送数据的基带信号称为基带传输。一般来说，基带传输需要将信源的数据变换成可直接传输的数字基带信号，这称为信号编码。在发送端由编码器实现编码，在接收端由解码器进行解码，恢复发送端原始发送的数据。基带传输是一种最简单、最基本的传输方式，常用于局域网中。

编码之前的数据基带信号含有从直流到高频的频率成分，如果直接传送这种基带信号就要求信道具有从直流到高频的频率特性。基带信号容易发生畸变，主要是因为线路中分布电容和分布电感的影响，传输的距离受到一定的限制。

2. 频带传输

在实现远距离通信时，经常借助于电话系统。但如果直接在电话系统中传送基带信号，就会产生严重的信号失真，数据传输的误码率会变得非常高。为了解决数字信号在模拟信道中传输产生的失真问题，需利用频带传输方式。所谓频带传输是指将数字信号调制成模拟信号后再发送和传输，到达接收端时再把模拟信号解调成原来的数字信号的传输方式。因此，在采用频带传输方式时，要求在发送端安装调制器，在接收端安装解调器。在实现全双工通信时，则要求收发两端都安装调制解调器（Modem）。利用频带传输不仅解决了数字信号可利用电话系统传输的问题，而且可以实现多路复用。

3. 宽带传输

宽带信号就是指将基带信号进行调制后形成的频分复用模拟信号。在宽带传输过程中，每一路基带信号经过调制后，其频谱被搬移到不同的频段，因此在一条电缆中就可以同时传送多路数字信号，从而提高了线路的利用率。

3.1.7 同步传输与异步传输

在网络通信过程中，发送方发送数据，接收方必须准确地知道何时开始接收和处理这些数据。只有发送方和接收方相互取得协调，才能保证数据的正确传输。由此对应，有两种传输方式，即同步传输和异步传输，详述如下：

(1)同步传输。同步传输是在高速数据传输过程中所使用的定时方式。在同步传输过程中，数据传送是以数据区块为单位，在区块的前后使用一些特殊的字符作为成帧信息。这些特殊字符使得发送端与接收端建立同步的传输过程（即接收端与发送端的步调保持一致），如图 3-5(a)所示。实现同步时钟的方式有外同步与内同步两种。外同步是指通信线路设备除数据传输线以外还需要专门的时钟传输线。该同步信号与数据编码一同传输，以保证线路两端数据传输同步。内同步是指某些编码技术内含时钟信号，在每一位的中间有一个跳变，这一个跳变可以提取出来用作位同步信号。

(2)异步传输。异步传输方式将每个字节作为一个单元独立传输，字节之间的传输间隔任意，故而终端设备可以在任何时刻向信道发送信号。为了标志字节的开始和结尾，在每个字符的开头用一位作起始位，结尾加1bit、1.5bit或2bit停止位，构成一个个的"字符"。这里的"字符"指异步传输的数据单元，不同于字节，一般略大于一个字节，如图 3-5(b)所示。

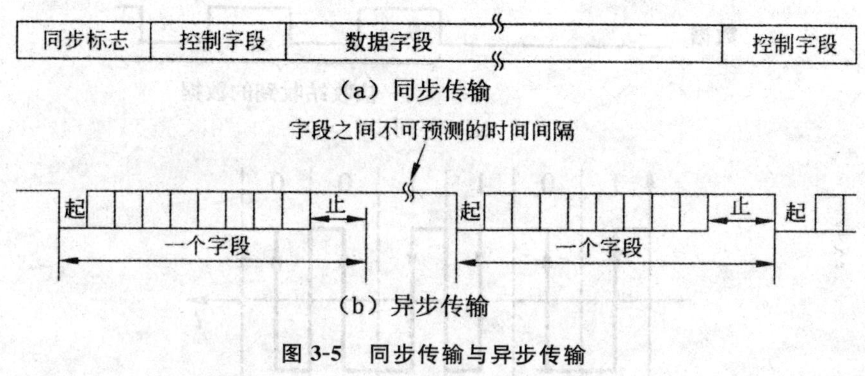

图 3-5　同步传输与异步传输

3.1.8　同步方式

同步指接收端严格地按照发送端所发送的每个码元的重复频率以及起止时间来接收数据，目前常用的同步方式有如下三种。

1. 位同步

位同步就是使接收端接收的每一位数据信息都要和发送端保持同步，实现位同步的方法有外同步法和自同步法两种。

所谓外同步法，就是接收端的时钟信号是由对方送来的，而不是从数据信号中提取出来的。这种同步方法要求发送端在发送数据之前，先向接收端发出一串同步时钟，接收端按照这个时钟脉冲频率调整接收时序，并把接收时钟频率锁定在同步频率上，在接收数据时，直接使用同步频率的时钟作为外同步信号即可接收数据，如图 3-6(a)所示。

自同步法是通过直接从数据信号波形中提取同步信号的方法。在编码器进行编码信号传输系统中，从编码信号的码元中提取同步信号。相位编码(或称相位调制)的脉冲信号就是一个常见例子，按照这种方法，每个二进制信息位在位周期中间必须改变相位，并规定"0"的编码输出信号是先负后正，而"1"是先正后负。以太网所用的曼彻斯特码就是典型的调相制编码，编码后的每个码元都有电平变化，如图 3-6(b)所示。

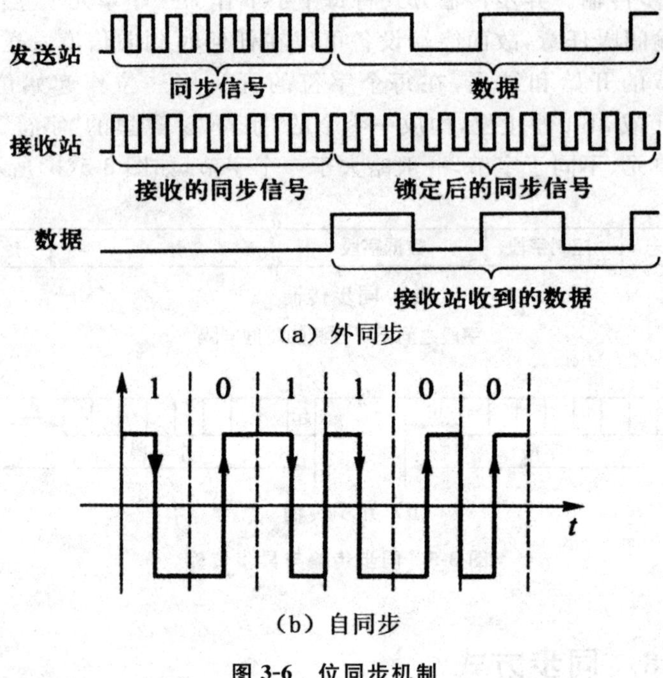

图 3-6　位同步机制

2. 字符同步

仅仅识别各数据位是不够的，通信中还需要将各个字符正确地识别出来。如图 3-7 所示，对于串行位流 $b_7b_6\cdots b_0b_7b_6\cdots b_0b_7\cdots$，通信中如果接收方能正确地把它识别为$(b_7\cdots b_0)(b_7\cdots b_0)(b_7\cdots)$，则实现了字符同步；如果识别为类似于$(b_6b_5\cdots b_0b_7)(b_6b_5\cdots b_0b_7)(\cdots)$的形式，则没有实现字符同步。字符同步有异步制和同步制两种方式。

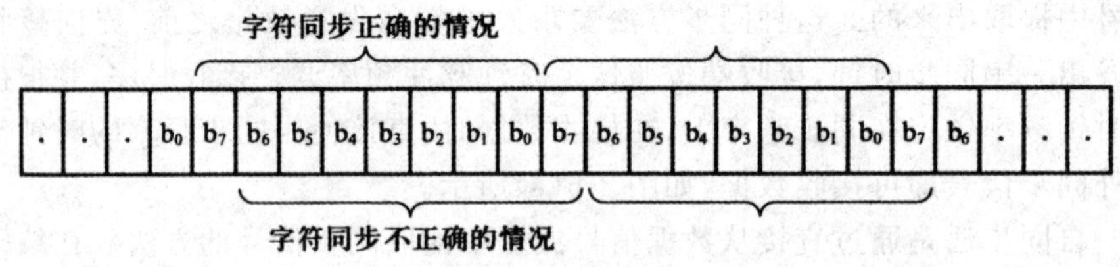

图 3-7　串行位流和字符

异步制字符同步也称为字符的起止式，要求每个字符都按照独立的整体进行发送，即一个字符的最后一位与下一字符的第一位之间所间隔的时间是不固定的。由于字符间的间隔时间可以任意变化,所以发送端可以在任何时刻发送字符。

为了正确地识别每个字符或进行字符同步,需要在每个发送的字符前后各加入若干位信息以表示一个字符的开始和结束,如图 3-8 所示。在图 3-8 中,每 8 个数据位构成一个字符,并由 1 个起始位(逻辑"1")作为开始,2 个停止位(逻辑"0")作为结束。下一字符的起始位可以在前一字符的停止位之后的任意时刻出现。线路无信号时始终处于高电平信号状态,一旦检测出有低电平信号,则表示一个字符的开始。

异步制字符同步实现起来简单易行,发送端时钟频率的飘移不会积累,每一个字符的起始位都给该字符的位同步提供了时间基准,因此对线路的发送、接收设备要求较低,使得数据传输的可靠性较高。但由于增加了起始位和停止位这些专用于同步的控制信息位以及不确定的字符间隔,所以传输效率不高,一般只用于低速通信(≤56Kbps)。

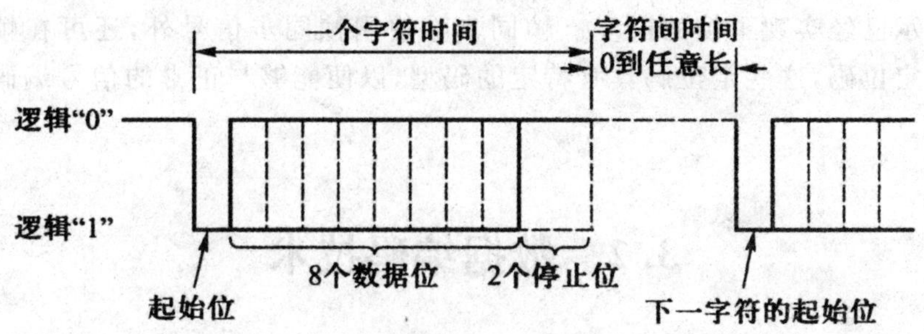

图 3-8　异步制字符同步

同步制字符同步中的字符无须任何附加位,可以连续地发送。这为成组数据的传输提供了较高的线路利用率,但要求每组字符必须由一个或多个预先确定的同步字符(如 SYN)开始。接收端用检测同步字符的模式获得同步,只要接收端能用自己的时钟信号准确接收到发送端的同步字符 SYN,则说明接收端达到了位同步,也找到了划分字符的边界。接收端用反向信道(同步制传送大多使用全双工信道)确认后,发送端就开始发送数据的第一个字符,直到出现代表组结束的控制字符为止。这和使用外同步法的位同步机制是一致的,同步制传送数据的时序关系如图 3-9 所示。

同步制字符同步虽然传输效率有所提高,但对串行通信链路两端都要有更高的要求:发送端必须按照规定的速率匀速发送字符,接收端按此速率从线路接收字符,字符间的任意停顿都使接收端随后接收的字符失去同步。

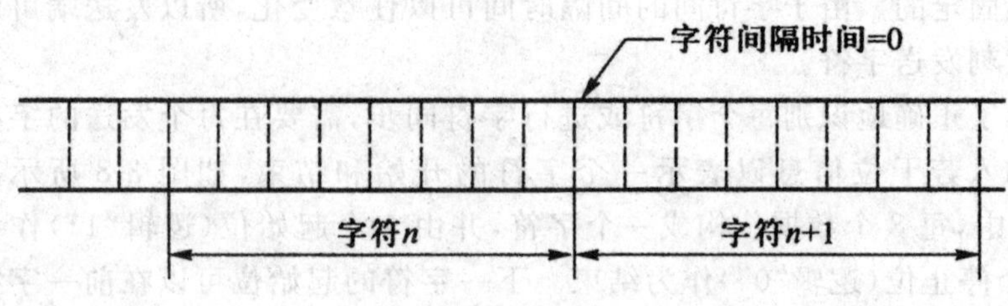

图 3-9 同步制字符同步

3. 帧同步

发送端和接收端进行信息传送时，在字符正确同步的基础上，还必须将线路上的字符流（实际上是字节流）划分成一定大小的具有格式的数据块，按块进行传输。这种数据块一般被称为“帧”（Frame）。划分帧主要依靠帧起始标志和帧结束标志。能够正确地识别出帧起始标志和帧结束标志就表示已经实现了帧的同步。帧同步除使用帧同步信号外，还可在帧间加入定位码，这些定位码具有特定的码型，以便能够与正常的信号编码相区别。

3.2 数据编码技术

数据编码是实现数据通信的最基本的一项重要工作，除了用模拟信号传送模拟数据不需要编码外，数字数据在数字信道上传送需数字信号编码、数字数据在模拟信道上传送需调制编码，模拟数据在数字信道上传递更是需要进行采样、量化和编码过程。

3.2.1 模拟数据的数字编码

在数字化的电话交换和传输系统中，通常需要将模拟的话音数据编码成数字信号后再进行传输，这一过程最常用、最简单的编码方式是脉冲编码调制（Pulse Code Modulation，PCM）。PCM 是一种直接简单地把语音经抽样、A/D 转换得到的数字均匀量化后进行编码的方法，是其他编码算法的基础。基于采样定理，如果在规定的时间间隔内，以模拟信号最高频率的两倍或两倍以上的速率对该信号进行采样，则采样值包含了无混叠而又便于分离的全部原始信号信息。利用低通滤波器可以不失真地从这些采样值中重新构造出该模拟信号。

如图 3-10 所示，PCM 编码过程可包括采样、量化和编码三个步骤，具体如下：

(1)采样。采样就是对模拟信号进行周期性扫描，把时间上连续的信号变成时间上离散的信号。

(2)量化。量化就是把经过抽样得到的瞬时值将其幅度离散，即用一组规定的电平，把瞬时抽样值用最接近的电平值来表示。

(3)编码。编码是把量化后的样本值变成相应的二进制代码。按照图 3-10(b)的编码方案，可以得到相应的二进制代码序列，其中每个二进制代码都可用一个脉冲串(4 位)来表示。这 4 位一组的脉冲序列就代表了经 PCM 编码的原模拟信号。

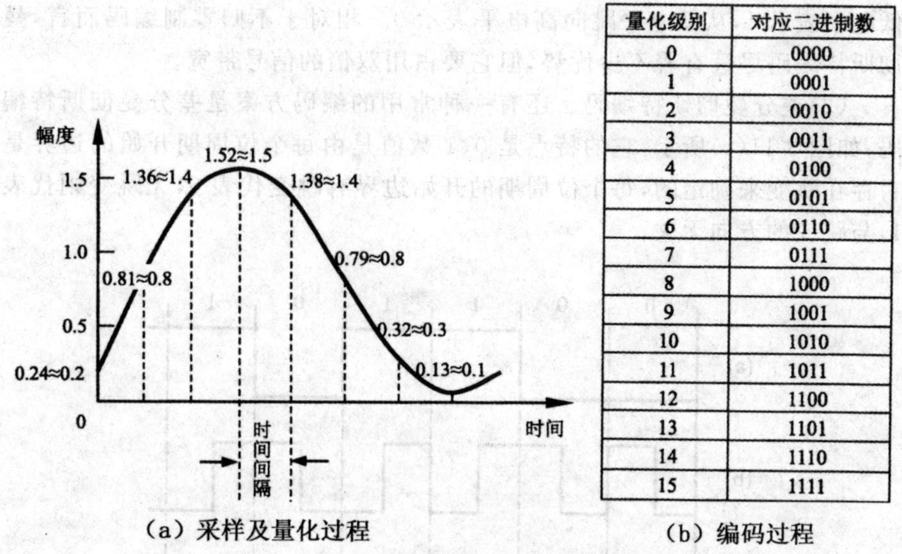

量化级别	对应二进制数
0	0000
1	0001
2	0010
3	0011
4	0100
5	0101
6	0110
7	0111
8	1000
9	1001
10	1010
11	1011
12	1100
13	1101
14	1110
15	1111

(a) 采样及量化过程　　(b) 编码过程

图 3-10　脉冲编码调制 POM 编码过程图例

PCM 编码方式简单，易于实现，但编码效率低，在实际使用过程中还有多种编码方式，如霍夫曼(Huffman)编码等。

3.2.2　数字数据的数字信号编码

如图 3-11 所示，基带传输中常用的数字信号编码方式有如下三种：

(1)不归零制编码。对于传输数字信号来说，最普遍而且最容易实现的方法是用两个不同的电平来表示二进制数字 0 和 1。例如，低电平常用来表示 0，高电平常用来表示 1。有些场合用正电平表示 0，负电平表示 1 也很普遍。后一种方法如图 3-11(a)所示，称为不归零制编码(Non-return to Zero，NRZ)。不归零制编码传输存在若干缺点。首先，它难以决定一个数据位的结束和另一数据位的开始，需要有某种方法来使发送器和接收器进行定时或同步。其次，如果连续传输 1 或 0，那么在每位时间内将有累积的直流分量。这样，使用变压器，并在数据通信设备和所处环境之间提供良好的绝缘交流耦合是不可能的。最后，直流分量可使连接点产生电蚀或其他损坏。

(2)曼彻斯特编码。能够克服不归零制编码缺点的另外一种编码方案就是曼彻斯特编码，如图 3-11(b)所示，这种编码通常用于局域网的通信，如以太网。在曼彻斯特编码方式中，每一位的中间有一个跳变，每一位中间的跳变可以作为时钟信号，而跳变方向又可以作为数据信号，从高电平跳向低电平表示 1，从低电平跳向高电平表示 0。相对于不归零制编码而言，曼彻斯特编码尽管有着不少优势，但它要占用双倍的信号带宽。

(3)差分曼彻斯特编码。还有一种常用的编码方案是差分曼彻斯特编码，如图 3-11(c)所示，它的特点是 0、1 数值是由每个位周期开始的边界是否存在跳变来确定的，每个位周期的开始边界有跳变代表 0，无跳变则代表 1，与跳变的方向无关。

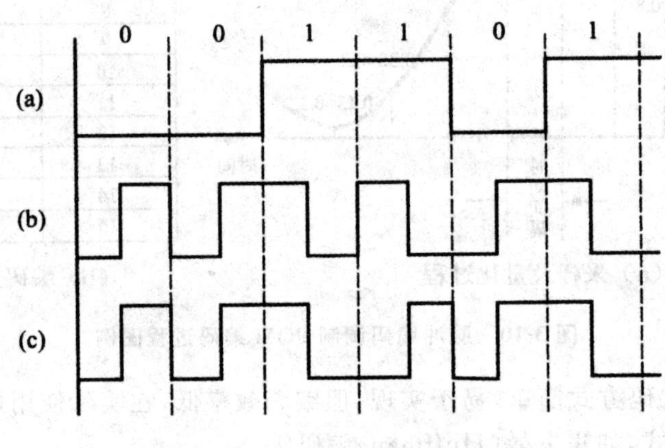

图 3-11　常用数字信号编码

3.2.3　数字数据的调制编码

数字数据在模拟信道上发送的基础就是调制技术，调制需要一种称为载波信号连续的频率恒定的信号，载波可用 $A\cos(\omega t+\varphi)$表示。调制就是通过改变载波的振幅、频率或相位来对数字数据进行编码。如图3-12所示，给出了对数字数据的模拟信号进行调制的3种基本形式，即幅移键控法(Amplitude Shift Keying，ASK)、频移键控法(Frequency Shift Keying，FSK)和相移键控法(Phase Shift Keying，PSK)。在相移键控法PSK方式下，利用载波信号的相位移动来表示数据。如图3-12(c)所示，是一个二相调制的例子，用相同的相位表示二进制数据"0"，用相反的相位表示二进制数据"1"。也就是说，用相位是否发生变化来表示数据"1"和"0"。相移键控法PSK也可以使用多于二相的相移。四相调制能把两个二进制位编码到一个信号中。PSK技术有较强的抗干扰能力，而且比FSK方式更有效。

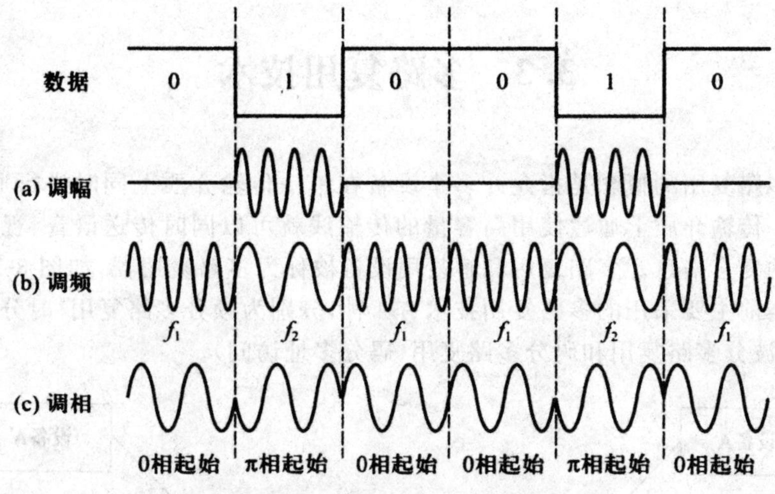

图3-12 3种调制方法的调制波形

上述所讨论的各种技术也可以组合起来使用。常见的组合是相移键控法PSK和幅移键控法ASK，组合后在两个振幅上均可以分别出现部分相移或整体相移。

如图3-13(a)所示，可以看到0°、90°、180°和270°每个位置都有振幅值，其大小由距原点的距离表示。而图3-13(b)表示另一种调制方案，该方案使用振幅和相移的16种组合。因此，图3-13(a)有8种组合，每波特可以传输3个比特；图3-13(b)有16种组合，每波特可以传输4个比特。当图3-13(b)所示的方案用于在2400baud的线路上传输9600bps数据时，它被称作正交振幅调制(Quadrature Amplitude Modulation，QAM)。

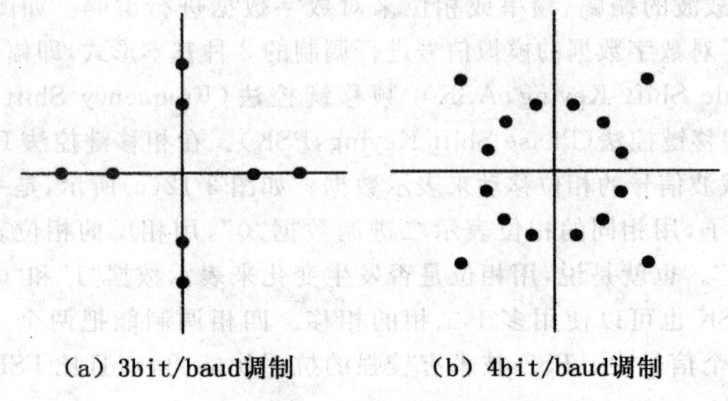

图 3-13　两种调制方案

3.3　多路复用技术

多路复用的概念是指允许多个设备在单一传输介质上同时进行通信。在单一传输介质上通过使用高容量的传输线就可以同时传送语音、视频和数据的复合信息。多路复用和解复用设备被称为多路复用器，如图 3-14 所示。当前主要采用的多路复用技术有 4 种，分别为频分多路复用、时分多路复用、波分多路复用和码分多路复用(码分多址访问)。

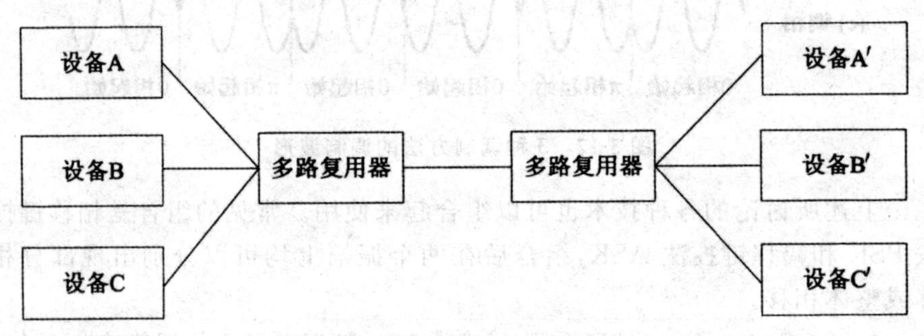

图 3-14　多路复用示意图

3.3.1　频分多路复用

物理信道的可用带宽超过要传输信号所需的总带宽时，可将该物理信道的总带宽划分成若干个与传输单个信号带宽相同(或略宽)的子频带，每个子频带传输一路信号，即频分多路复用(Frequency Division Multiplexing,FDM)技术。

采用频分多路复用技术时,输入多路复用器的既可以是数字信号,也可以是模拟信号。如图3-15所示,各路信号源输入多路复用器时,多路复用器通过频带传输技术(频谱搬移)将各路信号调制到物理信道频谱不同的频段上(子信道),然后用不同的频率调制每一路信号,每路信号要使用一个以它的载波频率为中心的一定带宽的通道进行数据传输,实现信道的复用。为了防止互相干扰,使用保护频带来隔离每一个子信道。

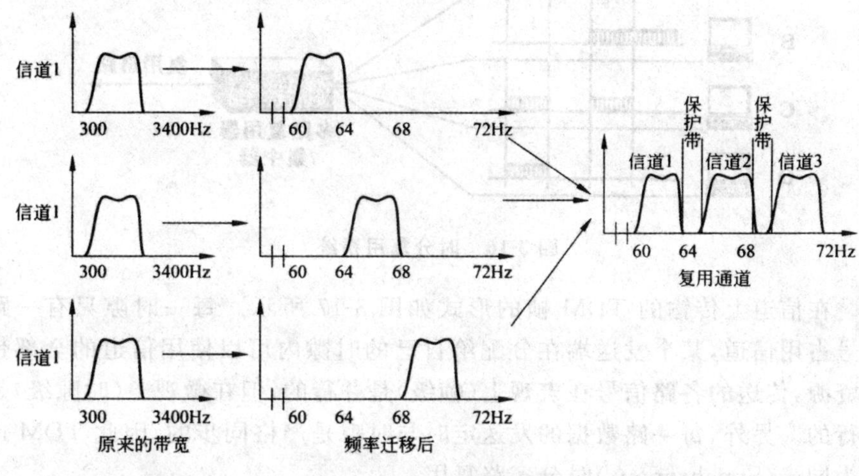

图3-15 频分多路复用

频分多路复用要求总频带宽度要大于各子信道频带宽度之和。所有子信道的频带信号叠加进入公共信道传输,在信号的出口端再利用滤波器将各子信道的频带信号分离出来。

在实际应用中,有线电视台的信号传送就是采用频分多路复用技术,将很多频道的信号通过一条线路传输,用户可以选择收看其中的任何一个频道。ADSL宽带接入技术也是利用频分多路复用技术将普通电话线路所传输的低频信号和高频信号分离,3400Hz以下的低频部分用于电话通信,3400Hz以上的高频部分用于网络通信。

频分多路复用的优点是信道复用率高、分路方便,是目前模拟通信中常采用的一种复用技术。频分多路复用存在的主要问题依然是各路信号之间的相互干扰。

3.3.2 时分多路复用

在时分多路复用(Time Division Multiplexing,TDM)系统中,发送端

将时间域划分为若干段等长的时分复用帧(TDM 帧)。每一个时分复用的用户在周期性的 TDM 帧中占用固定序号的时隙(时间片),即每一时隙由复用的一路信号占用,当时间片轮到某路时,该路就将数据送入信道,时间片结束后,就轮转到下一路,如图 3-16 所示。

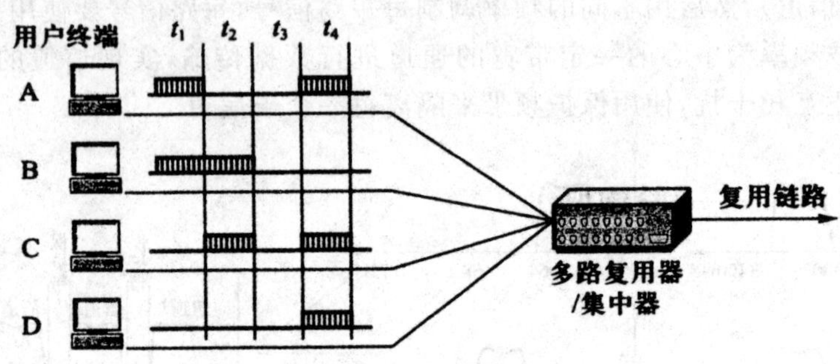

图 3-16　时分复用系统

在信道上传输的 TDM 帧的形式如图 3-17 所示。每一时隙只有一路信号占用信道,某个发送端在分配给自己的时隙内可以使用信道的全部带宽资源,传送的各路信号在宏观上(帧级)是并行的,但在微观上(时隙级)是串行的。另外,每一路数据的发送定时与时隙是严格同步的,因此 TDM 也称为同步(Synchronous)时分多路复用。

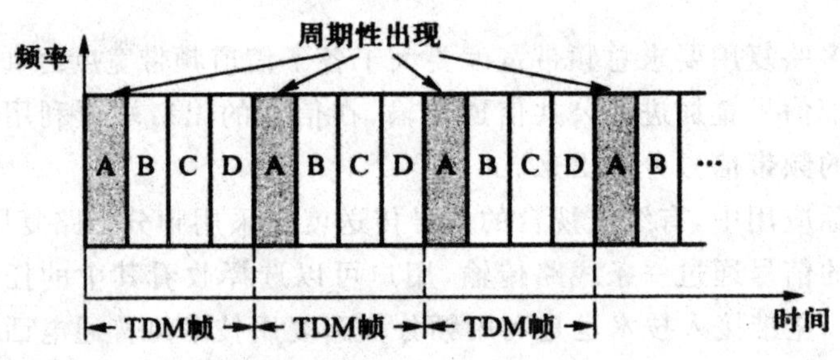

图 3-17　TDM 帧的传输形式

当使用时分复用系统传送计算机数据时,由于计算机数据的突发性质,用户对已经分配到的时隙的利用率往往是不高的。当用户在某一段时间暂时无数据传输时,那就只能让已经分配到手的时隙空闲,而其他用户也无法使用这个暂时空闲的线路资源。图 3-18 说明了这一概念,假定有 4 个用户 A、B、C 和 D 进行时分复用,复用器按①→②→③→④的顺序依次扫描用户 A、B、C 和 D 的各时隙,然后构成一个个时分复用帧。图 3-18 中共画出了 4 个时分复用帧,每个时分复用帧有 4 个时隙。可以看出,当某用户暂时无数据发送时，在时分复用帧中分配给该用户的时隙只能处于空闲状态，其他用户即使一直有数据要发送，也不能使用这些空闲的时隙，导致信道利用率比较低。

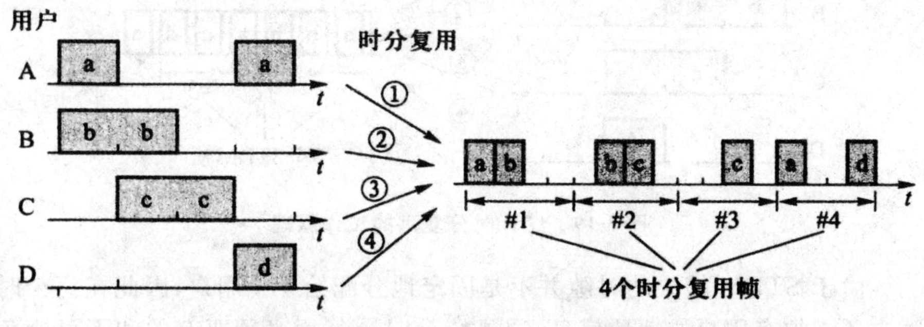

图3-18 时分多路复用的时隙低效使用

3.3.3 统计时分多路复用

统计时分复用(Statistic TDM,STDM)是相对于同步TDM的一种改进，可以明显地提高线路的利用率。在统计时分复用系统中，发送端使用STDM帧来传送复用的数据，每一个STDM帧中的时隙数小于连接在集中器(Concentrator)上的用户数，这里的集中器就是统计时分制下的多路复合器。每个用户只要有数据要发送就可以随时发主集中器的输入缓存，然后集中器按顺序依次扫描输入缓存，将缓存中的输入数据放入STDM帧中。对没有数据的缓存就跳过去。当一个帧的数据放满了，就发送出去。

如图3-19所示，是统计时分复用的原理图，描述了一个连接4个低速用户的统计时分复用的集中器将数据集中起来通过高速线路发送到远地计算机的过程。从图中可以看出，STDM帧并非固定分配时隙，而是按需动态地分配时隙的。另外也可以发现，在输出线路上，某一个用户所占用的时隙并不是周期性地出现，因此统计时分复用又称为异步时分复用。这里应该注意的是，虽然统计时分复用的输出线路上的数据率小于各输入线路数据率的总和，但从平均的角度来看，这两者是平衡的。如果所有的用户都不间断地向集中器发送数据，那么集中器肯定无法应付，它内部的缓存区将发生溢出。所以集中器能够正常工作的前提是假定各用户都是间歇地工作，也就是说，总的数据产生速率小于信道的最大传输速率。

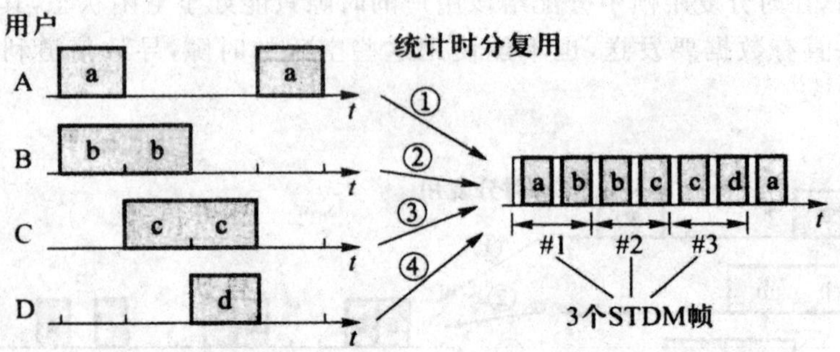

图 3-19 统计时分复用的工作原理

由于 STDM 帧中的时隙并不是固定地分配给某个用户，因此在每个时隙中还必须有用户的地址信息，这是统计时分复用必须要有的和不可避免的一些开销。在图 3-19 输出线路上每个时隙之前的白色小时隙就是放入这样的地址信息。使用统计时分复用的集中器能够提供对整个报文的存储转发能力，通过排队方式使各用户更合理地共享信道。

3.3.4 波分多路复用

用于无线电传输的频分多路复用技术同样可以应用于光传输系统。从技术上说，光的 FDM 称为波分多路复用（Wavelength Division Multiplexing，WDM）。波分多路复用实际上就是光的频分多路复用。

波分多路复用的本质是在一条光纤中用不同颜色的光波传输信号，或者说是将多种光波通过同一根光纤发送。在接收端，用一块玻璃棱镜分开不同频率的光波。和一般的 FDM 类似，不同的色光在光纤中传输时彼此互不干扰，所以不同频率的载波可以合并在同一介质中传输。

如图 3-20 所示，其中的两束光波的频率是不相同的，它们通过棱镜（或光栅）之后，使用了一条共享的光纤传输，到达目的节点后，再经过棱镜（或光栅）重新分成两束光波。这样，一条光纤就变成了几条光纤的容量，只要每个信道有各自的频率范围，且互不重叠，它们就能够以多路复用的方式通过共享光纤进行远距离传输。光纤中单色光传输信号的频率可以达到 GHz 级别，而使用波分多路复用后，一根光纤的总带宽大约是 25000GHz。因此，可以将很多信道复用到长距离光纤上，但需要解决光入和光出的合并分离问题。

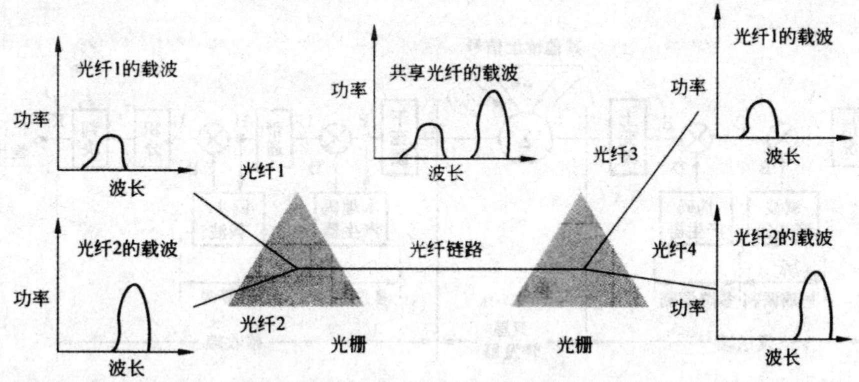

图 3-20 波分多路复用原理示意图

波分多路复用技术除 WDM 外,还有光频分多路复用(OFDM)、密集频分多路复用(DWDM)、光时分多路复用(OTDM)、光码分多路复用(OCDM)技术等。

3.3.5 码分多路复用

码分多路复用(Code Division Multiplexing,CDM)是另一种信道复用方法。实际上,其更常用的名字是码分多址访问(Code Division Multiple Access,CDMA)。该技术允许多个用户在同一时刻使用相同频率进行通信,占用相同带宽,但各用户必须使用经过特殊挑选的码型来调制数据,这样各用户之间才不会造成干扰。CDMA 是一种采用扩频技术的通信方式,按照所使用的扩频技术分为直接序列(Direct Sequence)CDMA,记为 DS-CDMA 和跳频(Frequency Hopping)CDMA,记为 FH-CDMA。

CDMA 发送的信号有很强的抗干扰能力,它最初用于军事通信。随着技术的进步,CDMA 设备的价格和体积都大幅度下降,现在已广泛使用在民用的移动通信和无线局域网中。采用 CDMA 可提高通信的质量和数据传输的可靠性,减少干扰对通信的影响,增大系统的通信容量。

如图 3-21 所示,是采用直接序列 CDMA 的卫星通信系统的例子。在该系统中,源端和目的端要经过两次调制过程,即基础调制和多路调制。如果在该系统中有 N 个地面站,并要求任意两个地面站之间能同时进行通信,则所需要的地址码数为 $N(N-1)$。地址码通过伪随机码发生器产生。为了避免 N 个伪随机地址码中任意两个码之间的相互干扰,要求它们必须两两相互正交(把地址码当作一个向量看待),即内积为零。直接扩频多路通信系统性能的好坏，与伪随机地址码的选择有着密切的关系。

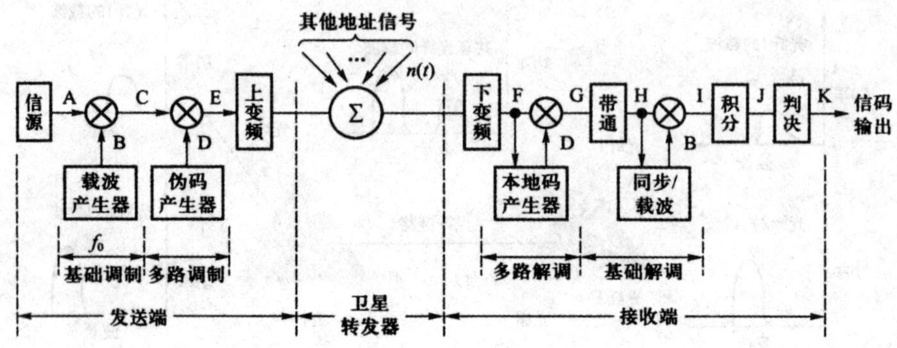

图 3-21　直接序列 CDMA 卫星通信系统

接下来再简单讨论一下 DS-CDMA 的传输原理。假定每个信息位的宽度为 T，在 DS-CDMA 系统中，每个 T 时间再被划分为 m 个小时间片，S 使每一个时间片的长度为 T/m。这样含有更微细结构的 T 时间宽度称为一个码片(Chip)。DS-CDMA 中的每一个站点都分配一个 m 位的码片序列(Chip Sequence)(或称码片向量)，每个码片序列的长度正好等于 T，这个码片序列就是每个终端的地址码。通常情况下 m 的取值是 64 或 128，但在下面的例子中，为了描述方便，假定 m 的取值为 8。为了讨论和计算方便，按惯例采用了双极型的形式，即二进制的 0 由 －1 代替，1 由 ＋1 代替。书写时，将码片序列用括号括起来，如指派给站点 A 的码片序列是 00011011，则用(－1－1－1＋1＋1－1＋1＋1)表示。图 3-22(a)给出了 4 个站点的二进制码片序列，如图 3-22(b)所示，给出了它们的双极型形式。

站点发送数据时，它就用对方的码片序列来调制要发送的信息，例如，若要发送的信息是二进制 1，则发送码片序列 S；若要发送的信息是二进制 0，则发送码片序列的反码 S′。可以看出，DS-CDMA 的带宽是原始信息带宽的 m 倍。若两个或两个以上的站点同时开始传输，它们的双极型信号就线性相加。例如，在某一码片内，3 个站点输出＋1，一个站点输出－1，那么结果就为＋2。如图 3-22(c)所示，给出了不同站点同时发送的 6 个例子。第 1 个例子中，只有 C 发送了 1 位，所以结果只有 C 的码片序列。第 2 个例子中，B 和 C 均发送 1，因此结果为它们的码片序列之和。第 3 个例子中，站点 A 发送 1，站点 B 发送 0，其余保持沉默。第 4 个例子中，站点 A、C 发送 1，站点 B 发送 0。第 5 个例子中，4 个站点均发送 1。最后一个例子中，站点 A、B 和 D 都发送 1，而站点 C 发送 0。应该注意的是，图 3-22(c)中给出的从序列 S1 到序列 S6 的任一序列仅占用一个比特时间。

A: 00011011	A: (−1−1−1+1+1−1+1+1)
B: 00101110	B: (−1−1+1−1+1+1+1−1)
C: 01011100	C: (−1+1−1+1+1+1−1−1)
D: 01000010	D: (−1+1−1−1−1−1+1−1)
(a) 4个站点的二进制码片序列	(b) 双极型码片序列

− − 1 −	C	S1=(−1 +1 −1 +1 +1 +1 −1 −1)
− 1 1 −	B+C	S2=(−2 0 0 0 +2 +2 0 −2)
1 0 − −	A+B	S3=(0 0 −2 +2 0 −2 0 +2)
1 0 1 −	A+B+C	S4=(−1 +1 −3 +3 −1 −1 −1 +1)
1 1 1 1	A+B+C+D	S5=(−4 0 −2 0 +2 0 +2 −2)
1 1 0 1	A+B+C+D	S6=(−2 −2 0 −2 0 −2 +4 0)

(c) 发送的6个例子

S1 · C=(1+1+1+1+1+1+1+1)/8=1

S2 · C=(2+0+0+0+2+2+0+2)/8=1

S3 · C=(0+0+2+2+0−2+0−2)/8=0

S4 · C=(1+1+3+3+1−1+1−1)/8=1

S5 · C=(4+0+2+0+2+0−2+2)/8=1

S6 · C=(2−2+0−2+0−2+4+0)/8=0

(d) 站点C的信号复原

图 3-22　DS-CDMA 的传输示例

要从信号中还原出单个站点的比特流，接收方必须事先知道站点的码片序列。通过计算收到的码片序列(所有站点发送的线性总和)和欲还原站点的码片序列的内积，就可还原出原比特流。假设收到的码片序列为 S，接收方想收听的站点码片序列为 C，只要计算它们的内积 S · C，根据不同地址序列内积为零的特征，就可以得出原始比特流。为了使解码过程更具体一些，考虑一下图 3-22(d)中的 6 个例子。假设接收方想从 S1～S6 的 6 个序列中还原出站点 C 发送的信号。它分别计算接收到的 S 与 C 向量两两相乘的积，再取结果的 1/8(因为 $m=8$)，即为站点 C 所发送的比特值。如图 3-22(d)所示，C 在图 3-22(c)中每个时刻的信号均被还原。

理想状态下，无噪声的 CDMA 系统的容量(即站点的数量)可以任意大，就像无噪声的奈奎斯特信道在对采样使用多比特编码情况下其容量任意大一样。但在实际中，由于物理条件的限制，容量大打折扣。首先，这里假定所有的码片在时间上都是同步的，但在实际中，这是不可能的。在实际应用中，发送方发送一个足够长的已知接收方可以锁定的码片序列，使发送方和接收方同步。其他的所有传送（非同步的）都被认为是随机噪声。只要非同步传送不是太多，基本的解码算法的工作效果仍然相当好。而且码片序列越长，准确从噪声中探测到有效信号的可能性就越大。另外需要说明的是，为了获得额外的安全性，比特序列可以采用纠错码，但码片序列却从不使用纠错码。

3.4 数据交换技术

交换是网络中实现数据传输的一种手段。广域网一般都采用点到点信道，点到点信道使用存储转发方式传送数据，即从源节点到目的节点的数据通信需要经过若干个中间节点的转接，这就涉及数据交换技术。数据交换技术主要有 3 种，分别为电路交换、报文交换和分组交换。

3.4.1 电路交换

电路交换(Circuit Switching)又称为线路交换，是数据通信领域最早使用的交换方式。从通信资源的分配角度看，“交换”就是按照某种方式动态地分配传输线路的资源。电路交换最初指的是连接电话机的双绞线在交换机上进行交换（人工的、步进的和程控的等）。后来随着技术的进步，采取了多路复用技术，出现了频分多路复用、时分多路复用、码分多路复用等，这时电路交换的概念就扩展到在双绞线、铜缆、光纤、无线媒体中多路信号中的某一路（某个频率、某个时隙、某个码序等）和某一路的交换。电路交换的一个重要特点就是在通话的全部时间内，通话的两个用户始终占用端到端的通信资源，如图 3-23 所示。

电路交换的速率较低，通常在 128Kbps 以下。电路交换的线路使用效率也较低，根据统计，其效率很少能超过 50%。电路交换主要用于电话通信网络、远程用户或移动用户连接企业局域网，或用作高速线路的备份。

电路交换过程需要经历 3 个阶段：建立电路、数据传输和拆除电路，详述如下：

(1)建立电路。在开始正式通信之前，源站点发出建立电路的请求，这个请求将在中间节点引起一系列的接续过程，并最终在源和目的站点之间建立起一条合适的传输通道，即物理电路。

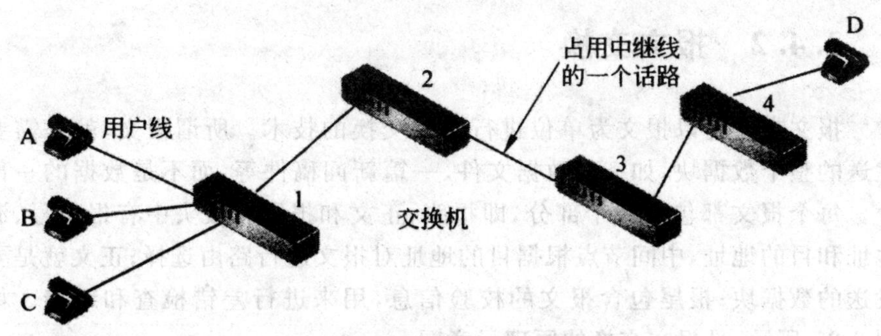

图 3-23　电路交换的用户始终占用端到端的通信资源

(2)数据传输。电路建立后,通信双方就可以开始进行数据传输。在整个数据传输期间,传输通道一直被独占,这意味着这个传输通道所占用的线路资源不能用于其他传输。

(3)拆除电路。通信结束后,可以由任意一方发出拆除电路的请求,于是各中间节点释放传输通道占用的线路资源,这些资源在接下来的时间里可以被其他电路所使用。

如图 3-24 所示,是电话网络中电路交换的例子。电话网络中的电话交换局(中间节点)可以看成由开关群组成的网络。当用户通过拨号发出连接请求后,会在该开关群网中的入线和出线之间直接形成通信路径(相应的触点闭合),当两个用户之间的开关与开关之间的线路被完全连通时,用户双方就可以进行通信了。主叫用户和被叫用户跨越的地域范围很大时,往往要经过多个交换机才能形成一条连通的通信路径。

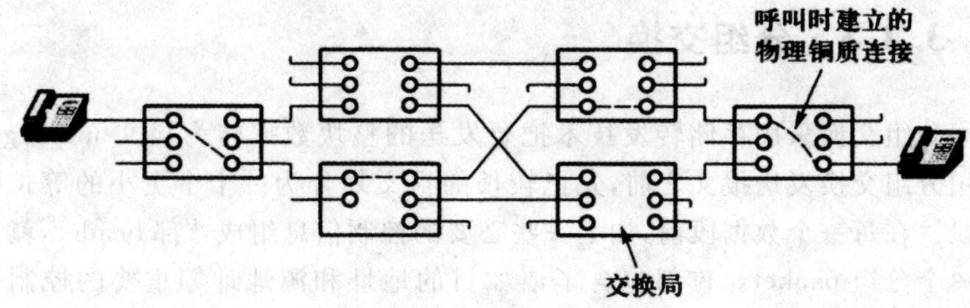

图 3-24　电路交换工作原理

电路交换主要有两种实现方式,传统的模拟电话交换机采用空分交换方式,而数字式交换机则采用时分交换方式。

电路交换的优点是数据传输可靠,传输延迟小(通常只有传播延迟),实时性强,适用于电信业务信息的传输。

3.4.2 报文交换

报文交换是以报文为单位进行存储交换的技术。所谓报文,就是需要发送的整个数据块,如一个数据文件、一篇新闻稿件等,而不是数据的一部分。每个报文都包括 3 个部分,即报头、正文和报尾。报头中有报文号、源地址和目的地址,中间节点根据目的地址对报文进行路由选择;正文就是要发送的数据块;报尾包含报文的校验信息,用来进行差错检查和纠错。如图 3-25 所示,是报文交换的原理示意图。

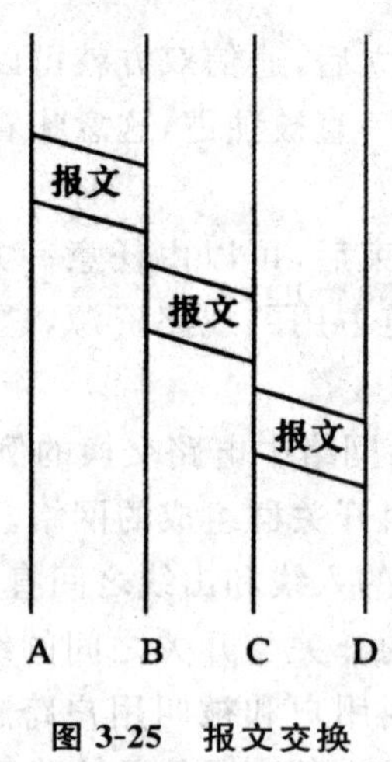

图 3-25 报文交换

3.4.3 分组交换

分组交换采用存储转发技术把要发送的整块数据转为报文 message。采用分组交换发送报文之前,先把较长的报文划分为一个个更小的等长数据段。在每一个数据段前,加上一些必要的控制信息组成首部 header,就构成一个分组 packet。首部包含了诸如目的地址和源地址等重要的控制信息,如图 3-26 所示。

分组交换在传输数据前不必先占用一条端到端的通信资源。分组在哪段链路上传送才占用这段链路的通信资源。分组到达一个路由器后,先暂时存储,查找转发表,然后从另一条合适的链路转发出去。

采用存储转发的分组交换,实质上是采用了在数据通信的过程中断续(或动态)分配传输带宽的策略。这对传送突发式的计算机数据非常合适,使得通信线路的利用率大大提高了。但也带来一些新的问题，存储转发需要排队，这就造成了一定的时延。分组交换不像电路交换那样通过建立连接来保证通信时所需的各种资源，因而无法确保通信时端到端所需的带宽。分组必须携带控制信息，带来了一定的开销 overhead。整个分组交换网需要专门的管理和控制机制。

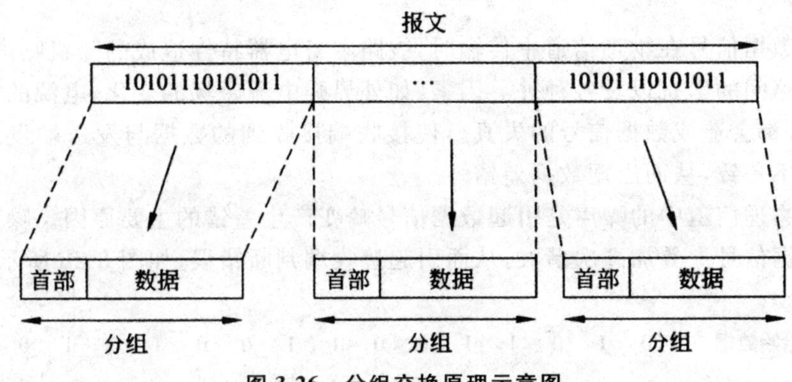

图 3-26　分组交换原理示意图

最后，我们给出电路交换、报文交换、分组交换三种交换的比较，如图 3-27 所示。

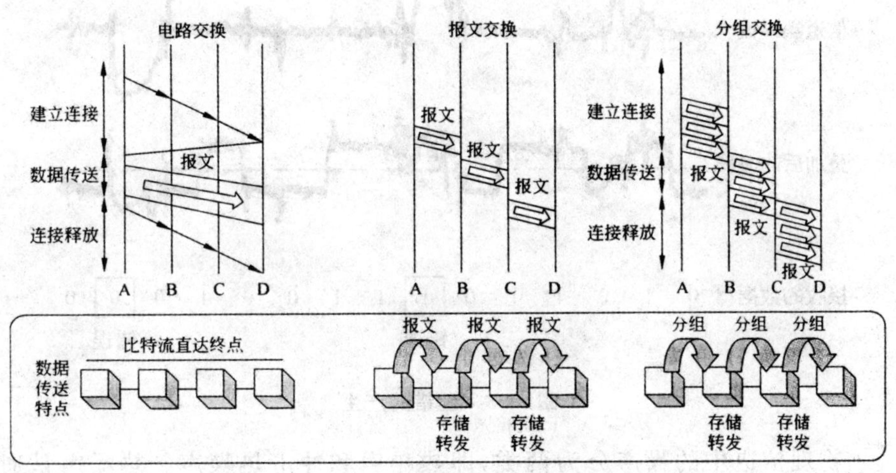

图 3-27　三种交换技术的比较

3.5　差错控制技术

计算机网络的基本要求是高速而且无差错地传输数据信息，而通信系统主要由一个个物理实体组成。一个物理实体无论从制造到装配都无法达到理想的理论值，而且通信系统在运作中，也会受到周围环境的影响。因此，一个通信系统根本无法做到完美无缺，这就需要考虑如何发现和纠正信号传输中的差错。

3.5.1 差错的产生与控制

数据信号在物理信道中传输时，线路本身电器特性造成的随机噪声、相邻线路间的串扰以及各种外界因素（如外界强电流磁场的变化、电源的波动等）等都会造成数据信号的失真。使接收端接收到的数据与发送端发送的数据不一致，从而出现数据差错。

物理信道中的噪声是引起数据信号畸变产生差错的主要原因。噪声会在数据信号上叠加高次谐波，从而引起接收端判断错误，如图 3-28 所示。

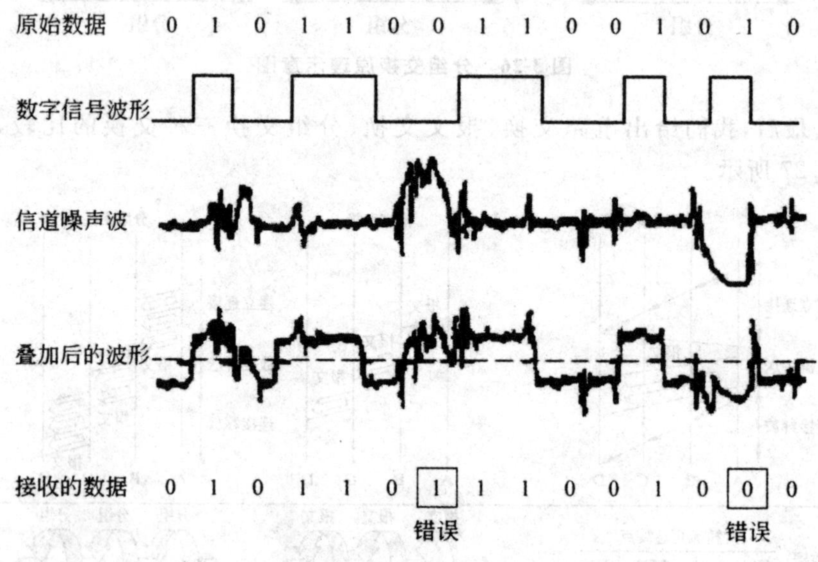

图 3-28 差错的产生

物理信道中的噪声分为两类，即热噪声和冲击热噪声。热噪声是通信信道上固有的、持续存在的热噪声，如线路本身电气特性随机产生的信号幅度、频率、相位的畸变和衰减，电气信号在线路上产生反射造成的回音效应，相邻线路之间的串扰等。冲击热噪声是由外界某种原因突发产生的，如大气中的闪电、电源开关的跳火、外界强电磁场的变化、电源的波动等。

由于热噪声会造成传输中的数据信号失真，产生差错，所以在传输中要尽量减少热噪声的影响。基于上述原因，在通信系统的数据传输过程中，常采用差错控制技术减少或避免由于热噪声的影响而产生的差错。判断数据经传输后是否有错的手段和方法称为差错检测，确保传输数据正确的方法和手段称为差错控制。

3.5.2 差错控制的方法

在数据通信系统中，差错控制包括差错检测和差错纠正两个部分，具体实现差错控制则主要有三种方法。

1. *反馈重发检错方法*

自动反馈重发控制（Automatic Repeat Quest，ARQ）又称为停止等待方式。在 ARQ 中，当接收端检测到接收信息有错后，就通过反馈信道通知发送端重发源信息，直到收到正确的码字为止，从而达到纠正错误的目的。ARQ 只使用检错码，包括停止等待 ARQ 和连续 ARQ 方式，而连续 ARQ 又包括选择 ARQ 和 Go-Back-N 方式。

2. *前向纠错方法*

前向差错控制（Forward Error Control，FEC）又称为前向纠错。在 FEC 中，接收端通过所接收到的数据中的差错编码进行检测，判断数据是否出错。当 FEC 使用纠错码时，不但能发现差错，而且能确定二进制码元发生错误的位置，从而加以纠正。

3. *混合纠错方法*

混合纠错方法发送端发送既能自动纠错，又能检错，如图 3-29 所示。接收端收到码流后，检查差错情况，如果错误在纠错能力范围以内，自动纠错，如果超过了纠错能力，则能自动检测出来，经过反馈信道请求发送端重发，实际上是 FEC 和 ARQ 方法的结合。

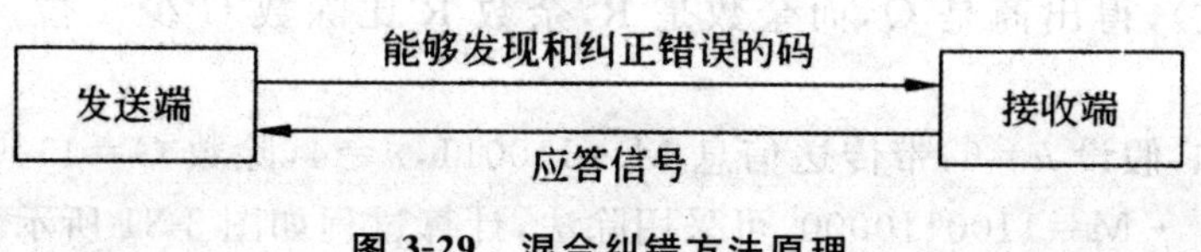

图 3-29　混合纠错方法原理

3.5.3 差错控制编码

网络中纠正出错的方法通常是让发送方重传出错的数据，所以，差错检测更为重要。下面是常用的两种差错检测方法。

1. 奇偶校验

奇偶校验是差错控制编码检测中最简单的一种。这种检验方法的基本做法是：在原编码中的每个字节的尾部都增加一位，称为校验位，这样，原编码就变成了一个包含校验位的新码组。如果加入校检位以后，新码组中的"1"的个数为偶数，则称这种检验为偶校验；如果加入校检位以后，新码组中"1"的个数为奇数，则称这种检验为奇校验。然后，将整个码组一起发送，并且确保一个数据段连续传输。到达接收端以后，再对数据段中"1"的个数的奇偶性进行检测，如果数据段中的"1"的个数的奇偶性与发送时保持一致，则认为数据段传输正常，否则，则认为数据传输过程中产生差错，要求重发该数据段。显然，这样做虽然不能完全保证数据段传输正确无误，但是起码可以大幅度降低差错的概率。

2. 循环冗余码校验

奇偶校验作为一种检验码虽然简单，但是漏检率太高。因此在计算机网络和数据通信中使用最广泛的检错码，是一种漏检率低得多也便于实现的循环冗余码。循环冗余(Cyclic Redundancy Check，CRC)是一种相对较复杂的检验方法，又称多项式码。这种编码对随机差错和突发差错均能以较低的冗余度进行严格的检查，有很强的检错能力。

如图 3-30 所示，是 CRC 的工作原理示意图。在发送端，先把数据划分为组，假定每组 k 个比特。现假设待传送的一组数据 M=101001(现在 $k=6$)。我们在 M 的后面再添加供差错检测用的 n 位冗余码一起发送。用二进制的模 2 运算进行 2^n 乘 M 的运算，这相当于在 M 后面添加 n 个 0。得到的$(k+n)$位的数除以事先选定好的长度为$(n+1)$位的除数 G(G 称为生成多项式)，得出商是 Q，而余数是 R，余数 R 比除数 G 少 1 位，即 R 是 n 位。

例如，假设 $k=6$，带传送信息 M=110011，$n=4$，除数 G=11001，则被除数是 $2^n \cdot$ M=1100110000，可采用除法，计算过程如图 3-31 所示。

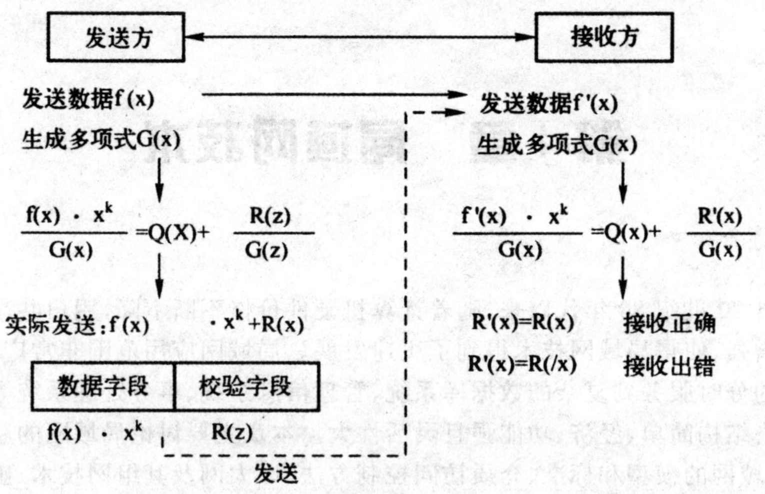

发送方
接收方
发送数据f(x)
生成多项式G(x)
f(x) · x^k / G(x) =Q(X)+ R(z) / G(z)
实际发送：f(x) · x^k +R(x)
数据字段
校验字段
f(x) · x^k
R(z)
发送
发送数据f'(x)
生成多项式G(x)
f'(x) · x^k / G(x) =Q(x)+ R'(x) / G(x)
R'(x)=R(x)
接收正确
R'(x)=R(/x)
接收出错

图 3-30　CRC 工作原理

G(x)
11001
100001
1100110000
11001
10000
11001
1001
Q(x)
f(x)·x^k
R(x)
a)
110011
1001
发送数据
比特序列
CRC 校验码
比特序列
带 CRC 校验码的
发送数据比特序列
（a）
100001
11001
1100111001
11001
11001
11001
0
（b）

图 3-31　CRC 循环冗余校验计算

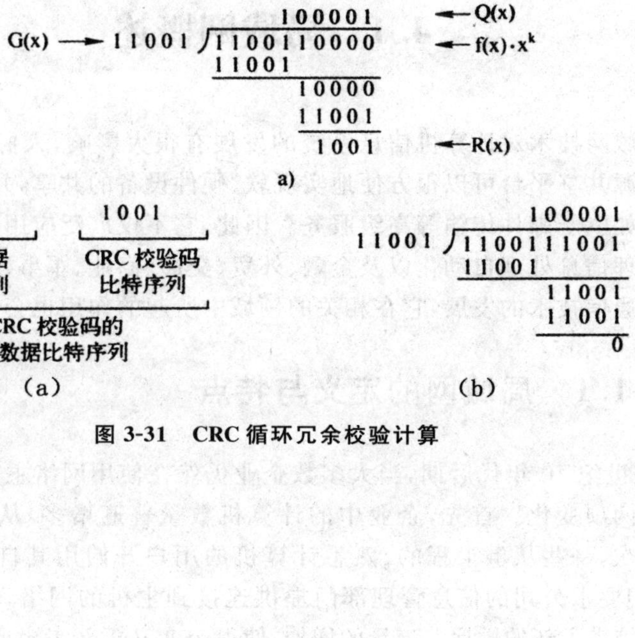

第 4 章　局域网技术

自 20 世纪 80 年代以来，随着计算机硬件价格不断下降，用户共享需求逐渐增强，使得局域网技术得到了飞速发展。局域网应用范围非常广泛，从简单的分时服务到复杂的数据库系统、管理信息系统、事务处理系统等。它的网络结构简单、经济、功能强且灵活性大。本章主要讨论局域网的基本概念、局域网的模型和标准、介质访问控制方法、以太网及其组网技术、虚拟局域网技术、无线局域网技术等内容。

4.1 局域网概述

局域网技术对计算机信息系统的发展有很大影响，人们借助于局域网这一资源共享平台可以很方便地实现软、硬件设备的共享，并且可以向用户提供诸如电子邮件传输等高级服务。因此，它不仅广泛应用于办公自动化、企业管理信息处理自动化以及金融、外贸、交通、商业、军事、教育等部门，而且随着通信技术的发展，它在相关的领域中所起的作用也会越来越大。

4.1.1 局域网的定义与特点

20 世纪 70 年代后期，当大多数企业仍然在使用网络主机时，计算设施发生了两项变化。首先，企业中的计算机数量普遍增多，从而导致流量增加。其次，一些从事工程的、熟悉计算机的用户开始用其自己的工作站工作，他们要求公司的信息管理部门提供连接到主机的网络。这些变化给企业网络带来了新的挑战。流量的增加，使得企业又重新考虑所有这些产生业务流的信息是如何使用的。它们发现，大约 80%的信息来自企业内部，只有 20%的信息需要和企业以外的站点交换。因此，需要一个着重解决有限地理范围内通信的网络，于是就有了局域网(Local Area Network，LAN)。

从网络的作用范围来看，局域网是一种使小区域内(几千米左右)的各种通信设备互联在一起的计算机网络。局域网由连接各个主机及各工作站的软件和硬件组成，主要功能是实现资源共享、数据传输、信息交换和各种综合信息服务等。

局域网是结构复杂程度最低的计算机网络，其主要特点可以概括为：通信速率较高，可达 1000Mbit/s 以上；通常属于某一部门、单位或企业所有，LAN 的范围和高速传输使它适用于一个部门的管理；传输误码率低，通信质量好，可靠性高；对多种通信传输介质都具有较好的兼容性；共享传输信道，通常将低速或高速的外部设备连接到一条共享传输介质上，其传输信道由接入网络中的所有设备共享；大多采用分布式控制和广播式通信，各节点是平等关系而不是主从关系，可以进行广播（一个节点发送，所有节点接收）和组播（一个节点发送，多个节点接收）；成本较低，经济效益较高。

4.1.2 局域网的组成和实现过程

如图 4-1 所示，是一个简单局域网的构成示意图。局域网的组成包括网络硬件和网络软件两大部分。局域网的网络软件主要包括协议软件和网络操作系统。目前在个人计算机上最流行的就是 Windows 操作系统，可以轻松完成局域网的组建。网络硬件主要包括网络服务器、工作站、外设、网络接口卡和传输介质，以及网络互联设备（如集线器、交换机、路由器等）。

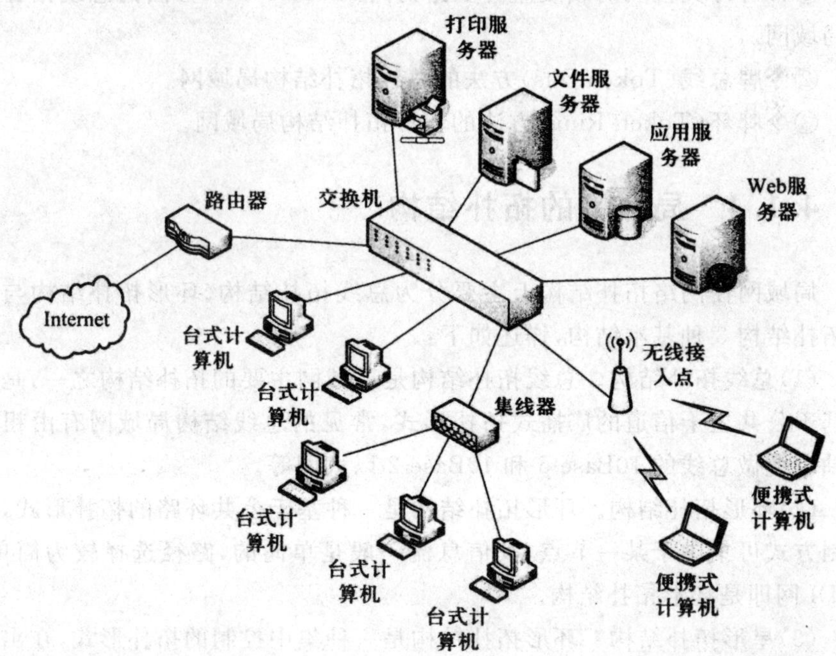

图 4-1 一个简单局域网的构成示意图

4.1.3 局域网的关键技术

局域网涉及的关键技术如下：

(1)网络拓扑结构。局域网在网络拓扑结构上主要分为总线拓扑结构、环形拓扑结构与星形拓扑结构3种基本结构。

(2)传输介质。局域网常用的传输介质有同轴电缆、双绞线、光纤和无线通信信道。早期(20世纪80年代至90年代中期)应用最多的是同轴电缆。随着计算机通信技术的飞快发展和网络应用的日益普及，双绞线与光纤产品发展很快，尤其是双绞线产品的发展更快、应用更广泛，已普及应用于数据传输速率为100Mbps、1Gbps的高速局域网中，因此，双绞线越来越受到大家的欢迎。

(3)介质访问控制方法。对于介质访问控制(Media Access Control, MAC)方法来说，传统的局域网采用"共享介质"的工作方法。为了实现对多节点使用共享介质发送和接收数据的控制，经过人们多年的研究，提出了多种不同的介质访问控制方法。IEEE802标准主要定义了以下3种类型的MAC方法：

①带有冲突检测的载波监听多路访问(CSMA/CD)方法的总线拓扑结构局域网。

②令牌总线(Token Bus)方法的总线拓扑结构局域网。

③令牌环(Token Ring)方法的环形拓扑结构局域网。

4.1.4 局域网的拓扑结构

局域网在网络拓扑结构上主要分为总线拓扑结构、环形拓扑结构与星形拓扑结构3种基本结构，详述如下：

(1)总线拓扑结构。总线拓扑结构是局域网主要的拓扑结构之一，是一种基于公共主干信道的广播式拓扑形式，常见的总线结构局域网有由粗细同轴电缆做总线的10Base-5和10Base-2以太网等。

(2)环形拓扑结构。环形拓扑结构是一种基于公共环路的拓扑形式，其控制方式可集中于某一节点，其信息流一般是单向的，路径选择较为简单。FDDI网即是环形拓扑结构。

(3)星形拓扑结构。环形拓扑结构是一种集中控制的拓扑形式，在出现了交换式以太网后，才真正出现了物理结构与逻辑结构一致的星形拓扑结构。常见的星形局域网有基于集线器的 10/100/ 1000Base-T 共享式以太网和基于各种交换机的交换式以太网。

4.1.5　常见局域网技术

一般情况下，常见的局域网技术有如下几种：

(1)FDDI 技术。FDDI(Fiber Distributed Data Interface)采用光纤介质和双环形结构，数据传输速率为 100Mbps，环路长度最长为 100km，最多可连接 500 个节点，节点间的最大距离为 2km，可以使用多模光纤或单模光纤，具有动态分配带宽的能力，能支持同步和异步数据传输。它是最早推出的高速令牌环网，因此，一些早期的校园网、园区网都采用 FDDI 方案。FDDI 所采用的介质访问控制方法与 IEEE802.5 标准的对应部分相似，使用单令牌的环网介质访问控制 MAC 协议。所不同的是在 IEEE802.5 中采用单数据帧访问方法，而在 FDDI 中则采用多数据帧访问方法，即允许在环路中同时存在多个数据帧，以提高信道利用率。在 IEEE802.5 标准中规定，占有令牌的源节点把数据帧送入目的节点后，并不立即释放令牌，而是要等待数据帧绕环路传输一周返回源节点后，才释放令牌。在环路上始终只有一个数据帧在传输，这种方法降低了数据的传输速率。而 FDDI 采用令牌释放技术，即在源节点把数据帧发送出去后，立即释放令牌，提高了数据传输速率。FDDI 基本结构是由两根光纤同时将网上所有节点串接成两个封闭的环路，其中一个环为主环，另一个环为备用环。当主环上的设备失效或光缆发生故障时，通过主环向备用环的切换可继续维持 FDDI 的正常工作。这种故障容错能力是其他网络所没有的。

(2)ATM 技术。ATM 以信元为基本数据传输单元，信元是一种很短的固定长度的数据分组，每个信元长 53 字节。信元头的 5 字节用来承载该信元的控制信息；48 字节的信元体用来承载用户数据。ATM 采用统计复用的方式可以有效地利用带宽。以信元为单位传送用户信息，实时性好，在多媒体信息的传输上具有较大优势。

(3)WLAN 技术。无线局域网(WLAN)是利用无线通信技术在一定的局部范围内建立的网络，是计算机网络与无线通信技术相结合的产物。它以无线多址信道作为传输介质，提供传统有线局域网的功能，能够使用户真正实现随时、随地、随意地接入宽带网络。

4.2 局域网的模型与标准

4.2.1 局域网参考模型

局域网在研究和应用过程中产生了各种不同的技术，属于不同厂家所专有，互不兼容。后来，IEEE 推动了局域网技术的标准化，由此产生了 IEEE802 系列标准。这样在建设局域网时可以选用不同厂家的设备，并能保证其兼容性。IEEE802 标准覆盖了双绞线、同轴电缆、光纤和无线等多种传输媒介和组网方式。随着新技术的不断出现，这一系列标准也在不断变化之中。

局域网主要处理网内计算机节点的互连和共享物理信道，因此 IEEE802 描述了局域网的体系结构、传输媒介、编码和媒体访问等底层功能。局域网的参考模型如图 4-2 所示。与 OSI 参考模型相比，局域网作为通信网络不涉及第三层以上的内容，主要涉及 OSI 模型的物理层和数据链路层。

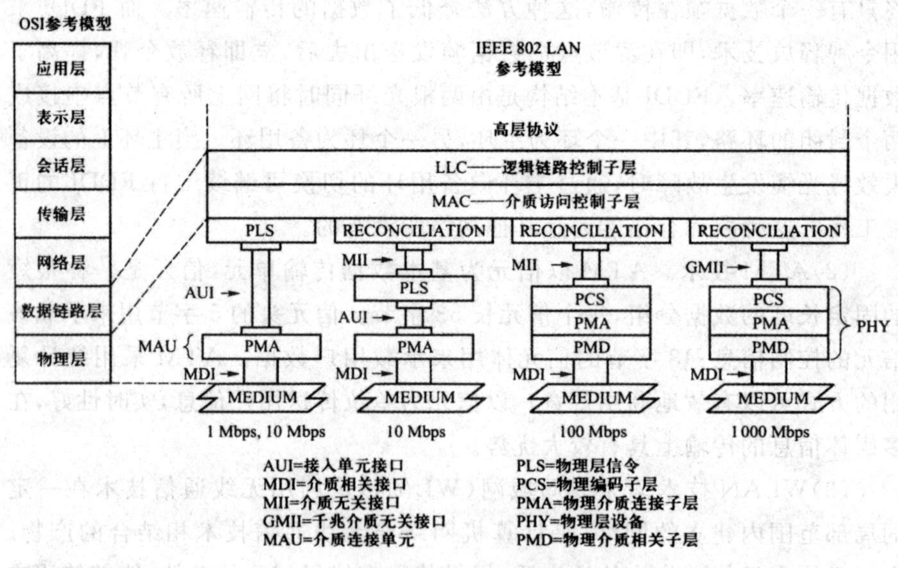

图 4-2 IEEE802 局域网参考模型

物理层用于物理连接以及按位在媒体上传输数据。IEEE802 所定义的物理层功能是实现位流（也称比特流）的传输与接收、同步前序（Preamble)的产生与删除、信号的编码与译码等。物理层规定了传输所使用的信号编码和介质,规定了网络的拓扑结构和传输速率。信号编码采用曼彻斯特编码;介质为双绞线、同轴电缆、光缆、无线介质等;拓扑结构为总线、树形和环形;传输速率为 1Mbps、4Mbps、10Mbps、16Mbps、100Mbps、1000Mbps 等。一般地,局域网的物理层确定了以下两个接口:

(1)介质相关接口(MDI)。该接口随介质的不同而改变,但不影响 LLC 和 MAC 的工作,主要用于实现与介质的电气和机械连接。

(2)接入单元接口(AUI)。也就是类似于粗缆以太网中的收发器电缆那样的部件。这个接口在标准中定为选项,因为在细缆和双绞线的情况下,AUI 已不复存在。

由于局域网的种类繁多,其媒体接入控制的方法也各不相同,远比广域网复杂。为了使局域网中的数据链路层不致过于复杂,负责制定局域网标准的 IEEE802 委员会将数据链路层划分为两个子层,即媒体接入控制(MAC)子层和逻辑链路控制(LLC)子层。MAC 子层负责对物理媒体的使用进行控制,LLC 子层负责把经由物理媒体传输的数据分解合成,并对有可能在传输过程中发生的各种错误进行控制。

从局域网的参考模型中可以看出,在局域网的链路层应当有两种不同的帧:LLC 帧和 MAC 帧。高层的协议数据单元传到 LLC 子层,加上适当的首部就构成了逻辑链路控制子层的协议数据单元(LLCPDU)。LLCPDU 再向下传到 MAC 子层时,加上适当的首部和尾部,就构成了媒体接入控制子层的数据单元(MACPDU)。为了在谈到数据链路层的数据传输单位"帧"时不致产生混淆,应当将 LLCPDU 称为"LLC 帧",把 MACPDU 称为"MAC 帧"。如图 4-3 所示,给出了 LLCPDU 和 MACPDU 这两种"帧"的关系。

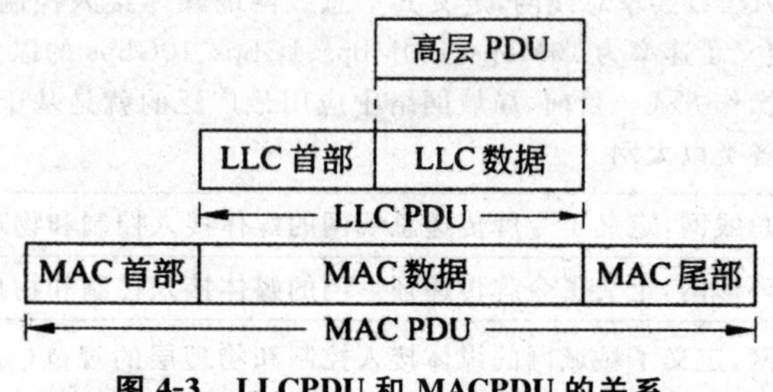

图 4-3　LLCPDU 和 MACPDU 的关系

因为局域网的拓扑结构比较简单,所有网上节点都可以认为直接互连,所以从局域网本身来讲并不需要进行路由选择。但是从 OSI 的观点来看,一个接在网络上的设备应当连接在网络层的某个服务访问点 SAP 上,可以通过 SAP 进行访问。从这个角度来看,似乎网络层又是不可缺少的。为了解决这一矛盾,局域网体系结构采用不设网络层的方法,将网络的服务访问点 SAP 设在数据链路层的上面,即在 LLC 子层与高层的交界面上。在实际的组网过程中,要实现网络之间的互连,仍然需要路由选择和路由器,但这已经不是局域网的任务了。

目前,以太网已经成为局域网的代名词。同时以太网技术也在不断地改进和发展,产生了快速以太网、交换以太网、全双工以太网、虚拟局域网、千兆以太网等技术。

4.2.2 局域网的有关标准

IEEE802 委员会专门研究和制定有关局域网的各种标准,这些标准对局域网的发展起到了积极的作用。虽然 IEEE 只是一个民间学术团体,但 IEEE 所制定的 802 标准已经得到了全世界的广泛承认。目前许多 802 标准已被修改成为 ISO 的国际标准。最初的 IEEE802 委员会共有 6 个分委员会,其编号分别为 802.1～802.6,相应的标准分别称为标准 802.1～标准 802.6,但现在已经增加到了 20 多个分委员会。如表 4-1 所示,列出了部分 802 分委员会所分工研究的内容。

表 4-1 部分 802 分委员会所分工研究的内容

标准	研究内容
802.1	LAN 体系结构和网络互连、网络管理和性能测量、寻址、网间互连及高层接口、流量优先级、虚拟局域网、生成树协议等
802.2	逻辑链路控制 LLC,规范高层协议以及 MAC 子层的接口
802.3	CSMA/CD 共享总线网,定义共享总线网的媒体接入控制和物理层的规范,定义了速率为 10Mbps、100Mbps、1Gbps、10Gbps 的以太网,确定了设备互操作方式。目前,局域网络中应用最广泛的就是基于 IEEE802.3 标准的各类以太网
802.4	令牌总线网,定义了令牌传递总线网的媒体接入控制和物理层的规范
802.5	令牌环形网,定义了令牌传递环形网的媒体接入控制和物理层的规范
802.6	城域网,定义了城域网的媒体接入控制和物理层的规范(分布式队列双总线 DQDB)
802.7	宽带技术
802.8	光纤技术

（续）

标准	研究内容
802.9	综合话音数据局域网，定义了 LAN-ISDN 接口
802.10	可互操作的局域网的安全标准（SILS），802.10a（安全体系结构）和 802.10c（密钥管理）的形式提出了一些数据安全标准
802.11	无线局域网标准，定义了无线局域网介质访问控制子层与物理层规范，主要包括 3 个标准，即 IEEE802.11a、IEEE802.11b 和 IEEE802.11g
802.12	需求优先级局域网协议（100VG-AnyLAN），为 100Mbps 需求优先 MAC 的开发提供了两种物理层和中继规范
802.13	100BASE-X 以太网
802.14	交互式电视网（包括 Cable Modem），定义了有线电视和有线调制解调器的物理与介质访问控制层的规范
802.15	无线个人网络 WPAN，规定了短距离无线网络（WPAN）规范，包括蓝牙技术的所有技术参数
802.16	固定宽带无线接入标准，主要用于解决最后一千米本地环路问题。标准从一开始就提出了有关声音、视频、数据的服务质量问题
802.17	弹性封包环传输技术，利用空分复用、统计复用技术提高带宽利用率，优化在 MAN 拓扑环上数据报的传输
802.20	移动宽带无线接入标准，目标是为高速运动（250 千米/小时）的车载终端提供 1～4Mbps 的数据速率，覆盖距离可达 24 千米
802.21	异种局域网切换技术，允许各种无线网络用不同的切换机制实现相互之间的切换
802.22	无线区域网，感知无线广域接入网络技术，是在 VHF/UHF 频段内，不干扰授权用户的情况下，灵活、自适应地合理配置频谱

这里需要特别指出的是，IEEE802.15～IEEE802.22 分委员会的活动仍然很活跃，相关标准有待进一步明朗。

如图 4-4 所示，给出了 IEEE802 各分委员会的结构图。这里还需要注意以下两点：

(1)所有的高层协议要和各种局域网的 MAC 子层交换信息，都必须通过同一个 LLC 子层。因此，在局域网中，LLC 子层起着特别重要的作用。

(2)图 4-4 中 802.1 的形状为倒 L 形，这是因为网络互连并不是固定在某一层，而是有时在高层进行，有时在低层进行。

802.10 可互操作的局域网的安全标准						
802.1 体系结构、网络互连						
802.2 逻辑链路控制 LLC						
802.3 CSMA/CD MAC 物理层	802.4 令牌总线 MAC 物理层	802.5 令牌环网 MAC 物理层	802.6 城域网 MAC 物理层	802.11 无线 局域网	802.16 宽带无线 局域网	其他

图 4-4 IEEE802 各分委员会的结构

4.3 介质访问控制方法

IEEE802 标准规定了局域网络中最常用的几种介质访问控制方法，包括 IEEE802.3 带冲突检测的载波监听多路访问(CSMA/CD)、IEEE802.4 令牌总线(Token Bus)、IEEE802.5 令牌环网(Token Ring)。这里主要就 CSMA/CD 和 Token Ring 的介质访问控制方法展开讨论。

4.3.1 CSMA/CD

带有冲突检测的载波监听多路访问控制方法又称随机争用型介质访问控制方法，简称 CSMA/CD，这是以太网的核心技术。CSMA 最早出现于 ALOHA 网中，当总线型网采用 CSMA/CD 方法作为以太网的介质访问控制方法时，其网络将会变成多点共享式。在这样的网络中，所有的设备都会被直接连接到一条物理信道上，即网络中所有设备之间的数据传输任务都是由一条物理信道完成的。当网络中的某一节点要发送数据时，首先将目的节点的地址和源节点的地址连同数据信息一起打包成帧的形式，然后将帧发送出去。在信道中，帧以广播的形式传播，这样连接在信道上的所有节点都可以检测到该帧。当另一个节点发现被检测帧的目的地址与其自身的地址一致时，就会接收该帧，如果被检测帧的地址与自身地址不一致，则将该帧丢弃。这种访问控制方法有一个十分明显的缺点，那就是当信道上所有的节点都在同一微小时间段内发送帧，就可能造成冲突现象，即信道内部的许多帧因重叠而发生差错。

1. CSMA/CD 的发送工作过程

CSMA/CD 方法的工作过程概括为载波监听、冲突检测、冲突停止、延迟重发，详述如下：

（1）载波监听。使用载波监听多路访问（CSMA）协议时，每个节点在使用信道发送信息之前，都会对信道的使用情况进行检测，即检查是否在信道中存在载波。如图 4-5 所示，物理层的收发器可以通过总线的电平跳变情况来判断总线的忙闲情况。这种检测方式可以大大减少信道中发生冲突的可能性。

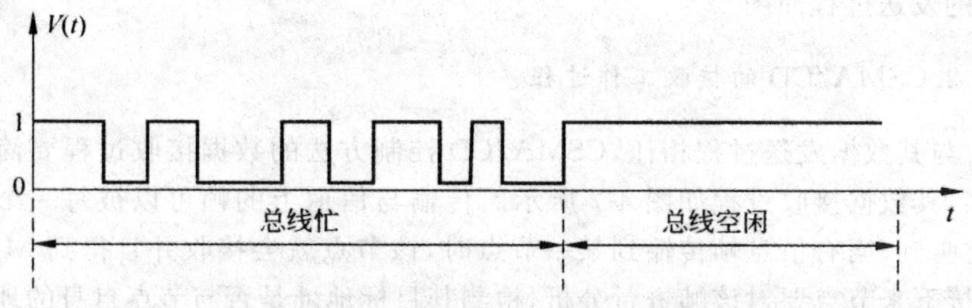

图 4-5　通过对总线电平的跳变判断总线的状态

（2）冲突检测。载波监听并不能完全消除冲突，数字信号在传输介质中是以一定的速度传输的，速度为 1.95×10^8m/s。如果局域网中的两个节点 A 与 B 相距 2km，那么 A 向 B 发送一帧数据大约需要 10ms 的传输时间，也就是说 B 在 10ms 内并不能接收到 A 传送来的数据，即不能监听到信道上有数据发送，那么它就可能在这段时间内向 A 或者其他节点传送数据。如果出现了这种情况，则产生了“冲突”，即采用载波监听也不可避免。因此。在多个节点共享公共传输介质时，就需要进行“冲突检测”。例如，可以采用比较法来检测冲突，也就是将发送信号波形和从总线上接收的信号波形进行比较。如果发现从总线上接收的信号与发送出去的信号不一致，说明总线上有多个节点发送了数据。即信号由于叠加改变了原始波形，造成了冲突。

（3）冲突停止。如果检测到总线上信息与本节点发送的信息不一致，则说明发生了冲突，此次占用总线未成功。这时为了确保其他节点也能够检测冲突，该节点要发送一串短的阻塞信号。阻塞信号是在检测到冲突后向正在尝试发送信息的节点所发出的帧，其目的是避免其他卷入冲突的节点由于没有检测到冲突而继续发送。阻塞信号是一个节点在检测到冲突时通知其他节点的一种有效方法，这样就确保有足够的冲突持续时间，使得网中所有的节点都能检测出冲突，就可以马上丢弃产生冲突的帧并且停止发送，从而减少时间的浪费，提高了信道的利用率。

(4)延迟重发。停止发送并等待一个随机周期后，该节点再尝试发送信息(该等待的随机时间周期是按一定算法计算出来的)。在由于检测到冲突而停止发送后，一个节点必须等待一个随机时间段才能重新尝试传输，这一随机等待时间是为了减少再次发生冲突的可能性。通常人们把这种等待一段随机时间再重传的处理方法称为退避处理，把计算随机时间的方法称为退避算法。一般如果重发次数小于或等于 16，则允许节点随机延迟一段时间后再重发，连续出现冲突次数越多，计算出的等待时间越长。当冲突次数超过了 16 次时，表示发送失败，放弃发送该帧。如图 4-6 所示，是 CSMA/CD 的发送过程简图。

2. CSMA/CD 的接收工作过程

与其数据发送过程相比，CSMA/CD 控制方法的数据接收过程要简单许多，其数据接收过程如图 4-7 所示。传输与信道上的帧可以被每一个节点监听到，当有信息帧传输到某一节点时，该节点就会接收并且得到 MAC 帧，接下来节点要对该帧进行分析，检测其目标地址是否与节点自身的地址一致。若不一致，则丢弃该帧；若一致，则以复制的形式接收该帧。

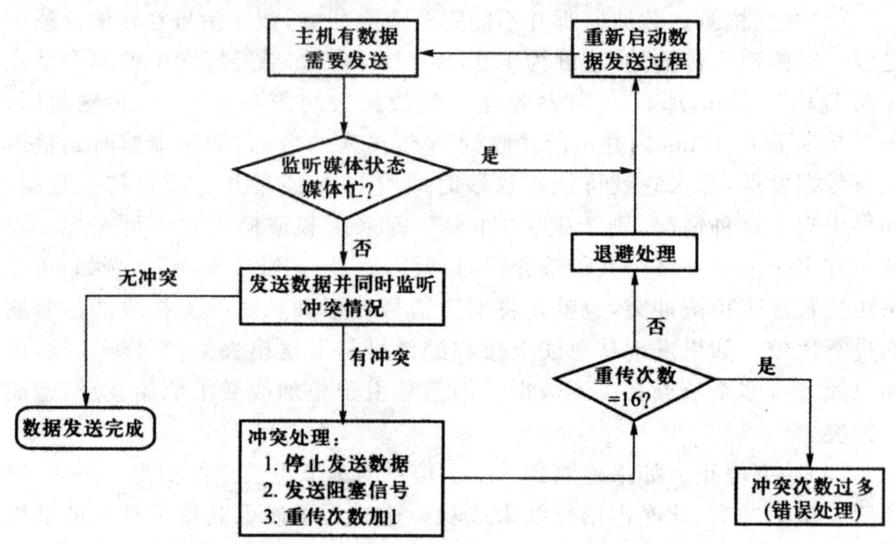

图 4-6　IEEE802.3/以太网 CSMA/CD 的发送流程

需要特别指出的是，在 CSMA/CD 控制方法中，信道内的帧以广播的形式传播，于是一些具有广播地址或组地址的帧是可以同时被多个节点接收的。

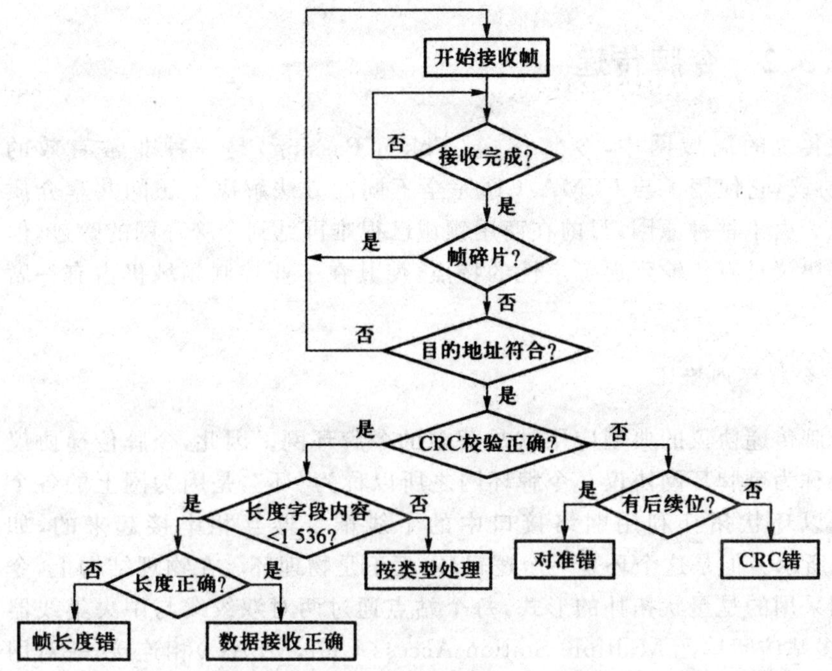

图 4-7　IEEE802.3/以太网 CSMA/CD 的接收流程

3. CSMA/CD 存在的问题

信道争用机制使得 CSMA/CD 协议在网络利用率较低(或者说网络比较空闲)时能够很好地工作,但如果有多个站点要同时发送,网络上的冲突就会增多,结果造成网络带宽被冲突和退避延迟消耗掉。在正常情况下,以太网的网络利用率在 30%～40%是正常的,当网络利用率增加到 40%以上,冲突的增多就会导致网络运行速度明显下降。在极端的情况下,网络会处于一种无休止的争用状态之中,最终造成网络的严重阻塞。

此外,高冲突率也会造成数据传输时间的变化范围很大(由于随机退避),使得网络响应时间无法预测。因此,采用 CSMA/CD 协议的网络不适用于实时应用的领域。

在非硬件故障的情况下,网络中站点数量过多是网络利用率太高的主要原因,所以在设计或扩充网络时应注意限制网络中站点的数量(或者说限制冲突域的规模),通常的做法是用交换机(网桥)或路由器把一个大的网络分割成若干较小规模的网段(子网)。

另外,CSMA/CD 限制了网络的最大距离。因为距离过远会使信号衰减,造成网络接口中的冲突检测电路无法正常工作。

4.3.2 令牌传递

在传统的局域网中，令牌传递(Token Passing)是一种非常有效的LAN协议，它使用了与CSMA/CD完全不同的方法解决了访问共享介质的问题。由于种种原因，目前在商用领域已很难再见到令牌环网的踪迹，但由于其协议具有传输延迟确定性的特点，使其在工业控制领域仍占有一席之地。

1. 令牌环网概述

令牌传递协议的典型应用就是著名的令牌环网。因此，令牌传递协议往往也称为令牌环网协议。令牌环网之所以称为“环”，是因为网上的各个站点是以环状拓扑利用网络接口中的干线耦合器互相串接起来的，如图4-8所示。但是这个环是一个逻辑环，而不是物理环。在物理结构上，令牌环网采用的是星状拓扑的形式，每个站点通过两对双绞线与中央集线器(称为多站访问单元Multiple Station Access Unit，MSAU)相连接，一对用于接收，另一对用于发送。MSAU负责接收从某一站点输出端口发出的数据包，然后将数据包送到下一个站点的输入端口。使用这样的配置方法，网络中的各个工作站实际上是依次串联在环上的，如图4-9所示。如果环中有更多的站点，则需要多个MSAU串联成一个大环，每个MSAU的Ringin端口接到上一个MSAU的Ringout端口，而Ringout则接到下一个MSAU的Ringin端口。连接站点与MSAU的电缆称为接插电缆(Lobe

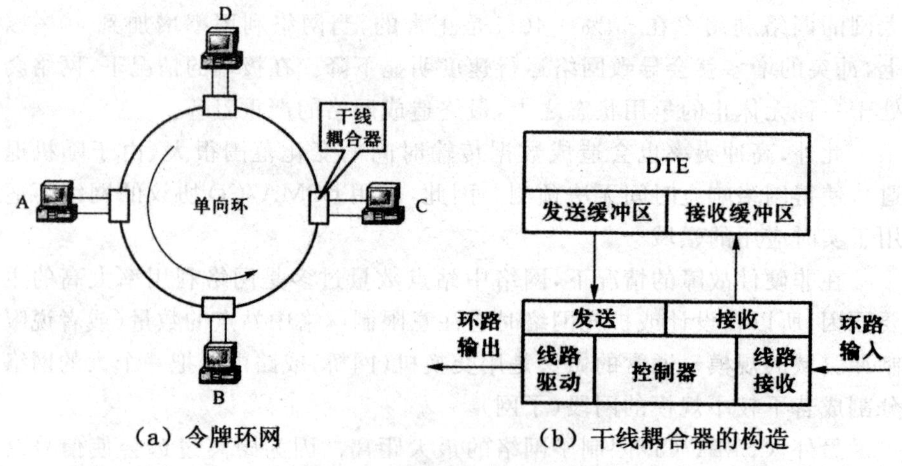

(a) 令牌环网　　(b) 干线耦合器的构造

图4-8 令牌环网的拓扑结构

Cable),连接 MSAU 与相邻 MSAU 的电缆称为转接电缆(Patch Cable),连接形式如图 4-10 所示。一般地,令牌环网有两种运行速度,即 4Mbps 和 16Mbps。信号编码为曼彻斯特编码。

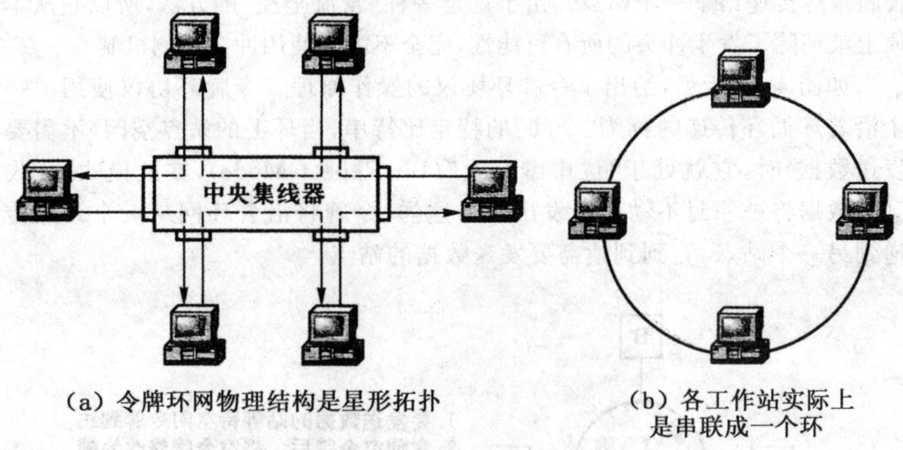

(a) 令牌环网物理结构是星形拓扑　　(b) 各工作站实际上是串联成一个环

图 4-9　令牌环网的实际物理连接形式

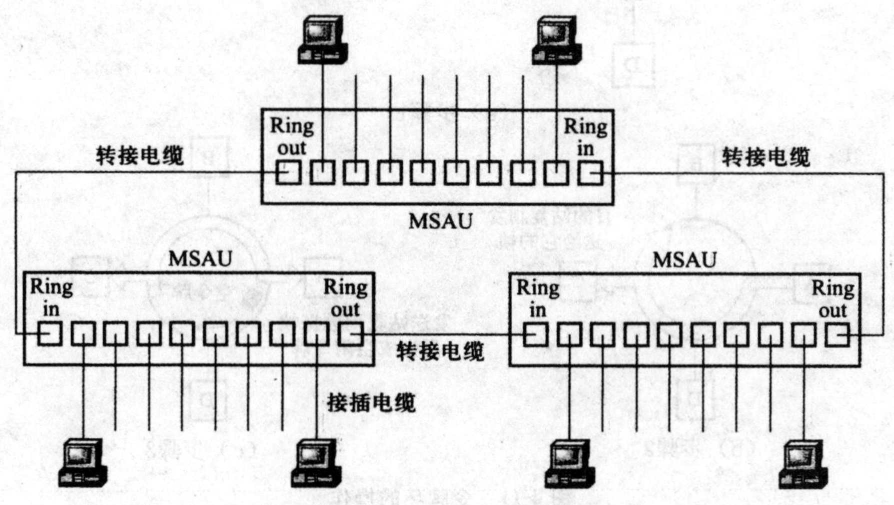

图 4-10　多个 MSAU 的物理连接形式

2. 令牌环协议

令牌环协议是 CSMA/CD 的一种传统替代协议。它最初由 IBM 公司开发,后来被 IEEE802 委员会采纳,作为 IEEE802.5 标准发布。

令牌环协议与 CSMA/CD 协议有很大不同。令牌环网协议的操作有点像人们常玩的“击鼓传花”游戏。在令牌环网中,有一个在站点之间单向循环传递的特殊数据包——“令牌”(Token)。一个站点若要发送数据,它必须抓住并持有“令牌”。只有拥有令牌的站点才能发送数据。数据发送后,该站点便将令牌传递给下一个站点。由于这是一种“轮流坐庄”的方法,所以它从本质上就消除了发生冲突的所有可能性,完全不需要使用冲突检测机制。

如图 4-11 所示,给出了令牌环协议的操作原理。令牌环协议使用了一个沿着环循环传递的称为“令牌”的特定比特串,当环上的站点空闲(不需要发送数据)时,它就处于“位中继方式”(Bit Repeat Mode),在此模式下,收到的数据将被原封不动地转发出去。这样,令牌将沿着环网从一个站点传递到另一个站点,直到到达需要发送数据的站点。

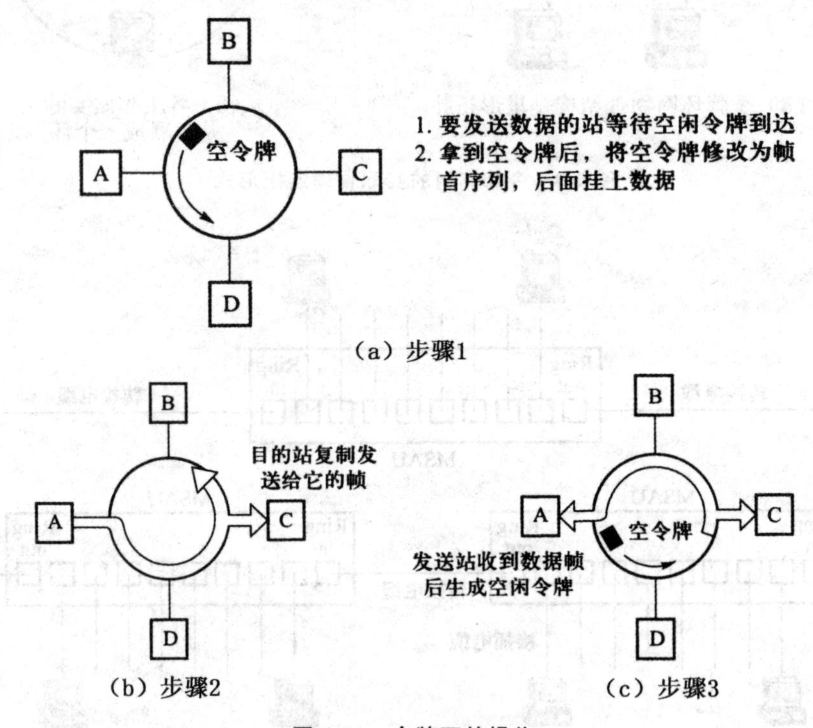

图 4-11　令牌环的操作

挂载了数据的帧沿着网环循环传输,每个站点都读取该数据帧中的目的地址,如果帧的目的地址和本站的地址相符合,就将数据帧写入它的接收缓冲器中,以便送给上层软件进行相应的处理;如地址不符合,就将数据帧直接发送出去,而不对它进行任何处理(相比之下,以太网中的站点对于目的地址不是自己的数据帧就直接丢弃)。这样,数据帧会经过网络上的每个站点,直到返回最初发送它的工作站为止。要注意的是,即使一个站点发现收到的数据帧是发给自己的，它也要把该帧重新发到环上，而不是从环上删除。从环上删除帧是发送该帧的站点的责任。

数据帧在整个环中绕了一圈之后重新回到发送站点，并被发送站点回收。发送站点将回收到的数据与原先发出的数据进行比较，检查数据传输过程中是否出现了错误。如果出现了错误，就把错误提交给上层软件处理。如果没有出现错误，就从环中删除该数据帧，然后发出一个新的空令牌。这个过程将在具备相同发送机会的每个站点上重复进行。

值得注意的是，任何一个站点都不允许独占令牌，为了保证这一点，每个站点中都有一个令牌控制计时器，由它来控制站点持有令牌的最长时间（称为令牌保持时间），通常令牌保持时间为 10ms。

由令牌环协议的操作方式可以看出，令牌环不可能出现冲突，所以它能够以最大速度来运行（相比之下，CSMA/CD 只能在网络负载小于 30%时保持较好的性能）。同时，令牌环网也是一个确定性的网络，即一个站点在发送数据前能够预计所要等待的最大时间，而在 CSMA/CD 中的时延只能用统计规律来计算。

3. 帧格式

为了更好地理解令牌环协议的操作，下面对令牌环的帧格式进行简要的讨论。

令牌环网上有 4 种不同类型的帧，即数据帧、令牌帧、命令帧和撤销定界符帧。这里仅讨论数据帧和令牌帧的格式及各字段的含义。如图 4-12 所示，给出了 IEEE802.5 协议的帧格式。

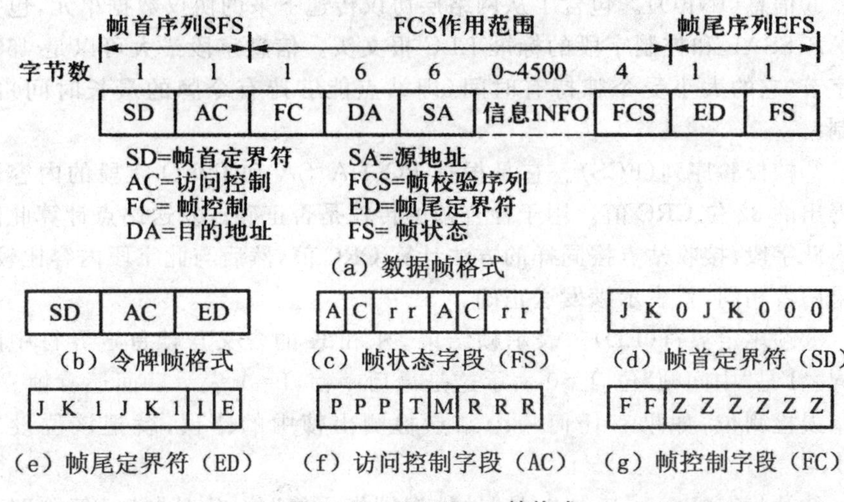

图 4-12 IEEE802.5 帧格式

(1)数据帧。根据 IEEE802.5 协议文档的定义,令牌环网的数据帧负责以标准的 LLC-PDU 的形式携带高层协议生成的信息。数据帧中各字段的功能如下。

①帧首定界符(SD)。帧首定界符表示帧的开始,它通过故意违背差分曼彻斯特编码系统的原则来表示帧的开始。位格式中的 J 是违规编码的 0 值,K 是违规编码的 1 值。

②访问控制(AC)。访问控制字段用于确定令牌环网上传输数据的优先级。位格式中的 P 是 3 个优先级位,R 是 3 个保留位。令牌环网上的站点可以拥有的优先级从 0(最低)到 7(最高)。访问控制字段中的剩余两位中,T 代表令牌位,它的值为 1 时表示本帧是数据/命令帧,值为 0 时表示本帧是令牌帧。M 代表监视站位,如果某个站点将它的值从 0 改为 1,就表示修改此值的站点是一个活动监视站。由于活动监视站是能够改变该位的值的唯一站点,所以如果活动监视站接收到一个 M 位为 1 的数据包,那么就可以肯定,该数据包没有被发送端站点从网络上删除,因此它错误地环绕网环进行了二次传递。

③帧控制(FC)。表示此帧是一个 LLC 数据帧(FF=01)还是一个 MAC 控制帧(FF=00)。如果是 MAC 控制帧,则后面的 ZZZZZZ 字段指出了 MAC 帧的类型。

④目的地址(DA)。用于标识此帧发往哪个(些)站点,它既可以是单个站点,也可以使用广播地址或者组播地址。

⑤源地址(SA)。用于标识发送此帧的站点,一般填入的是发送站点网卡的 MAC 地址。

⑥信息(INFO)。包含了从网络层协议传递下来的协议数据单元,包括 DSAP、SSAP 和控制字段的标准 LLC 报文头。信息字段最大可以是 4500 个字节,它的大小受令牌持有时间(即站点能够持有令牌的最长时间)的限制。

⑦帧校验序列(FCS)。它是根据 FC、DA、SA 和 INFO 字段的内容计算得出的 32 位 CRC 值。用于检查帧的传输是否正确。发送站点计算此值填入此字段,接收站点按同样的方法计算 CRC 值,然后与此字段内容比较,如果两者相同,就表示帧发送正确。

⑧帧尾定界符(ED)。表示帧结束。J 和 K 的含义与帧首定界符中的相同。I 是“中间帧”位,I=0 表示这是最后一帧,I=1 表示后面还有帧。E 是错误检测位,如果有任何一个站点检测出帧中的错误,就把该位设置为 1。

⑨帧状态(FS)。其中 A 是“地址识别指示符”位,C 是“帧已复制”位。

如果一个站点发现目的地址 DA 与自己的 MAC 地址匹配，它就把 A 位设置为 1；如果允许，它还可以把此帧复制到自己的接收缓存中，并设置 C 位为 1。这样使得发送站点能区别传输的 3 种情况：目的站点不存在或不活动(A=0,C=0)；目的站点存在但帧未复制(A=1,C=0)；帧已被目的站复制(A=I,C=1)。由于 FS 字段在 FCS 的计算范围之外，因此 A 和 C 在 FS 字段中有两份副本，目的是通过冗余检验的方法来保证它们的正确性。

(2)令牌帧。令牌帧非常简单，它只包含 SD、AC 和 ED 字段。SD 和 ED 字段的格式及含义与数据帧中的完全相同。AC 字段中的令牌位 T 在令牌帧中总是设置为 0：可以看出，要发送数据的站点收到令牌帧后，只要把其中 AC 字段的令牌位 T 由 0 置为 1 即可将其变成数据/命令帧的 AC 字段。

4. 操作举例

接下来，我们以图 4-9 为例来说明令牌环的发送/接收操作。

假定一令牌环网中的站点 B 要发送数据到站点 D，于是 B 需要监听经过自己的所有帧。当发现了一个空令牌(其 AC 字段中的位 T=0)经过时，B 就用把该位设置为 1 的方法表示捕获到了该令牌(注意，包括 T 位在内的所有位都被重新发送到环中)，紧接着 B 把准备好的 FC、DA、SA、INFO、FCS、ED 和 FS 字段都挂接在 SD 和 AC 字段后发送出去，即把一个完整的数据帧发送到环上。同时令牌帧的 ED 字段被 B 吸收并丢弃。如果 B 要发送的数据不止一帧，它可以用把 ED 字段中的 I 位设置为 1(当然，最后一帧的 ED 字段中的 I 位应设置为 0)的方法连续发送后继帧直到发送完或令牌保持计时器超时为止。

这时，环中的站点 D 也在连续地监听经过自己的帧，站点 B 发送的帧当然也逃不过 D 的监视。当 B 发送的帧到达 D 时，D 发现该帧的 DA 与自己的地址相同，于是 D 就知道这是发给自己的帧。若接收缓冲区有足够的缓存空间，D 就复制该帧到接收缓冲区中，并把 FS 字段中的 C 位设置为 1。若接收缓冲区空间不足，D 就不复制该帧，并把 FS 字段中的 C 位设置为 0。但不管是复制还是不复制，FS 字段中的 A 位都必须设置为 1。

不仅站点 D 要始终监听经过自己的帧，环中的其他站点也在不断地监听并转发经过自己的帧，而且有责任对通过的帧进行差错校验。不管哪一个站点发现差错，它就会把 ED 字段中的 E 位设置为 1。

当发给站点 D 的帧循环一圈返回站点 B 时，B 就会检查返回帧中的 A、C 和 E 位，如果发现错误，它就向高层软件报告。最后 B 回收该帧并丢弃之，并向环中放出一个空令牌。

5. 令牌环网中的监控站

每个令牌环网都有一个活动监控站，它负责保障网络的正常运行。令牌环中的任何一个站点都可以成为活动监控站，这由一个称为“监控站争用”的过程选中而担任其角色的。当一个站点被选为活动监控站时，环中的所有其他站点都以备用监控站的身份来运行，以便活动监控站发生故障时取而代之。活动监控站的功能如下：

(1)发送活动监控站存在帧。每隔 7s，活动监控站发送一个“活动监控站存在”帧，启动网环轮询过程。

(2)监视网环的轮询。活动监控站必须在启动网环轮询过程的 7s 内从紧靠它的上行站点那里接收到“活动监控站存在”帧或“备用监控站存在”帧。如果没有收到，活动监控站便记录一个网环轮询错误。

(3)提供主控时钟信号。活动监控站负责生成主控时钟信号，网络上的其他站点使用该信号来实现时钟的同步。这可以确保网络上的所有系统都能够知道发送的每个信息位是何时开始和何时结束的。这也能够减少网络的信号抖动(重复发送数据时产生的少量相位偏移)。

(4)提供等待时间缓冲。在比较小的网环上有可能出现这种情况：站点发送一个令牌还没有结束时，便在它的接收端口上接收到返回令牌的第一个信息位。活动监控站能够防止这种情况的发生，方法是在环中插入一个至少 24 位(即令牌长度)的传播延迟(称为等待时间缓冲)，以确保令牌正确地环绕网络传递。

(5)监视令牌传递的过程。活动监控站必须每隔 10ms 接收一个完好的令牌，以确保令牌传递机制的正确运行，但有时环中令牌会意外丢失。活动监视站上有一个计时器，当它发现等待空令牌的时间超过限定值时，则认为令牌已经丢失。于是活动监控站就重新放出一个优先级为 0 的空令牌。

如果某站点提高了令牌的优先级，但是却无法再降回到原先的优先级。活动监控站也会发现这个问题，并且通过清除网环和生成一个新令牌来解决这个问题。从活动监控站那里接收到“网环清除 MAC”帧的每个站点都会停止自己的操作，将自己的计时器清零并进入位中继方式，以便准备接收新的数据帧。

有时一个数据帧可能永远在环上循环。这可以通过把 AC 字段的 M 位设置为 1 的方法来解决，当带有该位为 1 的帧再次通过活动监控站时，表示出错，监控站只要将其从网上删除即可。

4.4　以太网及其组网技术

1975 年，由美国 DEC、Intel 和 Xerox 3 家公司联合研制成功并公布了以太网的物理层与数据链路层的规范。以太网最初采用总线拓扑结构，用同轴电缆作为总线传输信息，现在也采用星形拓扑结构。尤其是在 20 世纪 90 年代，IEEE802.3 标准中的物理层标准 10Base-T 的产生，使得以太网性价比大大提高，并在各种局域网产品竞争中占有明显的优势。目前，不仅吉比特、十吉比特以太网已经进入主流应用，在实验室中，业界已经在开发和制定 100Gbps 的以太网产品。

4.4.1　传统以太网技术

传统以太网其典型速率是 10Mbps。在其物理层定义了多种传输介质(同轴电缆、双绞线以及光纤)和拓扑结构(总线拓扑结构、星形拓扑结构和混合形拓扑结构)，形成了一个 10Mbps 以太网标准系列，主要包括 10Base-2、10Base-5、10Base-T 等标准。虽然今天的以太网早已进化到快速以太网(Fast Ethernet，FE)、千兆以太网(Gigabit Ethernet，GE)乃至万兆以太网，但它们基本的工作原理都是从传统以太网演化而来的，与传统以太网有着千丝万缕的联系。因此，传统以太网的工作原理仍然是其他新型局域网技术的基础之一。以太网的核心是以太网协议，它本质上是一个数据链路层协议，是今天运行的大多数局域网所使用的协议。

1. 10Base-2

10Base-2 网络采用总线拓扑结构。在这种网络中，各节点一般通过 RG-58/U 形细同轴电缆连接成网络。根据 10Base-2 网络的总体规模，它可以分割为若干个网段，每个网段的两端要用 50Ω 的终端器端接，同时要有一端接地。如图 4-13 所示，是一段 10Base-2 网络示意图。

一般地，10Base-2 网络所使用的硬件有以下 4 种：

(1)带有 BNC 接口的以太网卡(内收发器)。它插在计算机的扩展槽中，使该计算机成为网络的一个节点，以便连接入网。

(2)50Ω 细同轴电缆。这是 10Base-2 网络定义的传输介质。

(3)T 形连接器。用于细同轴电缆与网卡的连接。

(4)50Ω 终端器。电缆两端各接一个终端器，用于阻止电缆上的信号反射。

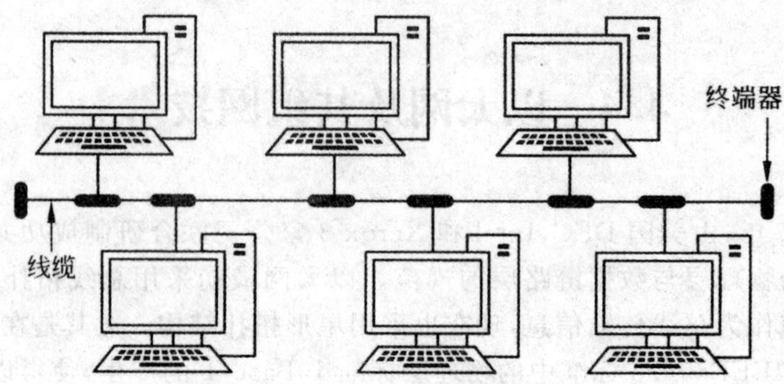

图 4-13　10Base-2 网络

2. 10Base-5

10Base-5 网络也采用总线介质和基带传输，速率为 10Mbps，单个网段最大长度为 500m。10Base-5 网络采用的电缆是 50Ω 的 RG-8 粗同轴电缆。10Base-5 网络并不是将节点直接连到粗同轴电缆上，而是在粗同轴电缆上接一个外部收发器。外部收发器中有一个附加装置接口(AUI)，由一段收发器电缆将外部收发器与网卡连接起来，收发器电缆长度不得超过 50m。

10Base-5 网络的安装比细同轴电缆复杂，但它能更好地抗电磁干扰，防止信号衰减。在每个网段的两端也要用 50Ω 的终端器进行连接，同时要有一端接地。如图 4-14 所示，是一段 10Base-5 网络的示意图。

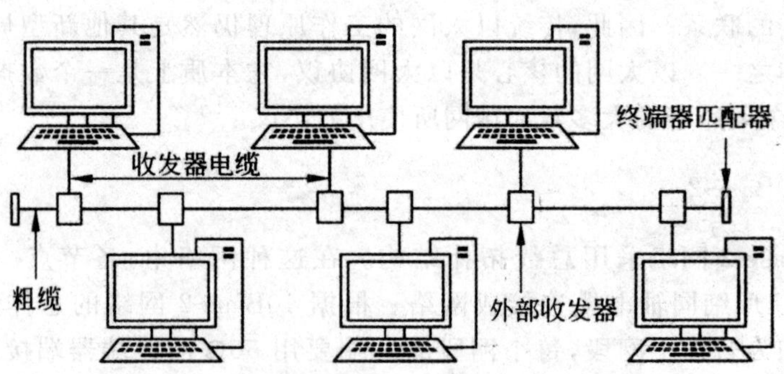

图 4-14　10Base-5 网络

一般地，10Base-5 网络所使用的硬件有以下 5 种：

(1)带有 AUI 接口的以太网卡。它插在计算机的扩展槽中，使该计算机成为网络的一个节点，以便连接入网。

(2)50Ω 同轴电缆。这是 10Base-5 网络定义的传输介质。

(3)外部收发器。两端连接粗同轴电缆，中间经 AUI 接口由收发器电缆连接网卡。

(4)收发器电缆。两头带有 AUI 接头,用于外部收发器与网卡之间的连接。

(5)50Ω 终端器匹配器。电缆两端各接一个终端器匹配器,用于阻止电缆上的信号反射。

在实际应用中,由于粗缆可以传输更长的距离,而细缆通常比较经济,可以将粗缆和细缆结合起来使用。一般可以通过一个粗细转接器完成粗缆和细缆的连接,粗细缆混合使用时,网络干线长度在 185～500m,也可以通过中继设备将粗缆网段和细缆网段相连接。

3. 10Base-T

10Base-T 网络也是采用基带传输,传输速率为 10Mbps,T 表示使用双绞线作为传输介质。10Base-T 网络的技术特点是使用已有的 802.3MAC 子层,通过一个介质连接单元(MAU)与 10Base-T 物理相连接。典型的 MAU 设备是集线器或交换机,常用的 10Base-T 物理介质是两对 3 类 UTP,UTP 电缆内含 4 对双绞线,收发各用一对。连接器是符合 ISO 标准的 RJ-45 接口,所允许的最大 UTP 电缆长度为 100m,网络拓扑结构为星形。如图 4-15 所示,是一段 10Base-T 网络的物理连接示意图。

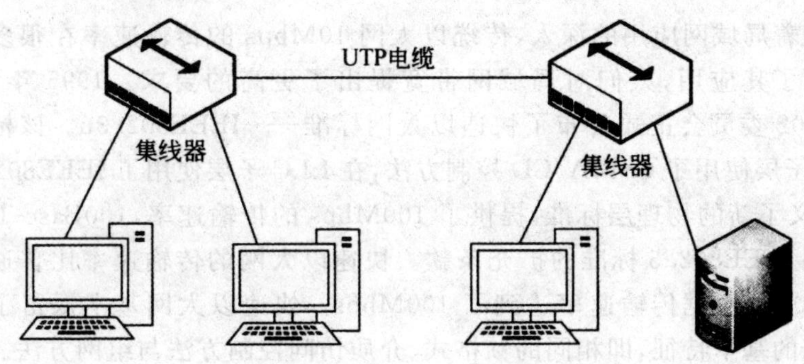

图 4-15　10Base-T 网络

一般地,10Base-T 网络所使用的硬件有如下 4 种:

(1)带有 RJ-45 接口的以太网卡。通过插在计算机的扩展槽中的以太网卡,使该计算机成为网络的一个节点,与网内其他节点通信。

(2)RJ-45 接头。电缆两端各压接一个 RJ-45 接头,一端连接网卡,另一端连接集线器。

(3)3 类以上的 UTP 电缆。这是 10Base-T 网络定义的传输介质。

(4)10Base-T 集线器。10Base-T 集线器是 10Base-T 网络技术的核心。集线器是一个具有中继器特性的有源多口转发器,其功能是接收从某一端口发送来的广播信号,并将接收到的数据转发到网中的每个端口。

如表 4-2 所示,10Base-T 标准中规定的网络指标和参数。

表 4-2 几种以太网络的指标和参数

网络参数	10Base-2	10Base-5	10Base-T
单网段最大长度/m	185	500	100
网络最大长度(跨距)/m	925	2500	500
节点间最小距离/m	0.5	2.5	
单网段的最多节点数/个	30	100	
拓扑结构	总线结构	总线结构	星形
传输介质	细同轴电缆	粗同轴电缆	双绞线
连接器	BNC、T	AUI'U 筒	RJ-45
最多网段数/段	5	5	5

4.4.2 快速以太网技术

随着局域网应用的深入,传统以太网 10Mbps 的传输速率在很多方面都限制了其应用,人们对局域网带宽提出了更高的要求。1995 年 9 月,IEEE802 委员会正式公布了快速以太网标准——IEEE802.3u。该标准在 MAC 子层使用了 CSMA/CD 控制方法,在 LLC 子层使用了 IEEE802.2 标准,定义了新的物理层标准,提供了 100Mbps 的传输速率,100Base-T 作为以太网 IEEE802.3 标准的扩充条款。快速以太网的传输速率比普通以太网快 10 倍,数据传输速率达到了 100Mbps。快速以太网基本保留了传统以太网的基本特征,即相同的帧格式、介质访问控制方法与组网方法。但是为了实现 100Mbps 的传输速率,它在物理层做了一些重要改进,将原来编码效率较低的曼彻斯特编码改为效率更高的 4B/5B 编码,在传输介质上,取消了对同轴电缆的支持。

100Base-T 标准定义了介质专用接口(Media Independent Interface,MII),它将 MAC 子层与物理层分隔开来。这样,物理层在实现 100Mbps 速率时所使用的传输介质和信号编码方式的变化不会影响 MAC 子层。如图 4-16 所示,是快速以太网的协议结构。

由图 4-16 可以看出,快速以太网的协议主要包括以下几项内容:

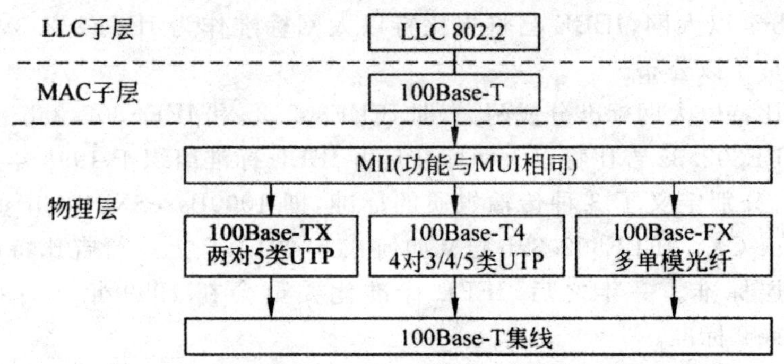

图 4-16　快速以太网的协议结构

(1)100Base-TX。100Base-TX 支持两对 5 类非屏蔽双绞线 UTP 或两对 1 类屏蔽双绞线 STP，其中 1 对 5 类 UTP 或 1 对 1 类 STP 用于数据的发送，另 1 对双绞线用于接收。

(2)100Base-T4。100Base-T4 支持 4 对 3/4/5 类非屏蔽双绞线 UTP，其中，3 对 UTP 用于数据的传输，另 1 对 UTP 用于检测冲突。

(3)100Base-FX。100Base-FX 支持 2 芯的多模(62.5/125)或单模(8/125)光纤。l00Base-FX 主要用作高速主干网。

4.4.3　吉比特以太网技术

以太网标准是一个古老而又充满活力的标准。自 1982 年以太网协议被 IEEE 采纳成为标准以来，以太网技术作为局域网数据链路层标准战胜了令牌总线、令牌环、ATM、FDDI 等技术，成为局域网的事实标准。以太网技术当前在局域网市场占有率超过 90%。

以太网由最初 10Mbps 发展到目前广泛应用的 100Mbps、1000Mbps(1Gbps 标准)和 10000Mbps(10Gbps 标准)，以及不久将出现的 40Gbps、100Gbps 以太网标准。

在以太网技术中，100Base-T 是一个里程碑，确立了以太网技术在桌面局域网技术的统治地位。吉比特(1Gbps)以及随后出现的十吉比特以太网(10Gbps)标准是两个比较重要的标准，以太网技术通过这两个标准从桌面的局域网技术延伸到校园网以及城域网。

接下来，我们对吉比特以太网进行简要的讨论。为了适应网络应用对网络更大带宽的需求，特别是数据仓库、三维图形与桌面电视会议等应用，快速以太网已不能满足人们的需求，人们不得不寻求更高带宽的局域网。3Com 公司和其他一些生产商成立了吉比特以太网联盟，积极研制和开发

1000Mbps 以太网，IEEE 已将吉比特以太网标准作为 IEEE802.3 家族中的新成员予以公布。

吉比特以太网标准分成两类，即 IEEE802.3z 和 IEEE802.3ab。

IEEE802.3z 吉比特以太网标准是由 IEEE 标准组织于 1998 年 6 月出台的，它分别定义了 3 种传输媒质的标准，即 1000BaseSX、1000Base-LX、1000Base-CX。IEEE802.3ab 定义如何在 5 类 UTP 上运行吉比特以太网的物理层标准。一年之后，IEEE 标准化委员会在 1999 年 6 月批准了 1000BaseT 标准。

IEEE802.3z 定义了基于光纤和短距离铜缆的 1000Base-X 标准，采用 8B/10B 编码技术，传输速率为 1000Mbps。IEEE802.3z 具有下列吉比特以太网标准：

(1)1000Base-SX。1000Base-SX 只支持多模光纤，可以采用多模光纤工作在全双工模式，工作波长范围在 770～860nm，最大传输距离在 220～550m。

(2)1000Base-LX。1000Base-LX 既可以驱动多模光纤，也可以驱动单模光纤。

(3)多模光纤。1000Base-LX 可以采用多模光纤工作在全双工模式，工作波长范围在 1270～1355nm，最大传输距离为 550m。

(4)单模光纤。1000Base-LX 可以支持单模光纤工作在全双工模式，工作波长范围在 1270～1355nm，最大传输距离为 5km。

(5)1000Base-CX。采用 150fl 屏蔽双绞线(STP)，传输距离为 25m。

IEEE802.3ab 定义的传输介质为 5 类 UTP 电缆，信息沿 4 对双绞线同时传输，传输距离为 l00m，与 10Base-T、100Base-T 完全兼容。

吉比特以太网标准对 MAC 子层规范进行了重新定义，以维持适当的网络传输距离，但介质访问控制方法仍采用 CSMA/CD 协议，又重新制定了物理层标准，使之能提供 1000Mbps 的带宽。吉比特以太网仍采用 CSMA/CD 协议，能够非常方便地从传统以太网向吉比特以太网升级。

吉比特以太网提供了一种高速主干网的解决方案，以改变交换机与交换机之间及交换机与服务器之间的传输带宽，对原有主干网(如 ATM、交换式以太网或 FDDI 等)解决方案提供有力补充。然而，吉比特以太网仍和其他以太网一样，没有提供多媒体应用所需的服务质量的支持，这对于多媒体应用来说，仍然是一种缺陷。

一种简单的升级方案是将交换机和交换机之间的链路传输速率由 100Mbps 升级到 1000Mbps。这种升级方案需要在交换机和服务器上分别安装吉比特以太网网络端口模块和吉比特以太网网卡，以实现 1000Mbps 的链路的连接，为用户提供更快的数据访问能力。

吉比特以太网是局域网里出现的新技术，与 ATM 技术相比具有价格低廉、实现简单的优点，与原有的以太网相比不需要协议转换，易为原以太网用户所接受，目前已得到广泛应用。

4.4.4　交换式以太网技术

20 世纪 90 年代初，随着计算机性能的提高及通信量的骤增，传统的共享式局域网存在以下不足之处：

(1)用户增多、负载增大时，网络性能急剧下降，网络带宽利用率低。

(2)多媒体技术的广泛应用使得对带宽的要求迅速增大，共享式局域网难以满足其需求。

(3)使用网络分段方法来提高网络带宽，只是权宜之计，并没有从根本上解决网络带宽问题，况且还要使用网桥等互联设备。

目前，以太网、令牌环、FDDI、100BASE－T 和 ATM 局域网都有交换式局域网产品，其中以交换式以太网应用最为广泛。

要建立交换式局域网就必须用到以太网交换机。目前，国内外生产以太网交换机的厂商很多，主要有 3Com、Cisco、Intel、Bay 和 Networks 等。典型的交换式以太网的结构如图 4-17 所示，交换式局域网把“共享”变为“独享”，图 4-17 中每个工作组都独占 100Mbit/s 带宽。

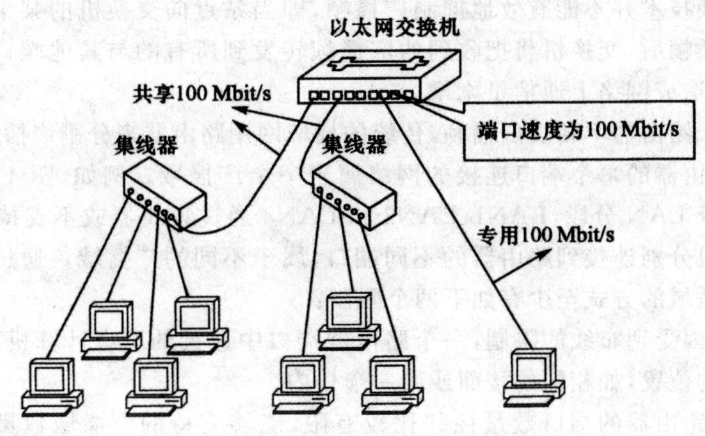

图 4-17　交换式以太网结构示意图

以太网交换技术(Switch)是在多端口网桥的基础上于 20 世纪 90 年代初发展起来的，所以可以将交换机理解为一个多端口网桥。由于交换机工作在数据链路层，因此传统上称为第二层交换。目前，交换技术已经延伸到

OSI 三层的部分功能,即所谓的三层交换。以太网交换机的工作原理为:当有一个帧到来时,以太网交换机会检查其目的 MAC 地址并对应查找自己的 MAC 地址表。如果表中存在帧的目的 MAC 地址则转发,如果不存在则以广播方式发送。广播后如果没有主机的 MAC 地址与帧的目的 MAC 地址相同,则丢弃该帧,反之则会将主机的 MAC 自动添加到其 MAC 地址表中。

以太网交换机与电话交换机相似,除了提供存储转发方式外还提供了其他桥接技术,如直通方式、自适应(直通/存储转发)等。

4.5 虚拟局域网

虚拟局域网(Virtual Local Area Network,VLAN)是一种通过将局域网内的设备逻辑地而不是物理地划分成一个个网段,从而实现虚拟工作组的新兴数据交换技术。

4.5.1 虚拟局域网的定义与特点

交换机在以太网中的使用,解决了集线器所不能解决的冲突域的问题,但是交换技术并不能有效地抑制广播帧,即当站点向交换机的某个端口发送了广播帧后,交换机将把收到的广播帧转发到所有的与其他端口相连的网络上,造成网络上通信量剧增。

由于路由器不转发广播帧,传统的局域网用路由器来分割广播域,也就是说,路由器的每个端口连接的网络属于一个广播域。例如,图 4-18 中左侧的传统 LAN 分段,LAN1、LAN2 和 LAN3 通过集线器或不支持 VLAN 的交换机分别连接到路由器的不同端口,属于不同的广播域。通过路由器分割广播域的方式至少有如下两个限制:

(1)因受到布线的限制,一个路由器端口中连接的所有计算机,通常都在邻近的位置,如相同的楼面或同一幢楼内。

(2)路由器的端口数量往往比较有限,能够支持的广播域数量也十分有限。

对于虚拟局域网,由一个站点发送的广播帧只能发送到具有相同虚拟网号的其他站点,而其他虚拟局域网的站点则接收不到该广播帧。也就是说,每个 VLAN 就是一个广播域。图 4-18 的右侧给出了一个简单的 VLAN 分段实例。在 VLAN 交换机中,可以随意地将不同交换机的不同端口划分为一个 VLAN，也就是将不同端口中连接的计算机在逻辑上组织为一个广播域(相当于传统 LAN 分段)，例如一楼交换机中最右侧的计算机与二楼交换机中最右侧的计算机同属于 VLAN3。VLAN 的划分可以不受布线的限制，即不受地理位置的限制。不同楼层内的计算机，甚至不同楼内的计算机，也可以划归到同一个 VLAN 中。另外，低端 VLAN 交换机一般都能同时配置 200 个左右的 VLAN，足以满足实际组网的需求。而高端 VLAN 交换机支持的 VLAN 数量可达 4000 个。

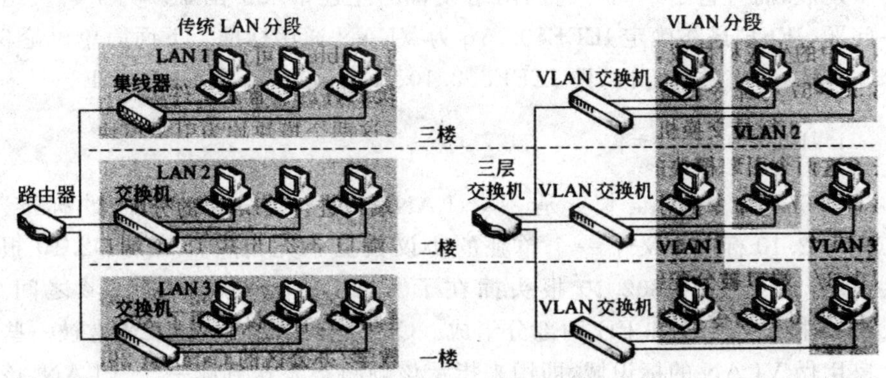

图 4-18　传统 LAN 分段与 VLAN 分段的比较

通过 VLAN 技术，可以在交换机中对帧的传输加以一定的控制，可以有效地缩小广播域，减少网络上不必要的广播通信。目前，采用支持 VLAN 功能的交换机组建局域网是一种比较流行的组网形式。在实际组网时，VLAN 的划分可以打破地理位置的局限，更多地以功能、工程组或应用等为基础进行划分。例如，某个特定工程组所使用的所有工作站和服务器可连接到同一个 VLAN，不管这些工作站和服务器在物理上是如何连接的，也与它们的物理位置的分布无关。

值得注意的是，与传统 LAN 一样，在同一个 VLAN 内的计算机可以直接通信，而不同 VLAN 内的计算机则需要通过三层交换机或支持 VLAN 路由的路由器才能相互通信。即使两台计算机连接在同一台交换机上，如果分别属于两个 VLAN，也不能直接通信。

与传统组网方式相比，采用 VLAN 技术组建局域网具有很多优势。VLAN 技术的出现改变了传统网络的结构，为计算机网络的不断发展创造了新的条件，也为新的网络应用的推出提供了可能。归纳起来，VLAN 技术的主要有优点为：增强网络管理、控制广播风暴、提高网络的安全性等。

建立虚拟局域网的交换技术一般包括端口交换和帧交换两种方式，限于本书篇幅，这里不再赘述。

4.5.2 虚拟局域网的标准和协议

在实现 VLAN 的过程中，各网络设备厂商纷纷推出自己的技术和相应的产品，而这些技术和产品所遵循的标准和协议是不相同的，致使各厂家的 VLAN 产品自成系统，互不兼容。这不但妨碍了 VLAN 技术和市场的进一步发展，而且也给不同厂商的网络设备的互连带来了困难。为了解决这一问题，IEEE 最终确定 IEEE802.1q 为 VLAN 通用标准。下面简单讨论 3 个与 VLAN 有关的标准，即 IEEE802.10、IEEE802.1q 和 Cisco ISL。

1. IEEE802.10 标准

IEEE802.10 标准本身是一个 LAN/MAN 的安全性方面的标准。IEEE802.10 标准定义了一个单独的协议数据单元，称为 IEEE802.10 报头，该标准把 IEEE802.10 报头插在了 MAC 的帧头和数据区域之间。802.10 报头由 CH 和 PH 两部分组成。CH 部分中的 SAID 域通常被一些厂家用做 VLAN 的标识域，即用来指示该帧将被发送到哪一个 VLAN，该标识域也是交换机进行数据交换的主要依据。但是各个厂商在实现 VLAN 技术时，通常会在 ClearHeader 部分中的某些域给出不同的定义，使得基于 IEEE802.10 标准的 VLAN 技术并不完全兼容。

另外，由于 IEEE802.10 帧的长度域是可变的，难以采用硬件 ASIC 芯片对帧做处理，造成处理速度慢且价格昂贵，因此遭到了大多数厂家的反对，802.10 最终没能成为 VLAN 的公认标准。

2. IEEE802.1q 标准

IEEE802.1q 标准是 IEEE 执行委员会于 1996 年下半年开始制定的一种 VLAN 互操作性的标准，它不仅定义 VLAN 中 MAC 帧的格式，而且还制定了诸如帧发送及校验、回路检测、对服务品质(QoS)参数的支持以及对网管系统的支持等方面的标准。目前，几乎所有可网管的交换机都支持 IEEE802.1q 标准的 VLAN。

根据 IEEE802.1q 的定义，在原 MAC 帧头部中源 MAC 地址后插入了 TPID(Tag Protocol Identifier)和 TCI(Tag Control Information)两个字段，这两个字段的长度均为 2B。其中，TPID 主要用于指示所采用的协议的标识符；TCI 包含表示数据帧优先级的 User priority、表示 MAC 地址格式的 CFI 和表示 VLAN 的 VID。VID 说明该数据帧应该发送到哪一个

VLAN,长度为 12b。

3. Cisco ISL 协议

Cisco 公司推出的 Catalyst 系列交换机中,除了支持 IEEE802.1q 标准外,还采用了 Inter-Switch Link Protocol(ISL 协议)来对 IEEE802.1q 进行补充,使得交换机之间的数据传输具有更高的效率。ISL 协议是由 Cisco 公司制定的,用来互连多个交换机,并把 VLAN 信息在交换机间传送。在全双工或半双工模式下,ISL 可在提供 VLAN 功能的同时,仍保持原有的线路速度及性能。ISL 协议规定,当帧的目的地为其他交换机时,交换机在原以太帧前面加上一个 ISL 报头,封装成带有 VLANID 的 ISL 报文,VLANID 的长度为 10 位。交换机根据接收到的报文中的 VLANID 来决定应该把该报文转发到哪一个端口。

4.5.3 交换机中 VLAN 的配置

目前,VLAN 技术已被广泛地应用于实际网络之中,其诸多优点不仅改变了传统的网络结构,提高了网络的性能和安全性,同时也为网络的管理和维护带来了很大的便利。各厂商生产的各种型号的以太网交换机中,除了不可网管的交换机外,基本上都支持 VLAN 技术。对交换机进行有关 VLAN 的配置是交换机运行和维护过程中最为重要的工作之一。

在交换机中 VLAN 的设置主要包括两个方面:一是 VLAN 的管理,如 VLAN 的添加、修改、删除等操作;二是 VLAN 成员端口的管理,用来决定每个端口应该属于哪个 VLAN。

1. VLAN 的管理

目前,交换机中 VLAN 的管理主要分为集中式管理和非集中式管理两种方式。Cisco 公司的交换机中采用了集中式的 VLAN 管理方法,可以将局域网中的所有交换机划分成若干个 VLAN 管理域。每个 VLAN 管理域中设置一台交换机作为 VLAN 管理的 Server,而其他的交换机则作为 VLAN 管理的 Client。VLAN 的添加、修改、删除操作只能在 Server 中进行,而 Client 则从 Server 中获得最新的 VLAN 信息。Cisco 公司专门开发了 VTP(VLAN Trunk Protocol,VLAN 主干协议)负责在交换机与交换机之间传递 VLAN 信息。集中式 VLAN 管理避免了在不同交换机中设置相同的 VLAN 所造成的重复劳动,同时还减少了 VLAN 配置错误的可能性。而其他厂商的交换机基本上都采用了非集中式的 VLAN 管理,各个交换机的

VLAN管理是相互独立的，经常需要在不同的交换机中重复设置VLAN。

在管理VLAN的时候，应该注意VLAN ID和VLAN Name的区别，VLAN Name只是为了便于管理和记忆，通常是一个字符串，而VLAN ID是VLAN的内部标识，出现在帧的头部中，是一个12位长二进制数。

2. VLAN成员端口的管理

对VLAN成员端口的管理同样因交换机的不同而差别很大。形成这些差别的主要根源在于：部分交换机规定一个端口只能是一个VLAN的成员；而部分交换机允许一个端口成为多个VLAN的成员。

成员端口具有这样的特性：假设端口A为VLAN1的成员端口，那么就意味着端VIA中的计算机可以接收到来自VLAN1所有成员端口中发出的帧。当一个端口可以属于多个VLAN的成员时，问题要复杂得多。假设端口A同时属于VLAN1和VLAN2，当端口A中的计算机发出一个广播帧时，该广播帧并不会向VLAN1和VLAN2的所有端口转发，因为在帧的头部最多只能设置一个VLAN ID，所以要求指定其中的一个VLAN作为该端口的默认VLAN，所有从该端口发送的广播帧都只能转发到同属于其默认VLAN的端口中去。在部分交换机中，将默认VLAN的ID称为PVID(Port VLAN ID)。

如图4-19所示，给出了一个多VLAN的设置实例，计算机A、B同时为VLAN1和VLAN2的成员，而它们连接的端口的PVID为2；计算机C、D同时为VLAN1和VLAN3的成员，而它们连接的端口的PVID为3；计算机S同时为VLAN1、VLAN2和VLAN3的成员，而它连接的端口的PVID为1。根据上述VLAN的设置，计算机A、B之间可以直接相互访问，交换机C、D之间也可以直接相互访问，而且A、B、C、D都能与计算机S直接相互访问，但计算机A、B与计算机C、D之间不能直接相互访问。

对于一个端口只能属于一个VLAN的交换机来说，VLAN成员端口的管理比较简单，只需为每个端口设置所属VLAN的ID即可；而对于一个端口可以属于多个VLAN的交换机来说，除了要为每个端口设置所属的多个VLAN的ID，更为重要的是要为每个端口设置一个默认VLAN ID。

在设置交换机的VLAN成员端口时，很多交换机还要求设置每个端口的输出规则。端口的输出规则将决定帧从该端口输出时是否带有VLAN标记，端口的输出规则一般有3种选择：Tag、Untag、Unchange。Tag表示该端口输出的帧加上VLAN标记，即使帧在收到时不带VLAN标记；Untag表示该端口输出的帧不带VLAN标记，即使帧在收到时带有VLAN标记；Unchange表示该端口输出的帧与接收时保持不变，即接收时带VLAN

标记则从该端口输出时也带标记，反之亦然。对计算机来讲，如果其接收到一个带有 VLAN 标记的帧，它将无法识别和处理该帧。在交换机中，用于连接计算机端口的输出规则应该被设置为 Untag；而用于连接其他交换机的端口的输出规则应该被设置为 Tag，因为一个帧从一个交换机转发到另外一个交换机时必须依据 VLAN 标记才能确定应该往哪个 VLAN 转发。

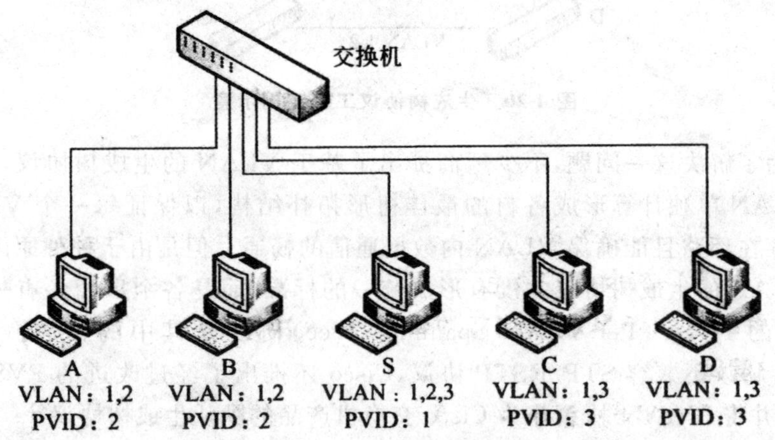

图 4-19　多 VLAN 配置实例

Cisco 公司的交换机中，VLAN 成员管理的操作比较简单，一个端口只能属于一个 VLAN，也不需要设置端口的输出规则，只要设置哪些端口属于哪个 VLAN 就可以了，通常只需一条命令就可以完成。但设置交换机与交换机之间的链路时，需要将其设置为主干链路，并且选择 VLAN 的封装协议（802.1q 或 ISL）。

4.5.4　VLAN 与 MSTP 协议

众所周知，生成树协议可以在局域网中消除回路并形成最佳树形拓扑结构，但在同时使用 VLAN 技术和生成树协议的情况下，有可能会出现 VLAN 内的计算机无法相互通信的情况。

如图 4-20 所示，给出了一个简单的生成树协议工作实例，图中 4 个交换机构成一个回路，交换机 A 和 D 之间的链路只允许 VLAN1 的数据通过，交换机 B 和 C 之间的链路只允许 VLAN2 的数据通过，另外两条链路允许 VLAN1 和 VLAN2 的数据通过。在这种情况下，如果运行生成树协议，4 条链路中的一条链路将被阻塞。假设交换机 A 和 D 之间的链路被阻塞，那么交换机 A 中 VLAN1 的计算机与交换机 D 中 VLAN1 的计算机之间将无法通信。在其他链路被阻塞的情况下，也会出现类似的问题。

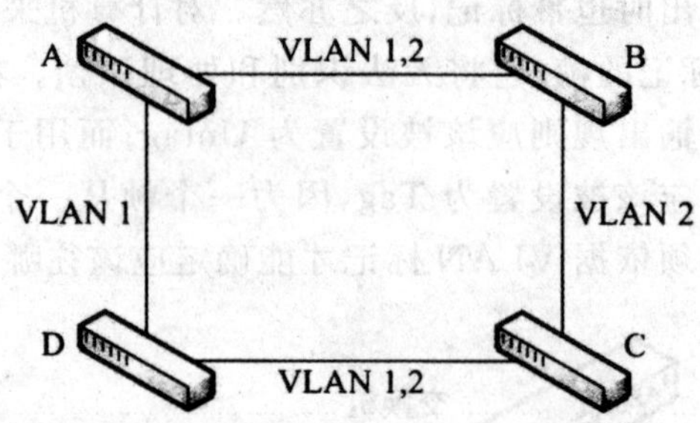

图 4-20 生成树协议工作实例示意

为了解决这一问题，不少厂商提出了基于 VLAN 的生成树协议，即每个 VLAN 单独计算形成各自的最佳树形拓扑结构，以保证每一个 VLAN 都不存在环路且能确保 VLAN 内数据通信的畅通。但是由于种种原因，基于 VLAN 的生成树协议并没有形成统一的标准，而是各个厂商各有一套，Cisco 的 PVST(Per-VLAN Spanning Tree)协议是其中的代表。由于 PVST 协议不兼容 STP/RSTP 协议，Cisco 还推出了经过改进的 PVST+协议，并将 PVST+协议作为 Cisco 交换机产品的默认生成树协议。

PVST/PVST+协议不但解决了 STP/RSTP 协议下的 VLAN 问题，而且还增加了负载均衡能力。在 STP/RSTP 协议中，阻塞的链路不能承载任何数据流，造成了带宽的浪费。而 PVST/PVST+协议则可以让不同的 VLAN 形成不同的最佳树形结构，充分利用不同的链路。

但是 PVST/PVST+协议也带来了新的问题。由于每个 VLAN 都有一棵生成树，在 VLAN 个数比较多的时候，维护多棵生成树的 CPU、内存和带宽等资源的占用量都将急剧增长。特别是主干链路的状态发生变化时，需重新计算所有相关 VLAN 的生成树，交换机将不堪重负。实际上，很多 VLAN 的生成树是相同的，PVST/PVST+协议的计算就更显浪费。

于是，Cisco 推出了多实例化的 MISTP 协议(Multi Instance Spanning Tree Protocol)，提出了“实例”(instance)的概念。所谓实例就是多个 VLAN 的一个集合，MISTP 协议基于每个实例计算得到一棵生成树，可以大大节省通信开销和资源占用率。简单地说，STP/RSTP 是基于端口的生成树协议，PVST/PVST+是基于 VLAN 的生成树协议，而 MISTP 就是基于实例的生成树协议。

在 MISTP 协议的基础上，IEEE 推出了多生成树协议(Multiple Spanning Tree Protocol，MSTP)，即 IEEE802.1s。MSTP 协议把支持 MSTP 的交换机和不支持 MSTP 的交换机划分成不同的区域，分别称作 MST 域和 SST 域。在 MST 域内部运行多实例化的生成树，在 MST 域的边缘运行 RSTP 兼容的内部生成树 IST(Internal Spanning Tree)。

MSTP 协议与其他生成树协议相比具有明显的优势，得到了众多网络设备厂商的支持，已经在大部分型号的交换机中推广使用。

4.6　无线局域网

4.6.1　无线局域网的定义与内涵

无线局域网是现代社会最受人们欢迎的事物之一，它是一个能够有效扩展有线局域网甚至取代有限局域网的数据通信系统。由于无线局域网采用了先进的射频(RF)技术，不再需要架设线缆，故而更具有灵活性和实用性。随着技术的不断发展与成熟，无线局域网不仅可以通过空气传输，在小空间内提供数据通信服务，而且可以穿越墙壁、屋顶等，在更大的空间内为更多的人群提供数据通信服务。无线局域网不仅将传统有限局域网所有的特性和优势都继承了下来，而且打破了电缆连接的制约，灵活性得到了充分的释放。

无线网适用于工矿企业、大专院校、科研院所、金融证券、商业网点、公安、军事等各种局域网或区域网互联，与 Internet 网互联及远程站点与局域网互联，可实现多媒体信息的自动、高速、双向传输。

在无线局域网里，常见的无线局域网设备有无线网卡、无线网桥、无线天线等，限于本书篇幅，这里不再赘述。

4.6.2　无线局域网的拓扑结构与协议标准

1. 无线局域网的拓扑结构

Ad-Hoc 无线网络具有自身的特殊性，在组建实际使用的无线工作网络时，必须充分考虑网络的应用规模和扩展性，以及应用的可靠程度及实时性要求，选择合适的网络拓扑结构。另外，由于 Ad-Hoc 网络自身结构的特殊性，没有被过滤广告性，设计或组建网络时应充分考虑 Ad-Hoc 无线网络的特点，有助于设计出适合特定网络结构的路由协议，最大限度地发挥整个网络的工作性能。

Ad-Hoc 无线网络的拓扑结构可分为两种，即对等式平面结构和分级结构。分级结构根据硬件的不同配置，又可以分为单频分级结构和多频分级结构。对等式平面结构和分级结构使用时各存在优缺点。对等式平面结构网络结构简单,各结点地位平等,源结点与目的结点通信时存在多条路径,不存在网络瓶颈,而且网络相对比较安全。但最大的缺点是网络规模受到限制,当网络规模扩大时路由维护的开销指数增长而消耗掉有限的带宽;分级结构网络规模不受限制,可扩充性好,而且由于分簇,路由开销相对小一些。虽然分级结构中需要复杂的簇头选择算法,但由于分级网络结构具有较高的系统吞吐量,结点定位简单,目前 Ad-Hoc 无线网络正逐渐呈现分级化的趋势,许多网络路由算法都是基于分级结构网络模式提出的。

Ad-Hoc 无线网络是一种移动通信和计算机网络相结合的网络,网络中的每个结点都兼有路由器和主机两种功能。Ad-Hoc 网络的特点主要体现在:动态变化的网络拓扑结构、有限的资源、多跳通信和较低的安全性。

处于同一网络中的多台计算机通过广播帧的形式,把信息传播给网络中的所有设备,那么连接在无线网络环境中的所有设备又是如何和自己的同伴进行通信呢?如何把无关的计算机排斥在无线网络范围之外呢?实际上处于同一网络的无线设备,为识别是否是自己的同伴,它们之间使用一种无线网络身份标识符号来区别设备。这种无线身份标识符号又叫作 SSID。SSID 是配置在无线网络设备中的一种无线标识,它允许具有相同的 SSID 无线用户端设备之间才能进行通信,如图 4-21 所示。因此,SSID 的泄密与否,也是保证无线网络接入设备安全的一种重要标志。

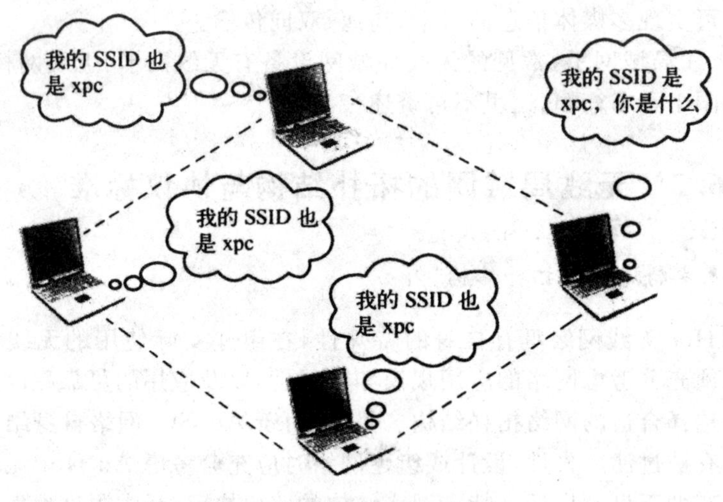

图 4-21 对等无线网络的通信

SSID 用以区分不同的无线网络工作组,任何无线接入器或其他无线网络设备要想与某一特定的无线网络组进行连接,就必须使用与该工作组相同的 SSID。如果设备不提供这个 SSID,它将无法加入该工作组。

在具有一定数量用户或是要建立一个稳定的无线网络平台时,一般会采用以 AP 为中心的模式,将有限的“信息点”扩展为“信息区”,这种模式也是无线局域网最为普通的构建模式,即基础结构模式,采用固定基点的模式。在基础网络中,要求有一个无线固定基站充当中心站,所有结点对网络的访问均由其控制,如图 4-22 所示。

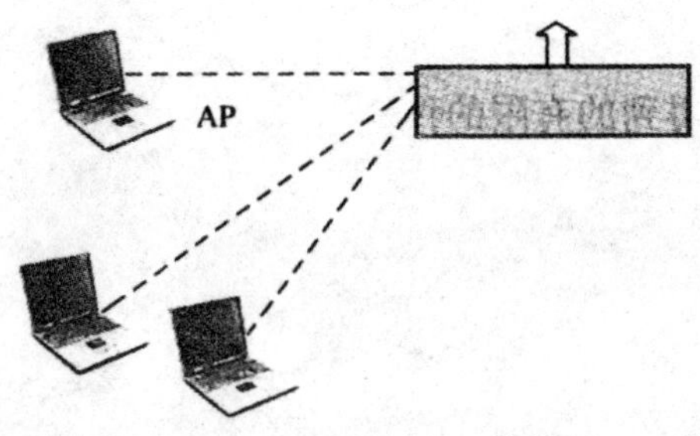

图 4-22　基础结构无线网络

在基于 AP 的无线网中,AP 访问点和无线网卡还可针对具体的网络环境调整网络连接速度,如 11Mbit/s 的 IEEE802.11b 的可使用速率可以调整为 1Mbit/s、2Mbit/s、5.5Mbit/s 和 11Mbit/s 共 4 种;54Mbit/s 的 IEEE802.11a 和 IEEE802.11g 的则有 54Mbit/s、48Mbit/s、32Mbit/s……1Mbit/s 等,共 12 个不同速率可动态转换,以发挥相应网络环境下的最佳连接性能。

2. 无线局域网的协议标准

目前,无线局域网主要协议标准为 IEEE802.11 系列,另外蓝牙标准和 HomeRF 工业标准等是其最主要的竞争对手。它们各有自己擅长的应用领域,有的适合于办公环境,有的适合于个人应用,有的则一直被家庭用户所推崇。这些标准在相关文献资料有许多详细的阐述,这里不再赘述。

需要特别注意的是,随着移动互联网的崛起,Wi-Fi 标准显得尤其重要。无线保真技术(Wireless Fidelity,Wi-Fi)也称为无线相容性认证。Wi-Fi 标准即为 IEEE 802.11n 标准,与蓝牙一样同属于在办公室和家庭中使用的短距离无线技术。不过与应用于手机上的蓝牙技术不同,Wi-Fi 具有更大的覆盖范围和更高的传输速率。Wi-Fi 传输速度最高可达 11Mbit/s;基于蓝牙技术的电波覆盖范围非常小,大约只有 10m 左右,而 Wi-Fi 的覆盖范围则可达 90m 左右,除了适合在办公室环境下使用,就是在小一点的整栋大楼中也可使用。另外,还可以将 Wi-Fi 本身当作新型的宽带服务的提供手段。几乎所有智能手机、平板电脑和笔记本电脑都支持 Wi-Fi 上网,是使用最广的一种无线网络传输技术。

2010 年起 Wi-Fi 的覆盖范围越来越广泛，宾馆、豪华住宅区、飞机场以及咖啡厅之类的区域都有 Wi-Fi 接口。2014 年 11 月 28 日 14 时 20 分，中国首列开通 Wi-Fi 服务的客运列车——广州至香港九龙的 T809 次列车从广州东站出发，标志着中国铁路开始 Wi-Fi 时代。

第5章 广域网技术

广域网是进行数据、语音、图像等信息传送的通信网,可以覆盖城市、地区、国家,甚至全球。就目前的技术水平来看,广域网的造价十分昂贵,一般只有国家或大型电信公司才有能力出资建造。组建广域网,必须遵循一定的网络体系结构和协议,以实现不同系统的互联和相互协同工作。本章我们就来讨论广域网的有关技术与协议。

5.1 广域网概述

在局域范围到城域范围内,即使不使用专用的城域网技术,现代局域网技术也能十分有效地运行。但是当网络连接的距离扩大到地区、省、国家甚至全球时,局域网技术就无能为力了。这是因为局域网的物理层协议和链路层协议不支持远距离传输和复杂多变的广域环境。这时就需要另外一种采用完全不同的技术和实现规则的网络,这就是广域网(WAN)。广域网是一种跨越长距离可以将两个或多个局域网和/或主机连接在一起的网络。

广域网是在电信网络的基础上增加了专用的交换设备来实现的,如X.25交换机、帧中继交换机、ISDN交换机、xDSL交换机等。广域网的拓扑结构通常是由大量的点到点连接构成的网状结构,如图5-1所示。广域网包括两种基本的部件,即节点交换机和连接节点交换机的传输线路。有时也将连接节点交换机与用户设备之间的线路(称为本地环路)也包括在广域网中。广域网中的传输线路可以是双绞线、大对数电缆或光纤。

广域网有着与局域网完全不同的运行环境。在局域网中,所有的设备和网络的带宽都由用户自己掌握,可以任意使用、维护和升级。但在广域网中,用户无法拥有建立广域连接所需要的所有技术设备和通信设施,只能由第三方通信服务商(即电信部门)提供。这样一来,整个网络的设计、安装、使用和维护都要依赖于电信部门提供的服务。特别是广域网的带宽要比局域网昂贵得多,除了安装、调试的费用外,用户还要根据租用的带宽支付月租费。在局域网中,100Mbps的速率是很平常的,但在广域网中,2Mbps的速率(E1)就已经是相当可观的了,而这样一条E1线路每月可以轻易花掉用户几千元。由于广域网中带宽的使用要花费很高的费用,所以在建设广域网时,应根据应用的具体需求和特点以及所能承担的费用来选择合适的广域网技术。如表5-1所示,列出了常用的广域网技术,表中有些仅用于电信网络的主干网,并不对公众开放。

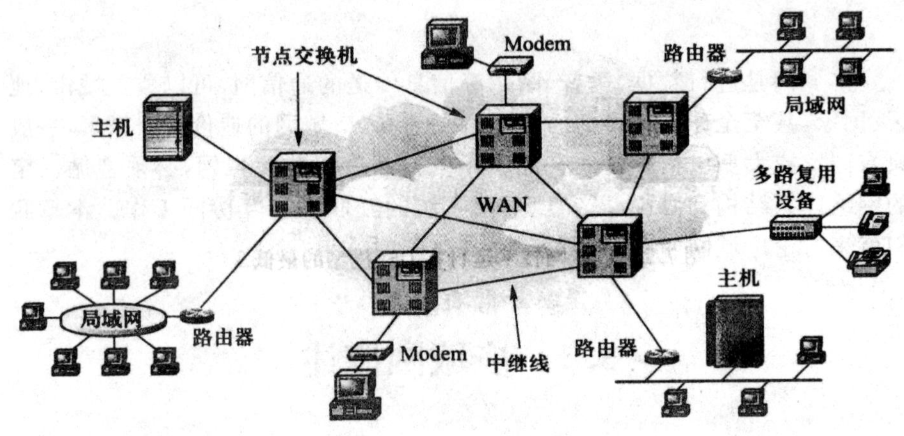

图5-1　广域网的拓扑结构

表5-1　常用的广域网技术

广域网连接类型	传输速率 bps	交换技术	OSI层次
PSTN电话拨号	56K	电路交换	物理层
X.25公共分组交换	64K	分组交换	网络层
Frame Relay帧中继	56K～45M	分组交换	数据链路层
ISDN综合业务数据网	128K～2M	电路交换	物理层
DDN数字数据网	2M	专线	物理层
E载波	2～565M	专线	物理层
ADSL非对称数字用户线	上行640K,下行8M	专线	物理层
SMDS交换式多兆位数据服务	45M	分组交换	数据链路层
ATM异步传输模式	155M～2.5G	电路+分组	数据链路层
SONET/SDH同步光网络	52M～10G	专线	物理层
CATV线缆调制解调器	50M	专线	物理层

从协议层次来看,广域网技术主要体现在OSI参考模型的最低3层,

即物理层、数据链路层和网络层。如图 5-2 所示，是广域网技术与 OSI 模型的关系。

图 5-2　广域网技术运行在 OSI 模型的最低 3 层

一般地，广域网的应用有以下几种类型：

(1)速度慢而且具有随机性，如终端通信，传输速率为 300～9600bps。

(2)突发的高速传输，如局域网互连，传输速率要求在 2Mbps 以上。

(3)速度中等但要求恒定，如语音通信，传输速率为 64Kbps～2Mbps。

(4)速度很快，如图像传输，传输速率为 1～50Mbps。

(5)速度快而且恒定，如数字视频，传输速率在 2Mbps 以上。

在广域网环境中可以使用多种不同的网络设备，一些比较常用的广域网设备如下：

(1)广域网交换机。广域网交换机是在运营商网络中使用的多端口网络互联设备。广域网交换机工作在 OSI 参考模型的数据链路层，可以对帧中继、X. 25 以及 SMDS 等数据流量进行操作。

(2)广域网接入服务器。接入服务器是广域网中拨入和拨出连接的汇聚点。

(3)调制解调器。调制解调器主要用于数字信号和模拟信号之间的转换，从而能通过语音线路传送数据信息。

(4)CSU/DSU。信道服务单元(CSU)/数据服务单元(DSU)类似数据终端设备到数据通信设备的复用器，可以提供信号再生、线路调节、误码纠正、信号管理、同步和电路测试等功能。

(5)ISDN 终端适配器。ISDN 终端适配器是用来连接 ISDN 基本速率接 VI(BRI)到其他接口，如 EIA/TIA－232 的设备。从本质上说，ISDN 终端适配器相当于一台 ISDN 调制解调器。

(6)路由器(Router)。提供诸如局域网互联、广域网接口等多种服务。路由器是互联网上使用的一种主要通信设备。

广域网的应用十分广泛，常见的具体应用实例有：连接距离相隔很远的两个局域网、移动用户远程访问企业网络、因特网接入(这是广域网的最典型的应用)、远地的办事处访问公司总部的局域网、银行的自动取款机与主机的连接、民航的售票终端与主机的连接等。

5.2 广域网接入技术

5.2.1 点对点链路

点对点链路提供的是一条预先建立的，从客户端经过运营商网络到达远端目标网络的广域网通信路径。点对点链路就是一条租用的专线，可以在数据收发双方之间建立起永久性的固定连接。如图 5-3 所示，就是一个典型的跨越广域网的点对点链路。

图 5-3 广域网点对点链路

5.2.2 电路交换

电路交换是通信网络中最早出现的一种交换方式，主要应用于电话通信网中，电话通信的过程分为三个阶段，即呼叫建立、通话和呼叫拆除。电话通信的过程即电路交换的过程，因此电路交换的基本过程对应为连接建立、数据传送和连接拆除三个阶段。在整个过程中，通信双方独占连接建立的线路资源，通信的连接若不拆除，则其他用户不能使用此线路资源。

如图 5-4 所示，描述了电路交换网络中的一般通信过程。电路交换网络中的节点 A 到 F 为交换节点，代表设备为程控交换机，电话机 1 若要与电话机 3 通信，则必须通过连接建立过程，让电路交换网络预先分配一条物理通信信道(如 BCD)后，两个电话机才能进行通信，在通话过程中，BCD 的物理线路被电话机 1 与电话机 3 独占，电话机 2 是不能使用已经分配的物理线路进行通信的，因此电路交换网络中的交换节点之间通常会建立多条物理通信线路，以允许多部电话机可以同时建立从节点 B 到节点 D 的通信信道。电话机 1 与电话机 3 的通信结束后，为了让更多用户使用独占的通信线路，一般还必须进行通信信道的释放操作。

电路交换方式也可以用于计算机的网络通信，早期的 Modem 拨号上网方式就是通过电路交换方式访问互联网的一种技术。电路交换方式的特点是用户设备之间的连接线路可以按需建立,适用于实时性强、时延小的通信需求,但是由于计算机的通信往往属于突发通信,连接建立后的通信线路利用率会非常低,这种技术目前在计算机网络的接入中已经很少使用。

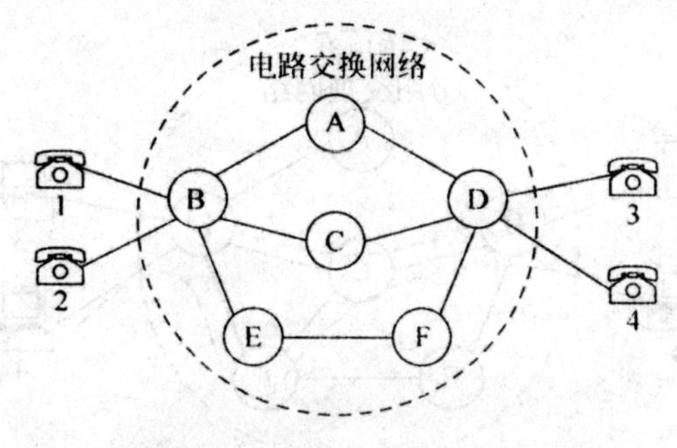

图 5-4 电路交换示意图

5.2.3 虚电路分组交换

分组交换也称为包交换,此交换技术采用存储转发交换方式,将用户需要传输的数据划分成多个固定长度的小数据块,每个数据块被称为一个分组。然后在每个分组的前面加上一个统一格式的分组头,用以指明该分组的目的地址、源地址、分组序号等信息,通信网络中的节点接收到每个分组后,首先将其暂存于节点的存储器中,然后根据分组头部的信息完成分组的转发,这个过程即为分组交换。进行分组交换的通信网称为分组交换网。

分组交换可提供两种不同的服务方式,即虚电路(Virtual Circuit)和数据报(Datagram)。

虚电路是分组交换网向用户提供的一种面向连接的网络服务方式,任意两个用户之间完成一次数据通信的过程包括连接建立、数据传输和连接释放三个阶段,其工作过程类似于电路交换。如图 5-5 所示,描述了虚电路分组交换网络的通信过程。

在图 5-5 中,计算机 1 与计算机 3 之间若需要通信,则首先通过虚电路交换网络建立一条虚电路。之所以称为“虚”,是因为这里建立的连接信道并不使用全部的物理线路资源,计算机 1 与计算机 3 使用的连接信道只是物理线路复用之后的某条逻辑信道。例如,节点 B 与 C 之间的物理线路上通过复用技术可以复用出多条子信道,而虚电路交换网络只会分配其中的某一条子信道给计算机 1 与计算机 3。当计算机 1 发起与计算机 3 的连接时,节点 B、C、D 将根据交换网络的实时情况,分别建立 BC 与 CD 虚电路用于计算机 1 与计算机 3 之间的通信。计算机 2 与计算机 4 的通信同样需要通过节点 B、C、F、D 建立的虚电路进行通信。需要特别注意的是，这时在节点 B 与 C 之间建立了两条虚电路，可以同时分别为两对用户服务。

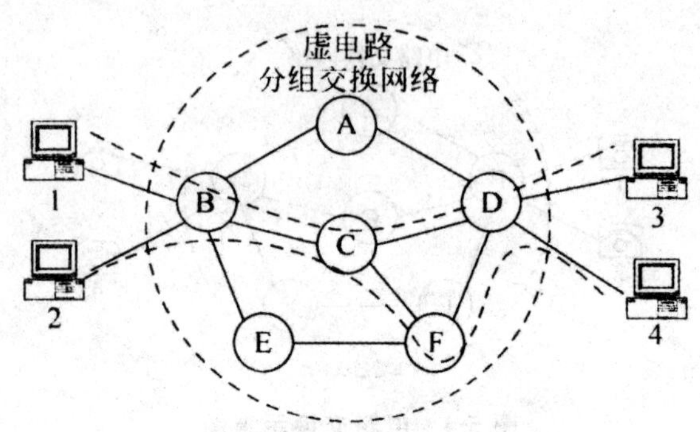

图 5-5　虚电路分组交换示意图

当通信结束后，计算机之间的虚电路需要拆除连接，以便让子信道的资源能够为其他用户使用。这种经历三个阶段的虚电路服务也称为交换虚电路(SVC)服务。如果用户事先已经要求 ISP 专门建立了固定的虚电路，那么交换网络就不需要在通信时再临时建立虚电路，而是可以直接进入数据传输阶段，这种方式称为永久虚电路(PVC)，适用于业务量较大的集团用户。

5.2.4　数据报分组交换

数据报分组交换是分组交换网络的另一种服务类型，属于无连接服务，即用数据报方式传输数据时，通信双方不需要先建立连接，计算机有分组需要发送时，直接交给分组交换网。分组交换网的节点将根据每一个分组的头部信息并结合网络实时情况进行独立的转发。正是由于无连接的这个特性，每个分组在数据报分组交换网络中，被节点转发的路径很可能各不相同，因此发送的分组与接收的分组顺序很有可能也是不同的，各个分组各走各的路径。如果分组在传输的过程中出现了丢失或差错，交换网络本身也不做处理，完全由通信双方终端的协议来解决。

如图 5-6 所示，描述了数据报分组交换网络的特点，其中计算机 1 与计算机 3 进行通信，依次发送了 7 个分组(假设分组编号为 1～7)，这 7 个分组在数据报分组交换网络中可能会出现三种不同的转发路径。例如，分组 1、2、6 沿着节点 B、A、D 的路径转发，分组 3、7 沿着节点 B、C、D 的路径转发，而分组4、5沿着节点B、C、F、D的路径转发。正是由于分组在交换网络中转发的路径不同，因此数据报报服务的交换网络中，接收计算机3收到的分组顺序很可能是不连续的。由于没有预先分配连接的信道，因此分组在交换网络中也可能由于资源不够等原因出现丢包现象。

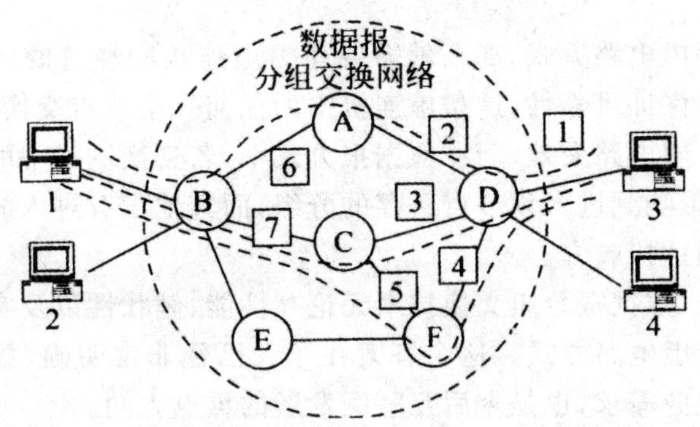

图5-6 数据报分组交换示意图

虚电路服务的思路来源于传统的电信网，在电信网络中，用户终端（电话机）的功能非常简单，通信的可靠性由电信网保证，因此电信网的节点交换机复杂且昂贵；数据报服务则使用另外一种完全不同的思路，数据报实现的交换网络为用户提供无连接服务（也叫尽最大努力的服务），力求使网络的分组交换速度更快，如果交换网络中出现了上面提到的乱序、丢包等问题后，交换网络并不负责处理这些问题，而是将这些问题交由用户终端解决，如果用户终端（例如计算机）具有较强的处理能力，则这些问题都可以在用户终端上解决。

分组交换网络所提供的这两种不同服务在互联网早期的建设过程中曾经引起过较长时间的争论：互联网络究竟是提供虚电路服务还是数据报服务？

虚电路提供的是面向连接的服务，称为可靠的服务；而数据报提供的是无连接的服务，也被称为不可靠的服务。OSI从一开始就按照电信网的思路来处理这个问题，坚持网络提供的服务必须是可靠的，因此OSI在网络层以及其他的多个层次均采用了虚电路服务；而支持数据报方式的人认为，网络最终能实现什么功能应由用户自己来决定，可靠服务可以通过用户终端（即所谓的端到端控制）来实现。

经过互联网这些年的实践证明，不管用什么方法设计网络，网络所提供的服务并不可能做得非常可靠，用户终端仍要负责端到端的可靠性。因此如果让交换网络只提供数据报服务，那么就可以大大简化分组交换网络节点的功能，提高交换网络的转发速度。如果交换网络出了差错，那么就让两端的端系统来处理，虽然肯定会延误一些时间，但现在的通信技术已经使得交换网络出错的概率越来越小，因而让用户终端负责端到端的可靠性不但不会给主机增加更多的负担，反而能够使更多的应用在这种简单的网络上运行。

如果使用虚电路方式，那么就需要建立虚连接所经过的所有节点交换机都必须同时保证可靠性，这条虚连接中的任何一个节点交换机出现故障，都将导致整个虚电路失效；而在数据报方式中，若交换网络中的某个节点出现故障，只会影响到进入该节点暂存的分组，而其他没有进入的分组可以选择其他节点到达接收方。

总而言之，数据报分组交换技术无论在性能、健壮性以及实现的简单性等方面都优于虚电路方式。这个答案在今天已经非常明确，数据报更加符合互联网的业务需求，也是今后互联网发展的重点方向。

5.2.5 光交换

光交换技术是指不经过任何光/电转换，在光域中直接将输入的光信号通过光纤交换到不同的输出端。与其他交换技术相比，光交换技术无须在光纤传输线路和交换机之间进行光/电的相互转换，可以充分发挥光信号的高速、宽带和无电磁感应的优点。光交换技术一般可以进一步分为空分光交换、时分光交换、波分光交换、复全型光交换与自由空间交换 5 种方式。

随着光交换技术的逐步成熟，由光传输和光交换网络构成的全光网已经成为可能。目前国内的电信运营商已经在大力发展全光网络，很多的大中型企事业网络已经使用光纤接入技术接入 ISP 的全光网，小型网络及个人用户的光纤接入也成为当前 ISP 扩展用户的主要手段，“铜退光进”将是未来若干年通信行业的主要建设方向。

5.2.6 综合业务数字网

广域网是利用公共传输系统实现的，常见的公共传输系统有 PSTN、ISDN、N-ISDN、B-ISDN、X. 25、DDN、FR 和 ATM 等，这里主要就综合业务数字网(Integrated Service Digital Network，ISDN)和 xDSL 展开讨论。

1. 综合业务数字网

综合业务数字网(Integrated Service Digital Network，ISDN)是各种业

务(例如电话、数据、图像等)都以数字信号进行传输和交换的通信网。

ISDN起源于1972年,但是直到1980年才明确定义。CCITT对ISDN是这样定义的:ISDN是以综合数字电话网(IDN)为基础发展演变而成的多种电信业务,用户能通过有限的一组标准化的多用途用户—网络接口接入网内。根据这一定义可知:ISDN是以电话网、IDN为基础发展而成的通信网;支持端到端(End-to-End)的数字连接;支持各种通信业务、支持语音类及非语音业务提供标准的用户—网络接口(UNI),使得用户能通过一组有限个多用途的UNI接入ISDN。

ISDN支持范围广泛的各类业务,不仅可以提供语音业务,还能提供数据、图像和传真的各种非语音业务。主要的应用领域有局域网、多点屏幕共享、视频、语音/数据综合、文件交换、远端通信、图像、多媒体文件的存取、基于计算机的主叫用户号码识别等。

ISDN由两种信道B和D组成,B用于数据和语音信息;D用于信号和控制(也能用于数据)。

一般地,ISDN有以下两种访问方式,即基本速率接口(BRI)和主速率接口(PRI)。

最后,我们将ISDN的一些显著特点总结如下:

(1)通信业务的综合化。利用一条用户线就可以提供电话、传真、可视图文及数据通信等多种业务。

(2)实现高可靠性及高质量的通信。

(3)使用方便。信息信道和信号信道分离。在一条2B+D的用户线上可以连接八台终端,且可三台同时工作。用户可以根据需要,在一对用户线上任意组合不同类型的终端。例如,可以将电话机、传真机和PC连接在一起,可以同时打电话、发传真或传送数据。

(4)标准化的接口。ISDN用户接口有基本速率接口和一次群主速率接口。基本速率接口有两条64Kbps的信息通路和一条16Kbps的信令通路,简称2B+D。一次群主速率接口有30条64Kbps的信息通路和一条64Kbps的信令通路,简称30B+D。

(5)费用低廉。只需在已有的通信网中增添或更改部分设备即可以构成ISDN通信网。和各自独立的通信网相比,将业务综合在一个网内的费用要低廉得多。

(6)呼叫速度快。呼叫用ISDN仅需3~10s。

2. xDSL

xDSL是各种类型DSL(Digital Subscribe Line,数字用户线路)的总

称,包括 ADSL、RADSL、VDSL、SDSL、IDSL 和 HDSL 等。xDSL 中“x”表示任意字符或字符串。

xDSL 是一种现行比较新的传输技术,是在现有的铜质电话线路上采用较高的频率及相应调制技术。

随着 xDSL 技术的问世,铜线从只能传输语音和 56Kbps 的低速数据接入,发展到已经可以传输高速数据信号了(在理论上可达到 52Mbps)。ADSL、HDSL/SHDSL 等基于铜线传输的 xDSL 接入技术已经使铜线成为宽带用户接入的一个重要手段,并成为宽带接入的主流技术。一般地,xDSL 以传统电话网络中的铜电话线(铜质双绞线)为传输介质的点对点传输技术,支持对称和非对称的传输模式。ADSL、HDSL、SDSL、VDSL、IDSL 和 RADSL,它们的区别主要体现在信号传输速率、距离及上行和下行速率的不同上。xDSL 的数据传输可靠性高、带宽高速,比光纤和同轴电缆更便宜。xDSL 建立连接时间短,数据业务不通过语音交换,不会对交换机造成阻塞。

ADSL(AsymmetricDigitalSubscribeI. ine,非对称数字用户线路)是一种现代家庭宽带网络最流行的数据传输方式,如图 5-7 所示。它的上行和下行带宽不对称,因此称为非对称数字用户线路。

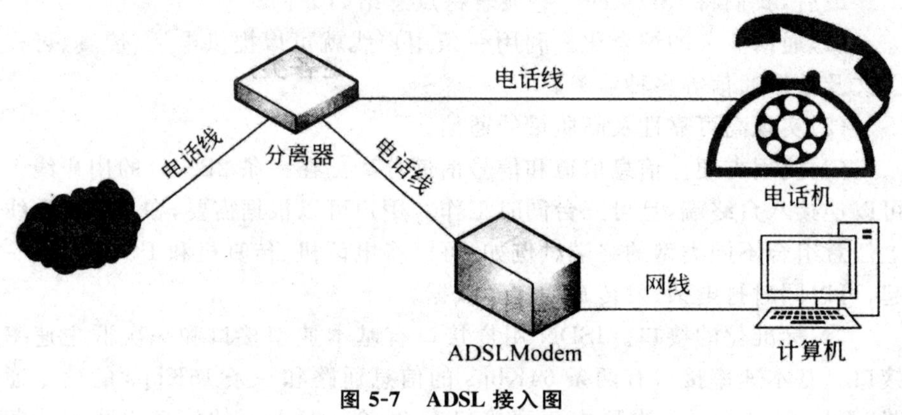

图 5-7　ADSL 接入图

5.3　Internet 接入技术

5.3.1　Internet 服务

Internet 是由许多小的网络(子网)互联而成的一个逻辑网,每个子网中连接着若干台计算机(主机),如图 5-8 所示。

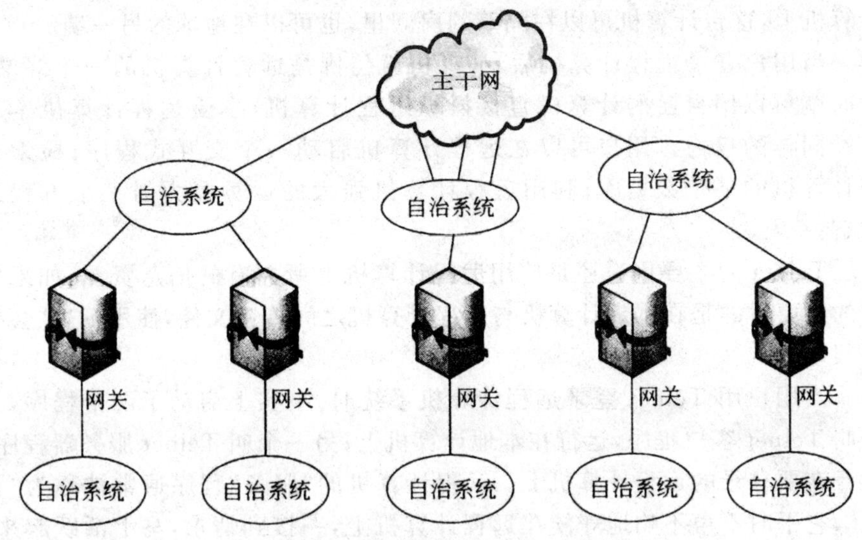

图 5-8　Internet 分层体系结构

Internet 的网络服务基本上可以归为两类：一类是提供通信服务的工具，如 E-mail、Telnet 等；另一类是提供网络检索服务的工具，如 FTP、Gopher、WAIS、WWW 等。

1. 电子邮件(E-mail)

电子邮件(E-mail)是指 Internet 上或常规计算机网络上的各个用户之间，通过电子信件的形式进行通信的一种现代邮政通信方式。它可以传送文本、图像、声音、视频、动画等各种形式的数据信息，它已成为网络必不可少的通信交流方式之一。

用户在发送及接收 E-mail 前应先了解清楚自己和对方的 E-mail 地址。电子邮件地址的格式是固定的。通常 Internet 的电子邮件地址格式是 username@hostname. domain。其中，username 代表用户名或用户账号；符号"@"是 Ray Tomlinson 提出的，并把它确定为电子邮件地址的分隔符，代表账号(使用者)与主机地址间的联结关系；hostname. domain 代表网络域名，域名可以是一台邮件服务计算机，也可以仅仅是一个域名系统中默认邮件服务器的代名。

一般地，E-mail 可以通过两种方式进行收发，即 Web 方式和 POP3 方式，这一点现在的人们都是十分熟悉的。

2. 远程登录(Telnet)

Telnet 是 Internet 的远程登录协议，它通过 Internet 登录另一台远程计算机上，这台计算机可以在隔壁的房间里，也可以在地球的另一端。

当用户登录远程计算机后，计算机就仿佛是远程计算机的一个终端，此时就可以用自己的计算机直接操纵远程计算机，享受远程计算机本地终端同样的权力。用户可以在远程计算机启动一个交互式程序；检索远程计算机的某个数据库；利用远程计算机强大的运算能力对某个方程式求解。

Telnet 的主要用途还是使用远程计算机上所拥有的信息资源，如果用户的主要目的是在本地计算机与远程计算机之间传递文件，使用 FTP 会方便很多。

当用户用 Telnet 登录远程计算机系统时，事实上启动了两个程序，一个叫 Telnet 客户程序，运行在本地计算机上；另一个叫 Telnet 服务器程序，运行在要登录的远程计算机上。远程计算机的"服务"程序通常被称为"精灵"，它平时不声不响地守候在远程计算机上，一接到请求，马上活跃起来，并完成相应的功能。

3. 文件传输协议(FTP)

文件传输协议(FTP)是 Internet 文件传送的基础。当用户需要传送大量的文件时，通过 FTP 可以从一台 Internet 主机向另一台 Internet 主机复制文件。

与大多数 Internet 服务一样，FTP 也是一个客户机/服务器系统。用户通过一个支持 FTP 协议的客户机程序连接到在远程主机上的 FTP 服务器程序。用户通过客户机程序向服务器程序发出命令，服务器程序执行用户所发出的命令，并将执行的结果返回到客户机。

FTP 通过文件传输协议在不同计算机间传送文件，或访问匿名 FTP 服务器中的共享文件，这个过程包括从 FTP 服务器中下载文件到本地计算机上以及从本地计算机中上传文件到 FTP 服务器上。

一般地，可以通过两种方式登录 FTP 服务器，即 FTP 匿名登录和 FTP 登录软件。FTP 有两种使用模式，即主动和被动。主动模式要求客户端和服务器端同时打开并监听一个端口，以建立连接。在这种情况下，客户端会因为安装了防火墙而产生一些问题。而被动模式只要求服务器端建立一个相应的监听端口的进程，这样就可以绕过防火墙。

4. 万维网(WWW)服务

万维网(World Wide Web，WWW)简称 Web 或 3W，是一种建立在 Internet 上的全球性的、交互的、动态的、多平台的、分布式的图形信息系统，是建立在 Internet 上的一种网络服务。

WWW 是由欧洲粒子物理实验室(CERN)开发的,它遵循 HTTP 协议,默认端口是80。WWW 并不等于 Internet,但它是 Internet 最常用的网络服务,WWW 以其独特的超媒体"链接"方式、方便的交互式图形界面和丰富多彩的信息内容,在 Internet 的诸多服务功能中发挥着越来越重要的作用。

WWW 的成功在于它制定了一套标准的、易被人们掌握的超文本标记语言 HTML、信息资源的统一定位格式 URL 和超文本传输通信协议 HTTP,详述如下:

(1)超文本标记语言(HTML)。超文本标记语言(Hyper Text Markup Language,HTML)是 WWW 的描述语言,由于 TimBernerslee 提出。HTML 文本是由 HTML 命令组成的描述性文本。HTML 命令可以说明文字、图形、动画、声音、表格、链接等。

(2)统一资源定位器(URL)。统一资源定位器(Uniform Resource Locator,URL)是 WWW 的地址,它从左到右的组成为:Internet 资源类型:服务器地址:端口(port)/路径(path)。

5.3.2 Internet 地址和域名

互联网中传输信息的起点和终点都是网络中的主机,所以,首先必须解决如何识别网络中主机的问题。Internet 采用一种全球通用的地址格式,为全网络中的每台主机和每个网络都分配一个 Internet 地址,从而解决地址统一和识别网上主机的问题。

1. IP 地址

IP 地址是网络上的通信地址,在 Internet 范围内是唯一的。IP 地址统一由美国国防数据网网络信息中心 DNNIC 进行分配。

IPv4 地址由32位二进制数组成,长度是四个字节,每个字节是0～255的十进制数据,字节之间用英文句点作分隔符,标准格式为×××.×××.×××.×××。例如,某台计算机的 IP 地址为123.124.6.188。

一般地,用户的 IP 地址分为静态地址和动态地址两类,详述如下:

(1)静态地址。由网络服务商 ISP(Internet Service Provider)提供的一个唯一地址。实际上,只有申请 DDN 专线或 X.25 专线的用户,才可以拥有一个同定的静态地址。拥有这种地址的用户既可以访问 Internet 资源,又可以通过 Internet 网络发布信息。

(2)动态地址。由于网络服务商拥有的IP地址有限,不能保证每个用户都有一个固定的IP地址,只能进行动态分配。个人计算机在申请账号并采用PPP拨号方式接入Internet网后,根据当时的IP地址空闲情况,网络服务商随机地将空闲的IP地址分配给该用户。

2. 域名地址

域名(Domain Name)是由一串用点分隔的名字组成的Internet上某一台计算机或计算机组的名称,用于在数据传输时标识计算机的电子方位(有时也指地理位置)。

每台主机都是属于某一相同组织的计算机组中的一员,即都是属于某域的成员,域由域名标识。一台主机的域名一般由四部分组成,“主机名.局域网名.网络组织.国家或地区”。例如,WWW. yhy. com. cn。其中,cn表示中国,com表示网络机构,yhy表示局域网,主机名为WWW服务器。

域名可分为不同级别,包括顶级域名、二级域名等。顶级域名即按照国家的不同分配不同后缀,这些域名即为该国的国内顶级域名。需要特别注意的是,国际域名由美国商业部授权的互联网名称与数字地址分配机构(ICANN)负责注册和管理,国内域名则由中国互联网络管理中心即CNNIC负责注册和管理。

二级域名是指顶级域名之下的域名,又分为类别域名和行政区域名两类。类别域名有六个,包括用于科研机构的ac、用于工商金融企业的com、用于教育机构的edu、用于政府部门的gov、用于互联网络信息中心和运行中心的net、用于非营利组织的org。而行政区域名有34个,分别对应于我国各省、自治区和直辖市。

三级域名用字母、数字和连接符“-”组成,各级域名之间用实点“.”连接,三级域名的长度不能超过20个字符,如图5-9所示。

一般地,在整个域名系统中,域名服务器(DNS)处于核心位置,它保存域名空间中部分区域的数据,常见的域名服务器有三种类型,即本地域名服务器、根域名服务器和授权域名服务器。

5.3.3 Internet 接入技术

普通用户的计算机接入Internet实际上是通过线路连接到本地的某个网络上,提供这种接入服务的运营商叫作ISP。普通计算机用户接入ISP的主要方式如下:

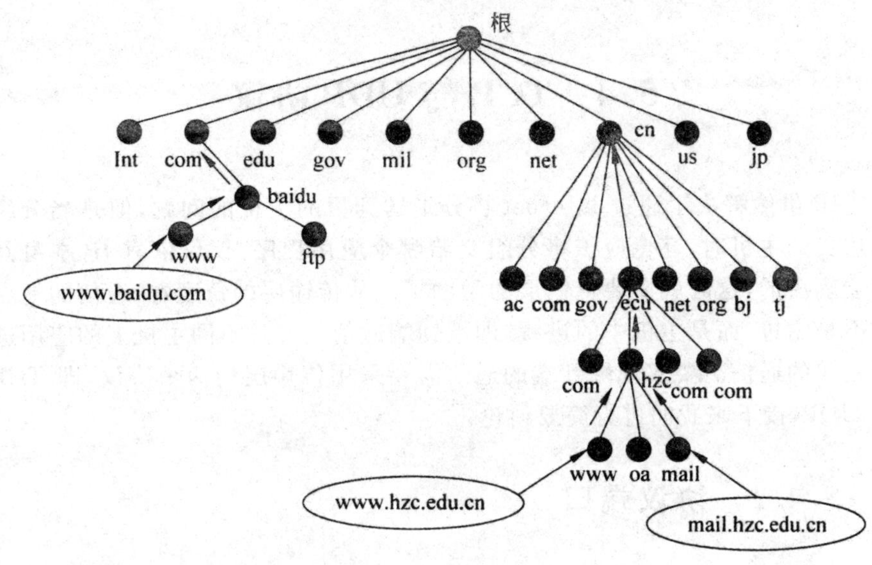

图 5-9　域名层次结构

(1)通过局域网网关接入。处于局域网中的计算机,通过本地 IP 网关(路由器)可直接与 Internet 连接,成为 Internet 上的一台主机。局域网网关接入采用光缆+双绞线的方式对社区、校园等进行综合布线,是目前在接入宽带的小区中采用方式较多的一种。

(2)拨号上网。通过电话线路接入是家庭用户最常见的上网方式,现在通过电话线路有拨号上网、ISDN、ADSL 三种接入方式。ISDN 和 ADSL 需要电信局安装专门的交换机,因此不一定所有地区都可以使用,而拨号上网只需有畅通的电话线路。目前,拨号上网的资费主要有预付费、直接拨号上网的账号、购买上网卡上网等。

(3)ADSL。ADSL 是一种能够通过普通电话线提供宽带数据业务的技术,需要 ADSL 调制解调设备。主要有两种服务:一种是虚拟拨号,类似于拨号程序;另一种是专线接入,无须拨号,始终在线。

(4)无线接入。随着 Internet 以及无线通信技术的迅速普及,使用手机、平板电脑等随时随地上网已成为移动用户迫切的需求,随之而来的是各种使用无线通信线路上网技术的出现,常见的技术类型有 GSM 接入技术、CDMA 接入技术、GPRS 接入技术、蓝牙技术、3G 通信技术、4G 通信技术以及呼之欲出的 5G 通信技术等。

除了上述接入技术以外,比较常见的 Internet 接入技术还有 ISDN、DDN、PDN、LMDS 等,限于本书篇幅,这里不再赘述。

5.4 TCP与UDP协议

IP虽然解决了通过Internet将分组送到目的主机的问题，但是当分组到达目的主机时，究竟应该将分组交给哪个应用程序，仅仅依靠IP本身是不能解决的，这时就需要传输层的帮助了。从传输层的角度看，通信的端点并不是主机，而是主机中的进程，即端到端通信其实是不同主机上的应用进程之间的通信。要实现端到端的通信需要采用传输层的两个协议，即TCP和UDP，接下来我们进行简要讨论。

5.4.1 协议端口

由于在计算机中运行的进程是动态的，且可能存在多个同时运行的进程，为了分辨端到端的进程间的通信，在传输层使用了协议端口号，简称为端口。这样，只要把需要传送的报文交到目的主机的一个合适的端口，其余的由传输层完成就行了，这样的设计为软件开发人员提供了很大的便利。

传输层的端口号共有16位，即共有65536个不同的端口号。端口号只有本地意义，在不同的计算机中，相同的端口号并没有关联。因此，如果让两台计算机中的进程互相通信，不仅需要知道对方的IP地址，还需要知道对方的端口号。通常使用的端口号可分为以下两大类：

(1)服务器端使用的端口号。首先是知名端口号，数值为0～1023。这些端口是整个Internet中人们所熟知的端口号，可以从WWW. iana. org中查到。IANA把这些端口分配给了TCP/IP体系中的一些最重要的应用程序，如FTP(21)、Telnet(23)、SMTP(25)、HTTP(80)、DNS(53)等。其次是登记端口号，包括1024～49151。这类端口是为没有熟知端口的应用程序所使用。

(2)客户端使用的端口号。数值为49152～65535的端口号是留给客户端进程使用的。当服务器端进程收到客户端进程的报文时，就知道了客户端的端口号，就可以把数据发送到客户进程了。

传输层是为应用层服务的，应用层的协议有一些需要可靠的传输服务，也有一些不需要可靠的传输服务。因此，在传输层也提供了两个不同的协议，一个是不提供可靠服务的UDP；另一个是提供可靠服务的TCP。

5.4.2 UDP

用户数据报协议UDP只在IP的数据报服务之上增加了很少一点的功能,这就是复用和分用的功能以及差错检测的功能。一般地,UDP具有如下显著特征:

(1)UDP是无连接的,即发送数据之前不需要建立连接(当然,发送数据结束时也没有连接可释放),因此减少了开销和发送数据之前的时延。

(2)UDP使用尽最大努力交付,即不保证可靠交付,因此主机不需要维持复杂的连接状态表(这里面有许多参数)。

(3)UDP是面向报文的。发送方的UDP对应用程序交下来的报文,在添加首部后就向下交付IP层。UDP对应用层交下来的报文,既不合并,也不拆分,而是保留这些报文的边界。这就是说,应用层交给UDP多长的报文,UDP就照样发送,即一次发送一个报文,如图5-10所示。在接收方的UDP,对IP层交上来的UDP用户数据报,在去除首部后就原封不动地交付上层的应用进程。也就是说,UDP一次只能交付一个完整的报文。因此,应用程序必须选择合适大小的报文。若报文太长,UDP把它交给IP层后,IP层在传送时可能要进行分片,这会降低IP层的效率。反之,若报文太短,UDP把它交给IP层后,会使IP数据报首部的相对长度太大,这也降低了IP层的效率。

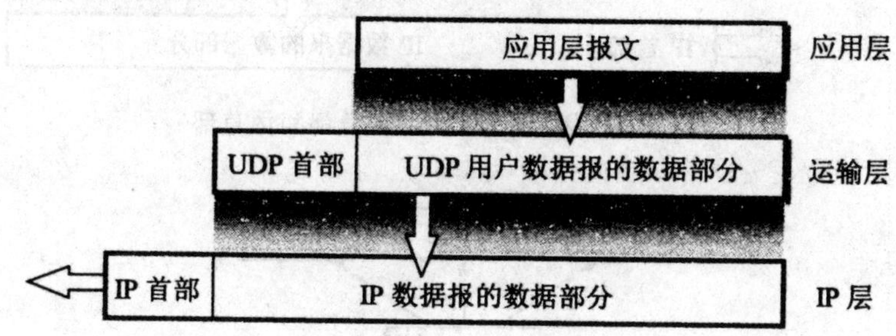

图5-10 UDP是面向报文的

(4)UDP没有拥塞控制,因此网络出现的拥塞不会使源主机的发送速率降低。这对某些实时应用是很重要的。很多的实时应用(如IP电话、实时视频会议等)要求源主机以恒定的速率发送数据,并且允许在网络发生拥塞时丢失一些数据,但却不允许数据有太大的时延。UDP正好适合这种要求。

(5)UDP支持一对一、一对多、多对一和多对多的交互通信。

(6)UDP 的首部开销小,只有 8 个字节,比 TCP 的 20 个字节的首部要短。

一般地,用户数据报 UDP 有两个字段,即数据字段和首部字段。首部字段很简单,只有 8 个字节(如图 5-11 所示),由四个字段组成,每个字段的长度都是两个字节,各字段意义如下:

(1)源端口源端口号。在需要对方回信时选用。不需要时可用全 0。

(2)目的端口目的端口号。这在终点交付报文时必须使用。

(3)长度 UDP 用户数据报的长度,其最小值是 8(仅有首部)。

(4)检验和检测 UDP 用户数据报在传输中是否有错,有错就丢弃。

当运输层从 IP 层收到 UDP 数据报时,就根据首部中的目的端口,把 UDP 数据报通过相应的端口,上交最后的终点——应用进程。如图 5-12 所示,是 UDP 基于端口分用的示意图。

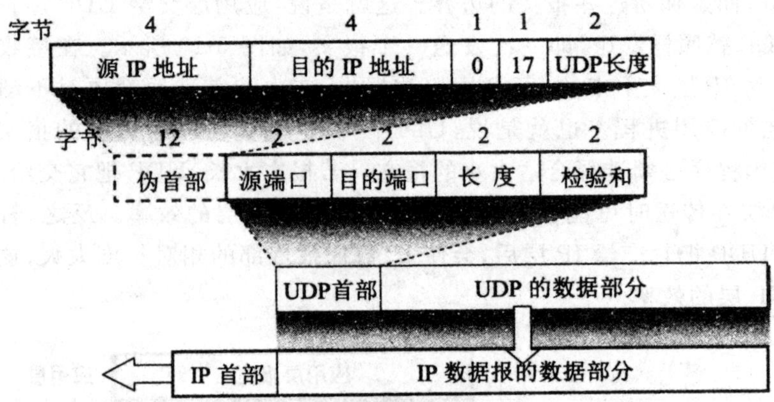

图 5-11　UDP 用户数据报的首部和伪首部

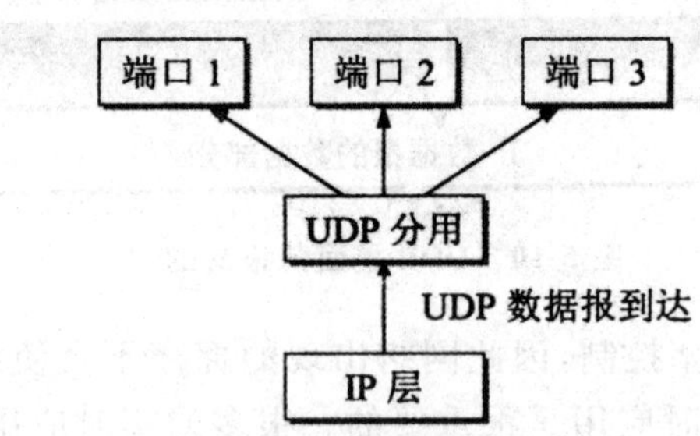

图 5-12　UDP 基于端口的分用

如果接收方 UDP 发现收到的报文中的目的端口号不正确(即不存在对应于该端口号的应用进程),就丢弃该报文,并由网际控制报文协议 IC-

MP 发送"端口不可达"差错报文给发送方。

需要特别注意的是，虽然在 UDP 之间的通信要用到其端口号，但由于 UDP 的通信是无连接的，因此不需要使用套接字来建立连接（TCP 之间的通信必须要在两个套接字之间建立连接）。

UDP 用户数据报首部中检验和的计算方法有些特殊。在计算检验和时，要在 UDP 用户数据报之前增加 12 个字节的伪首部。所谓"伪首部"是因为这种伪首部并不是 UDP 用户数据报真正的首部。只是在计算检验和时，临时添加在 UDP 用户数据报前面，得到一个临时的 UDP 用户数据报。检验和就是按照这个临时的 UDP 用户数据报来计算的。伪首部既不向下传送也不向上递交，而仅仅是为了计算检验和。图 5-11 的最上面给出了伪首部各字段的内容。伪首部的第 3 字段是全零；第 4 字段是 IP 首部中的协议字段的值，对于 UDP，此协议字段值为 17；第 5 字段是 UDP 用户数据报的长度。因此，这样的检验和，既检查了 UDP 用户数据报的源端口号和目的端口号以及 UDP 用户数据报的数据部分，又检查了 IP 数据报的源 IP 地址和目的地址。

5.4.3 TCP

TCP 是 TCP/IP 体系中非常复杂的一个协议，它具是面向连接的运输层协议，且面向字节流，每一条 TCP 连接只能有两个端点(endpoint)，每一条 TCP 连接只能是点对点的(一对一)，可以提供可靠交付、全双工通信等服务。如图 5-13 所示，给出了 TCP 面向字节流的示意图。

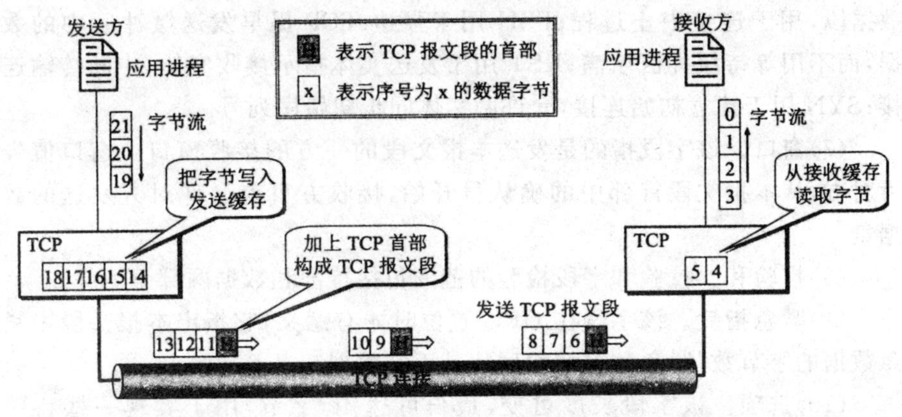

图 5-13 TCP 面向字节流

为了突出示意图的要点，我们只画出了一个方向的数据流。但请注意，在实际的网络中,一个 TCP 报文段包含上千个字节是很常见的,而图中的各部分都只画出了几个字节,这仅仅是为了更方便地说明“面向字节流”的概念。

如图 5-14 所示,给出了 TCP 的报文分段结构。为了实现面向连接的可靠传输,TCP 的分段格式比 UDP 要复杂。接下来,我们将 TCP 的分段格式及各字段的含义简要讨论如下:

(1)源端口和目的端口。这两个字段分别写入源端口号和目的端口号。

(2)序号。TCP 是面向字节流的,因此在一个 TCP 连接中传输的字节流中的每一个字节都按川页序编号。整个要传输的字节流的起始序号必须在连接建立时设置。首部中的序号字段值指的是本报文段所发送数据的第一个字节的序号。

(3)确认号。该字段存放期望收到对方下一个报文段的第一个数据字节的序号。其实也就明确地告诉对方该序号以前的数据已经正确接收,因此叫作确认号。

(4)数据偏移。该字段指出 TCP 报文段的数据起始处距离 TCP 报文段的数据起始处有多远。这个字段实际上指出了 TCP 报文段的首部长度。由于选项字段的长度不固定,因此区别 TCP 报文段的首部与数据部分就要靠该字段了。

(5)保留。该字段保留为今后使用,目前应置 0。

(6)控制位。这里的 6 个连续的位是用来做控制用的。它说明了其他字段含有的有意义的数据或说明某种控制功能。ACK 和 URG 说明了确认和紧急数据指针字段是否含有有意义的数据;FIN 指出这是最后的 TCP 数据段,用于连接中止过程;PSH 用于强迫 TCP 提早发送缓冲区中的数据,而不用等待缓冲区填满;RST 用于发送实体指示接收实体,中断传输连接;SYN 用于建立初始连接,允许两实体同步初始序列号。

(7)窗口。该字段指的是发送本报文段的一方的接收窗口。窗口值告诉对方,从本报文段首部中的确认号开始,接收方目前允许对方发送的数据量。

(8)校验和。校验和字段检验的范围包括首部和数据两部分。

(9)紧急指针。该字段在 URG 置位时才有意义,它指出本报文段中紧急数据的字节数(紧急数据结束后就是正常数据)。

(10)选项。该字段长度可变,最长可达 40 字节,用于实现一些特殊功能。

(11)数据。用于存放应用层数据。

<table>
<tr><td colspan="8">0   15</td><td>31</td></tr>
<tr><td colspan="8">源端口</td><td>目的端口</td></tr>
<tr><td colspan="9">序号</td></tr>
<tr><td colspan="9">确认号</td></tr>
<tr><td>数据偏移</td><td>保留</td><td>URG</td><td>ACK</td><td>PSH</td><td>RST</td><td>SYN</td><td>FIN</td><td>窗口</td></tr>
<tr><td colspan="8">校验和</td><td>紧急指针</td></tr>
<tr><td colspan="9">选项</td></tr>
<tr><td colspan="9">数据</td></tr>
</table>

图 5-14 TCP 的报文分段结构

5.4.4 TCP 连接的建立和释放

TCP 是一个面向连接的可靠的传输控制协议。在每次数据传输之前需要首先建立连接，当连接建立成功后才开始传输数据，数据传输完成后要释放连接，这个过程与打电话类似。由于 TCP 使用的网络层 IP 是一个不可靠的、无连接的协议，为了确保连接的建立和释放都是可靠的，TCP 使用三次握手的方式建立连接，其过程如图 5-15 所示。图 5-15 中的序列号只是作为例子使用，并不意味着每次连接都是从序列号 1 开始。

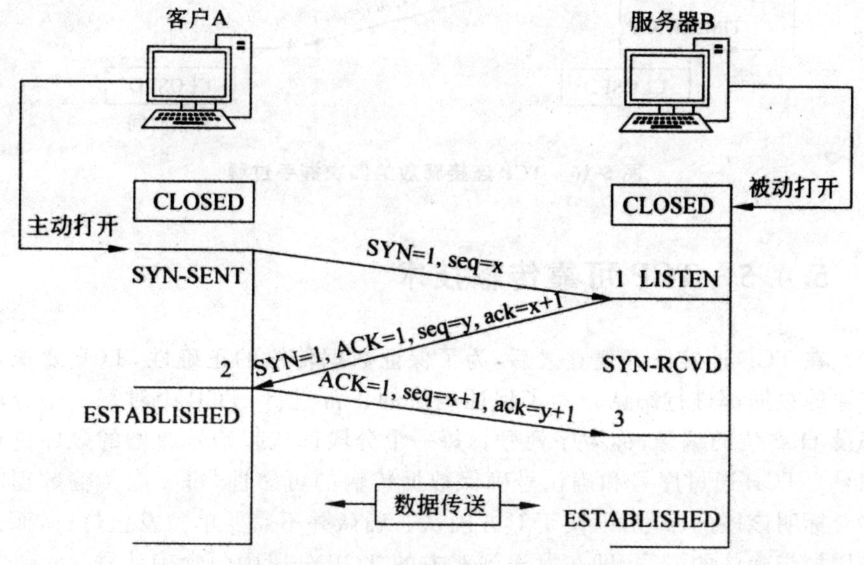

图 5-15 TCP 连接建立的三次握手过程

首先,由客户机发出请求连接即 SYN=1,ACK=0(如图 5-15 的字段介绍),TCP 规定 SYN=1 时不能携带数据,但要消耗一个序号,因此声明自己的序号是 seq=x。其次,服务器进行回复确认,即 SYN=1,ACK=1,seq=y,ack=x+1。再次,客户机再进行一次确认,但不用 SYN 了,这时即为 ACK=1,seq=x+1,ack=y+1。最后,连接建立。连接建立后就可以进行数据传输了。当数据传输完毕,该连接需要释放,其过程如图 5-16 所示。

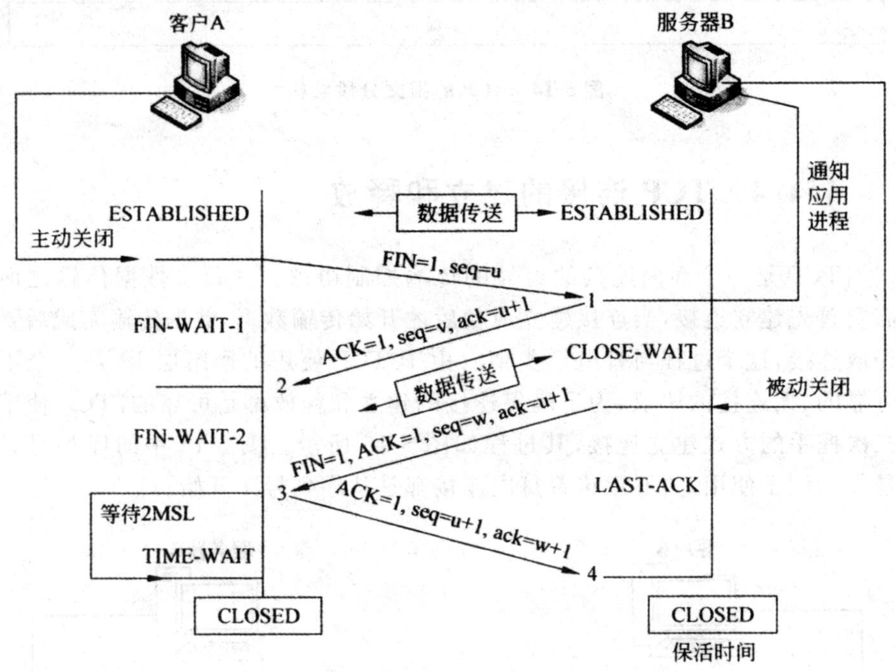

图 5-16 TCP 连接释放的四次握手过程

5.4.5 TCP 可靠传输技术

在 TCP 连接已经建立之后,为了保证数据传输的正确性,TCP 要求对传输的数据都进行确认。为了保证确认的正常进行,TCP 中对每一个分段都设 H32 位的编号,称为序列号。每一个分段都从起始号递增的顺序进行编号。TCP 通过序号和确认号确保数据传输的可靠性,每一次传输数据时都会标明该段的序号,以便于对方确认。确认并不需要单独发包进行,而是采用捎带确认的方法,即在发送到对方的 TCP 分段中包含确认号。

在 TCP 中,确认并不意味着要明确说明哪些分段已经收到,而是采用期望值的方法告诉对方该期望值以前的分段已经正确接收。如果收到分段后，自己没有分段要马上发送回去。TCP 通常采用延时几分之一秒后再确认，而不是收到一个确认一个，这样可以减少确认的次数，增加确认的效率。如果 M 分段在传输中出错，则确认 M 之前的序号，从而使发送方明白，需要将 M 分段及之后的分段重新传送。

5.4.6　TCP 流量控制

TCP 连接建立后，通信双方就可以进行全双工通信了。一般来说，总是希望数据传输能够更快一些，但是如果发送方把数据发送得过快，接收方可能来不及处理，这就会造成数据的丢失。所谓流量控制，就是控制发送方的发送速率要让接收方来得及处理。TCP 采用滑动窗口机制来实现流量控制的功能，其工作过程如图 5-17 所示。

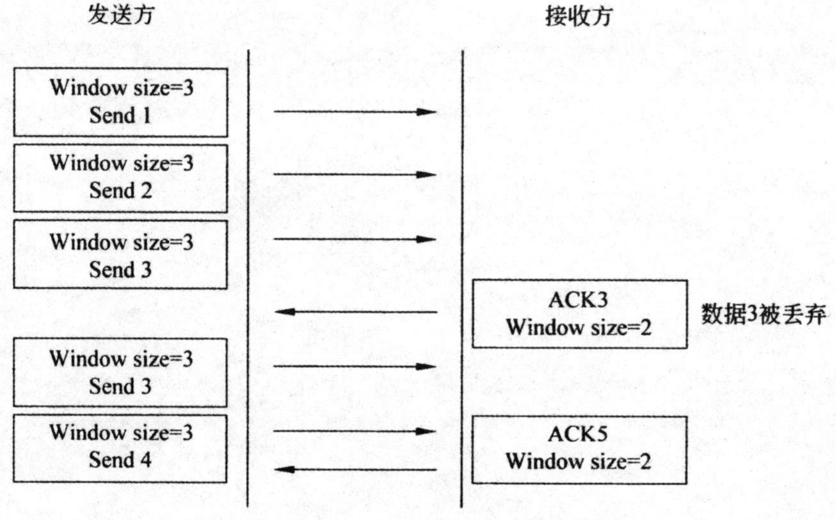

图 5-17　滑动窗口工作过程

5.4.7　TCP 的拥塞控制

1999 年公布的 Internet 建议标准 RFC2581 中定义了进行拥塞控制的 4 种算法，分别是慢启动、拥塞避免、快重传和快恢复。在以后的 RFC2582 和 RFC3390 中对这些算法进行了改进。下面以慢启动为例，介绍 TCP 的拥塞控制。

滑动窗口技术可以实现流量控制,这种控制针对的是发送方和接收方,当拥塞发生在链路中间时,这种方法是无法处理的。因此 TCP 采用了一种称为慢启动的算法,在这个算法中,除了发送方和接收方的窗口外,还为发送方添加了一个拥塞窗口,拥塞窗口用来描述网络的通行能力。当发送方与另一台网络的主机建立 TCP 连接时,拥塞窗口被初始化为 1 个报文段,每收到一个 ACK,拥塞窗口就增加一个报文段。发送方取拥塞窗口和接收方窗口中的最小值作为发送上限,开始时发送一个报文段,然后等待 ACK。当收到 ACK 时,拥塞窗口从 1 增加为 2,即可以发送两个报文段。当再次收到这两个报文段的 ACK 时,拥塞窗口就增加到 4。这是一种指数增加的关系,这种增加直到某些中间节点开始丢弃分组为止,这就说明拥塞窗口开得过大了。

第 6 章　IPv4 与 IPv6

在计算机网络中，标识目标主机在哪个网络的是 IP 地址。它封装在数据报的 IP 报头中，有两个用途。一个用途是网络的路由器设备使用 IP 地址确定目标网络地址，进而确定该向哪个端口转发报文；另一个用途就是源主机用目标主机的 IP 地址查询目标主机的物理地址。IPv6 被称为“下一代互联网协议”，与 IPv4 相比，其报头和地址结构经过了全面的修改。最初开发它旨在解决 IPv4 面临的地址耗尽问题。开发人员一直在不断改进现有的 IPv4，以满足人们日益增长的需求。相比于 IPv6，IPv4 的容量太小了，这就是 IPv4 终将退出历史舞台的原因所在。

6.1　IPv4 编址概述

通过前面关于 TCP/IP 的讨论可以发现，IP 编址是最重要的主题之一。IP 地址是分配给 IP 网络中每台机器的数字标识符，它指出了设备在网络中的具体位置。IP 地址是软件地址，不是硬件地址。硬件地址被硬编码到网络接口卡(NIC)中，用于在本地网络中寻找主机。E 地址让一个网络中的主机能够与另一个网络中的主机通信，而不管这些主机所属的 LAN 是什么类型的。在讨论 IP 编址更为复杂的内容之前，我们首先阐述一些基础知识。

6.1.1　IP 地址的管理

IP 地址是逻辑地址，也称为虚拟地址，它由负责全球互联网名称与数字地址分配机构(ICANN)统一管理。根据有关规定，将部分 IP 地址分配给地区级的互联网注册机构(RIR)，然后由这些 RIR 负责该地区的注册登记服务。

现在，全球一共有五个 RIR。ARIN 主要负责北美地区业务；RIPEN 主要负责欧洲地区业务；LACNIC 主要负责拉丁美洲业务；AFRINIC 主要负责非洲地区的 IP 地址分配；APNIC(Asia Pacific Network Information Center)主要负责亚洲、太平洋地区国家的 IP 地址分配。在亚太地区，RIR 之下还可以存在一些 IR，如图 6-1 所示。这些 IR 都可以从 APNIC 得到 Internet 地址及号码，再向其各自的下级进行分配。

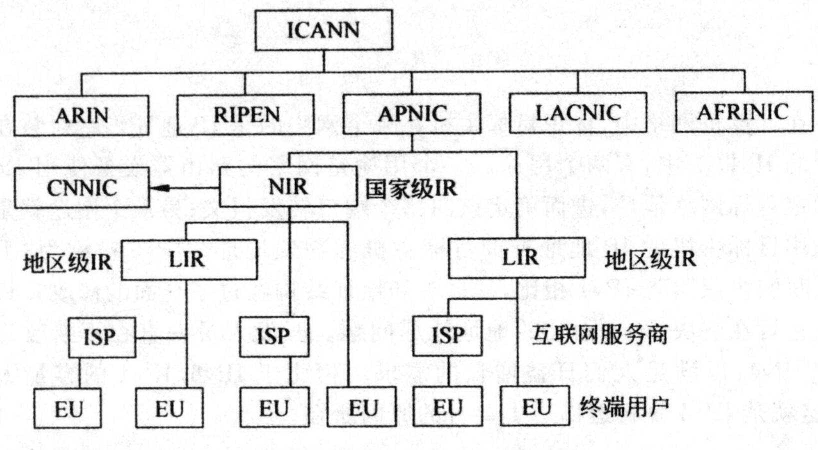

图 6-1 IP 地址管理与分配机构

APNIC 对 IP 地址的分配采用会员制，直接将 IP 地址分配给会员单位。中国互联网络信息中心(CNNIC)以国家 NIC 的身份于 1997 年 1 月成为 APNIC 的联盟会员，是我国最高级别的 IP 地址分配机构。

6.1.2 IPv4 的层次型编址方案

IP 地址长 32 位，这些位被划分成 4 组(称为字节或八位组)，每组 8 位。可使用以下 3 种方法描述 IP 地址：

(1)点分十进制数表示，如 172.16.30.56。

(2)二进制，如 10101100.00010000.00011110.00111000。

(3)十六进制，如 AC.10.1E.38。

上述示例表示的是同一个 IP 地址。讨论 IP 编址时，十六进制数表示没有点分十进制数和二进制数那样常用，但某些程序确实以十六进制数形式存储 IP 地址，Windows 注册表就将机器的 IP 地址存储为十六进制数。

32 位的 IP 地址是一种结构化(层次型)地址，而不是平面或非层次型地址。虽然这两种编址方案都可以使用，层次型编址方案的优点在于：它可处理大量的地址，具体来说是 43 亿个(在 32 位的地址空间中，每位都有 0 或 1 这两种可能的取值。因此支持 2^{23} 个地址，即 4294967296 个)。平面编址方案的缺点与路由选择有关,这也是没有将其用于 IP 编址的原因。如果每个地址都是唯一的,互联网上的路由器将需要存储所有机器的地址,这使其几乎无法进行高效的路由选择,即使只使用部分可能的地址也是如此。

对于这种问题,解决方案是使用包含 2 层或 3 层的层次型编址方案,即地址由网络部分和主机部分组成,或者由网络部分、子网部分和主机部分组成。

使用 2 层或 3 层的层次型编址方案时,IP 地址类似于电话号码:第一部分是区号,指定了一个非常大的区域;第二部分是前缀,将范围缩小到本地呼叫区域;最后一部分是用户号码,将范围缩小到具体的连接。IP 地址使用类似的分层结构:与平面编址方案将全部 32 位视为一个唯一的标识符不同,它将其一部分作为网络地址,另一部分作为子网部分和主机部分或节点地址。

接下来,我们进一步讨论 IP 网络编址以及各种可用于给网络编址的地址类型。

1. 网络地址

网络地址(也叫网络号)可以唯一地标识网络。在同一个网络中,所有机器的 IP 地址都包含相同的网络地址。例如,在 IP 地址 172.16.30.56 中,172.16 为网络地址。

网络中的每台机器都有节点地址,节点地址唯一地标识了机器。这部分 IP 地址必须是唯一的,因为它标识特定的机器(个体)而不是网络(群体)。这一编号也称主机地址。在 IP 地址 172.16.30.56 中,30.56 为节点地址。

设计互联网的人决定根据网络规模创建网络类型。对于少量包含大量节点的网络,他们创建了 A 类网络;对于另一种极端情况的网络,他们创建了 C 类网络,用来指示大量只包含少量节点的网络;介于超大型和超小型网络之间的是 B 类网络。还有特殊用途的 D 类组播地址和用于研究用的 E 类地址。

网络的类型决定了 IP 地址将如何划分成网络部分和节点部分。如图 6-2 所示,总结了这五类网络。

为确保高效的路由选择,设计互联网的人对每种网络地址的前几位做了限制。例如,由于路由器知道 A 类网络地址总是以 0 开头,因此只需阅读地址的第一位,从而提高转发分组的速度。编址方案在此指出了 A 类、B 类和 C 类地址的差别。接下来的内容会首先讲述这种差别,然后介绍 D 类和 E 类地址(只有 A 类、B 类和 C 类地址可用于给网络中的主机编址)。

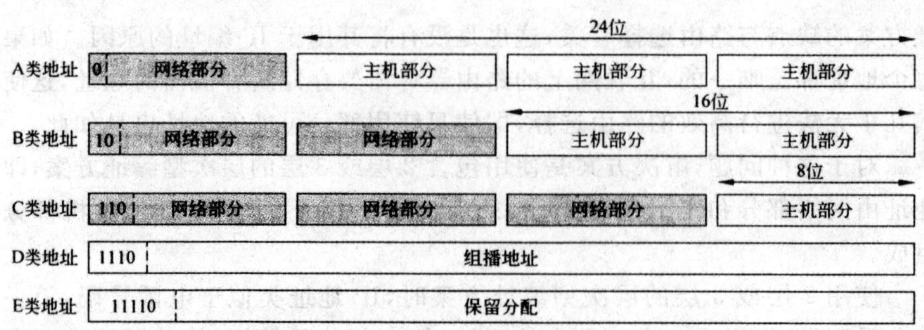

图 6-2　IP 地址的分类

首先,我们将各类地址的范围介绍如下:

(1)A类网络地址范围。IP 编址方案设计师指出,A 类网络地址的第一个字节的第一位必须为 0,这意味着 A 类网络地址第一个字节的取值为 0～127。例如,网络地址"0×××××××",如果将余下的 7 位都设置为 0,然后将它们都设置为 1,便可获得 A 类网络地址的范围,即 00000000＝0,01111111＝127。因此,A 类网络地址第一个字节的取值范围为 0～127(但 0 和 127 不是有效的 A 类网络地址号,稍后将介绍保留地址)。

(2)B类网络地址范围。RFC 规定,B 类网络地址的第一个字节的第一位必须为 1,且第二位必须为 0。如果将余下的 6 位全部设置为 0,再将它们全部设置为 1,便可获得 B 类网络地址的范围,即 10000000＝128,10111111＝191。所以,B 类网络地址第一个字节的取值为 128～191。

(3)C类网络地址范围。RFC 规定,C 类网络地址的第一个字节的前两位必须为 1,而第三位必须为 0。按前面的方法将二进制数转换为十进制数,以找出 C 类网络地址的范围,即 11000000＝192,11011111＝223。因此,如果 IP 地址以 192～223 开头,即可判定它是 C 类网络地址。

(4)D类和 E 类网络地址范围。第一个字节为 224～255 的地址被保留用于 D类和 E 类网络地址。D类(224～239)用作组播地址,而 E 类(240～255)用于科学用途,暂时不需要了解。

(5)具有特殊用途的地址。有些 IP 地址被保留用于特殊目的,网络管理员不能将它们分配给节点。表 6-1 列出了一些特殊地址以及将其用于特殊目的的原因。

表 6-1　保留的 IP 地址

特殊地址	功能
网络地址全为 0	表示当前网络或网段
网络地址全为 1	表示所有网络

(续)

特殊地址	功能
地址 127.0.0.1	保留用于环回测试。表示当前节点,让节点能够给自己发送测试分组,而不会生成网络流量
节点地址全为 0	表示网络地址或指定网络中的任何主机
节点地址全为 1	表示指定网络中的所有节点。例如,172.2.255.255 表示网络 172.2(B 类网络地址)中的所有节点
整个 IP 地址全为 0	路由器用它来指定默认路由,也可能表示任何网络
整个 IP 地址全为 1 (即 255.255.255.255)	到当前网络中所有节点的广播,有时称为"全 1 广播"或限定广播

2. A 类地址

在 A 类地址中,第一个字节为网络地址,余下的 3 个字节为节点地址。A 类地址的格式为:网络地址 . 节点地址 . 节点地址 . 节点地址。例如,在 IP 地址 28.33.111.70 中,28 为网络地址,33.111.70 为节点地址。在该网络中,每台机器的网络地址都为 28。

A 类网络地址长 8 位,其中第一位被保留,余下的 7 位可用于编址。因此,最多可以有 128 个 A 类网络。为什么呢?因为在这 7 位中,每位的可能取值都为 0 或 1,因此可表示 2^7(128)个网络。

让问题更复杂的是,全 0 网络地址(00000000)被保留用于指定默认路由(如表 6-1 所示)。另外,地址 127 被保留用于诊断,也不能使用,这意味着只能使用编号 1～126 指定 A 类网络地址。也就是说,实际可以使用的 A 类网络地址数为 128－2＝126(个)。

每个 A 类地址都有 3 个字节(24 位)用于表示机器的节点地址。这意味着有 224(16777216)种组合,因此每个 A 类网络可使用的节点地址数为 16777216。由于全 0 和全 1 的节点地址被保留,A 类网络实际可包含的最大节点数为 2^{24}－2＝16777214。无论如何,这在一个网段都是一个很大的主机数目。

这里需要特别注意的是,0 和 255 不是合法的主机 ID。确定合法的主机地址时,主机位不能都为 0,也不能都为 1。

3. B 类地址

在 B 类地址中,前 2 个字节为网络地址,余下的 2 个字节为节点地址,其格式为:网络地址.网络地址.节点地址.节点地址。例如,在 IP 地址 172.16.30.56 中,网络地址为 172.16,、节点地址为 30.56。

在网络地址为 2 个字节(每字节 8 位)的情况下,有 2^{16} 种不同的组合,但设计互联网的人规定,所有 B 类网络地址都必须以二进制数 10 开头,只留下 14 位供人们使用,因此有 2^{14}(16384)个不同的 B 类网络地址。

B 类地址用 2 个字节表示节点地址,因此每个 B 类网络有 $2^{16}-2$ 个节点地址(两个保留的地址,即全为 1 和全为 0 的地址),即 65534 个节点地址。

4. C 类地址

C 类地址的前 3 个字节为网络部分,余下的 1 个字节表示节点地址,其格式为:网络地址.网络地址.网络地址.节点地址。在 IP 地址 192.168.100.88 中,网络地址为 192.168.100,节点地址为 88。

在 C 类网络地址中,前 3 位总是为二进制 110。计算 C 类网络数的方法如下:3 字节为 24 位,减去 3 个保留位后为 21 位,因此有 2^{21}(2097152)个 C 类网络地址。

每个 C 类网络用 1 个字节表示节点地址,因此每个 C 类网络有 $2^{8}-2$ 个节点地址(两个保留的地址,即全为 1 和全为 0 的地址),即 254 个节点地址。

6.1.3 私有地址与公有地址

1. 私有地址

制订 IP 编址方案的人还提供了私有 IP 地址。这些地址可用于私有网络,但在互联网中不可路由。设计私有地址旨在提供一种安全措施,也可帮助节省宝贵的 IP 地址空间。如果每个网络中的每台主机都必须有可路由的 IP 地址,IP 地址在多年前就耗尽了。通过使用私有 IP 地址,ISP、公司和家庭用户只需少量公有 IP 地址就可将其网络连接到互联网。为此,ISP 和公司需要使用网络地址转换(NAT)。NAT 将私有 IP 地址进行转换,以便在互联网中使用。同一个公有 IP 地址可供很多人使用,以便将数据发送到互联网。这节省了大量的地址空间,对所有人都有益。

在组建网络时,应使用 A 类、B 类还是 C 类私有地址呢,下面以某职业学院为例回答这个问题。该学院搬到了新的校址,需要组建全新的网络,该学院有 20 多个机房,每个机房大约有 70 台计算机。这样可以使用一两个

C 类网络地址，也可使用 B 类甚至 A 类网络地址。

业界的一个经验法则是，组建公司网络时，不管其规模多小，都应使用 A 类网络地址，因为它提供了最大的灵活性和扩容空间。例如，如果使用网络地址 10.0.0.0 和子网掩码/24，将得到 65536 个网络，每个网络最多可包含 254 台主机。这为网络提供了极大的扩容空间。

然而，组建家庭网络时，最好选择 C 类网络地址，因为这最容易理解和配置。通过使用默认的 C 类网络子网掩码，一个网络最多可包含 254 台主机，这对家庭网络来说足够了。

2. 公有地址

公有地址即实际应用在互联网联网机器中的、可被路由的地址。在 A 类、B 类、C 类三类 IP 地址中，除了上述列示的私有地址外，其余均为公有地址。

随着 IPv4 地址即将耗尽，新的 IP 版本已经开发出来，被称为 IPv6。IPv6 中的 IP 地址使用 16 个字节即 128 位的地址编码，将可以提供 2^{128} 个 IP 地址，约 3.4×10^{38} 个，IPv6 拥有足够的地址空间迎接未来的商业需要。

6.1.4　IPv4 地址类型

一般地，IPv4 地址可以分为如下四种类型：

(1)第 2 层广播。第 2 层广播也叫硬件广播，它们只在当前 LAN 内传输，而不会穿越 LAN 边界(路由器)。典型的硬件地址长 6 个字节(48 位)，如 45:AC:24:E3:60:A5。使用二进制数表示时，广播地址全为 1，而使用十六进制数表示时全为 F，即 FF:FF:FF:FF:FF:FF。

(2)第 3 层广播。第 3 层也有广播地址。广播消息是发送给广播域中所有主机的，其目标地址的主机位都为 1。例如，对于网络地址 172.16.0.0/255.255.0.0，其广播地址为 172.16.255.255，即所有主机位都为 1。广播也可以是发送给所有网络中的所有主机的，例如 255.255.255.255。一种典型的广播消息是地址解析协议(ARP)请求。假设有台主机要发送分组，且知道目的地的逻辑地址(192.168.2.3)。为让分组到达目的地，主机需要将其转发给默认网关(目的地位于另一个 IP 网络中)。如果目的地位于当前网络中，源主机将把分组直接转发到目的地。如果源主机没有转发帧所需的 MAC 地址，它发送广播时，当前广播域中的每台设备都将监听该广播。该广播相当于在说："如果你拥有 IP 地址 192.168.2.3，请将 MAC 地址告诉我。"

(3)单播地址。单播地址是分配给网络接口卡的IP地址,在分组中用作目标地址,换句话说,它将分组传输到特定主机。DHCP客户端请求很好地说明了单播的工作原理。例如,LAN中的主机发送广播(其第2层目标地址为FF:FF:FF:FF.FF.FF,而第3层目标地址为255.255.255.255),在I.AN中寻找DHCP服务器。路由器知道这是发送给DHCP服务器的广播,因为其目标端口号为67(BootP服务器),因此会将该请求转发到另一个LAN中的DHCP服务器。因此,如果DHCP服务器的IP地址为172.16.10.1,主机只需以广播方式发送DHCP请求(其目标地址为255.255.255.255),路由器将修改该广播,将其目标地址改为172.16.10.1。为让路由器提供这种服务,需要使用命令"iphelper-address"配置接口。

(4)组播地址。组播与其他通信类型完全不同。它好像是单播和广播的混合体,但实际不是这样。组播确实支持点到多点通信,这类似于广播,但工作原理不同。组播的关键点在于,它让多个接收方能够接收消息,却不会将消息传递给广播域中的所有主机。然而,这并非默认行为,而是在配置正确的情况下使用组播达到的。组播工作方法是将消息或数据发送给IP组播组地址,路由器将分组的副本从每个这样的接口转发(这不同于广播,路由器不转发广播)给订阅了该组播的主机。这就是组播不同于广播的地方,组播通信只会将分组副本发送给订阅主机。从理论上说,指的是主机将收到发送给224.0.0.10的组播分组(EIGRP分组,只有运行EIGRP协议的路由器才会读取它)。广播型LAN(以太网是一种广播型多路访问LAN技术)中的所有主机都将接收这种帧,读取其目标地址,然后马上丢弃,除非它是组播组的成员。这节省了PC的处理周期,但没有节省LAN带宽,有时会导致严重的LAN拥塞。用户和应用程序可加入多个组播组。组播地址的范围为244.0.0.0~239.255.255.255,这个地址范围位于D类IP地址空间内。

6.1.5 IP数据报

ARPANet建立之初,科学家们并没有预测到后来计算机网络所面临的问题。当大量不同厂商、不同标准的设备进入ARPANet的时候就产生了很多问题,于是IP数据报应运而生。

1.IP数据报的结构

按照IPv4的规定,在IP层,需要传输的数据首先需要加上IP首部信息,封装成IP数据报。IP数据报是IPv4使用的数据单元,互联层数据信息和控制信息的传递都需要通过 IP 数据报进行。

IP 数据报的格式(以 IPv4 为例)可分为报头区和数据区两大部分,其结构如图 6-3 所示。数据区包括了高层需要传输的数据,报头区是为了正确传送高层数据而增加的控制信息。

<table>
<tr><td>版本(4位)</td><td>头部长度(4位)</td><td>服务类型(8位)</td><td>总长度(16位)</td></tr>
<tr><td colspan="2">标识(16位)</td><td>标志(3位)</td><td>片编移(13位)</td></tr>
<tr><td>生存时间(8位)</td><td>协议(8位)</td><td colspan="2">头部校验和(16位)</td></tr>
<tr><td colspan="4">源地址(32位)</td></tr>
<tr><td colspan="4">目的地址(32位)</td></tr>
<tr><td colspan="4">选项</td></tr>
<tr><td colspan="4">数据区</td></tr>
</table>

图 6-3　IPv4 数据报格式

IP 数据报的报头中各字段的主要功能如下:

(1)版本。IP 数据报的第一个域就是版本域,长度为 4 位,它表示该数据报对应的 IP 的版本号。对于不同的 IP 版本,其所规定的数据报格式也有所不同。目前,使用的 IP 协议版本是 IPv4,下一代是 IPv6。版本域的值为 4,表示 IPv4;版本域的值为 6,表示 IPv6。

(2)长度。IP 数据报报头中有两个表示长度的字段,一个是头部长度,一个是总长度。头部长度以 4 字节为单位,指出了该报头区的长度。此域最小值为 5,即报头最小长度为 20(4×5)字节。如果含有选项域字段,则长度取决于选项域字段长度,协议规定头部长度最大值为 15,表示报头最大长度为 60 字节,所以 IP 数据报的头部长度是可变的,在 20～60 字节。总长度字段为 16 位,它定义了数据报的总长度。总长度最大值为 65535 字节,其中包括头部长度。这样,数据报的总长度减去头部长度就等于 IP 数据报中高层协议的数据长度。

(3)服务类型。服务类型字段长度为 8 位,它用于规定对 IP 数据报的处理方式。利用该字段,发送端可为数据报分配优先级,并设定服务类型参数,如延迟、可靠性、成本等,指导路由器对数据报进行传送。当然,处理的效果还要受具体设备及网络环境限制。

(4)生存时间。IP 数据报的路由选择具有独立性,所以各数据报的传输时间也不相同。如果出现选路错误,可能造成数据报在网络中无休止地循环流动。为此,设计了生存时间(Time To Live,TTL)字段控制这种情形的发生。沿途路由器对该字段的处理方法是“先减后查,为 0 抛弃”。

(5)协议。协议指的是使用此数据报的高层协议类型,如 TCP 或 UDP 等,协议域长度为 8bit。

除了上述字段以外,IP 数据报的报头中还有对于字段表示地址、标识、标志、片偏移和选项,限于本书篇幅,这里不再一一赘述。有必要特别指出的是,在使用选项字段的过程中,可能会造成报头部分长度不是整字节,这时可以通过填充位来处理。

2. IP 数据报的分片和重组

IP 数据报是网络层的数据,它在数据链路层需要封装成帧来传输。不同物理网络使用的技术不同,每种网络都规定了一个帧最多能够携带的数据量,这一限制称为最大传输单元(MTU)。IP 数据报的长度不超过网络的 MTU 值才能在网络中进行传输。互联网包含各种各样的物理网络,不同物理网络的最大传输单元长度也不相同,比如以太网的 MTU 长度大约为 1500 字节。

路由器可能连着两个具有不同 MTU 值的网络,如果数据报来自一个 MTU 值较大的局域网,要发往一个 MTU 值较小的局域网,那么就必须把大的数据报分成多个较小的部分,使它们小于局域网的 MTU 值才能继续传送,这个过程就叫作数据报的分片。一旦进行分片,每片都像正常的 IP 数据报一样经过独立的路由选择处理,最终到达目的主机。

在接收到所有分片的基础上,把各个分片重新组装的过程叫作 IP 数据报重组。IP 规定,目的主机负责对分片进行重组。这样处理,可以减少路由器的计算量,使路由器可以对分片独立选择路径。另外,由于分片可能经过不同的路径到达目的主机,因此,中间路由器也不可能对分片进行重组。

在 IP 数据报的报头中,标识、标志和片偏移 3 个字段与数据报的分片和重组相关,可以利用其对数据报进行分片控制。

标识是源主机给予 IP 数据报的标识符,是分片识别的标记。因为数据报是独立传送的,属于同一数据报的各个分片到达目的地时可能会出现乱序,也可能会和其他数据报混在一起。含有同样标识字段的分片属于同一个数据报,目的主机正是通过标识字段来将属于同一数据报的各个分片挑出来进行重装的,所以,分片时标识字段必须被不加修改地复制到各分片当中。

标志字段由 3 个标志位组成。最高位为 0,第 2 位(DF 位)是标识数据报能否被分片。当 DF 位值为 0 时,表示可以分片;当 DF 位值为 1 时,表示禁止分片。第 3 位(MF 位)表示该分片是否是最后一个分片,当 MF 位值为 1 时,表示是最后一个分片。

片偏移字段指出本片数据在数据报中的相对位置，片偏移量以 8 字节为单位。分片在目的主机被重组时，各个分片的顺序由片偏移量提供。

6.2　子网划分与子网掩码

前文讨论了如何定义和找出 A 类、B 类和 C 类网络的合法主机 ID 范围。其方法是先将所有主机位都设置为 0，再将它们都设置为 1。但这里有一个问题，如果要使用一个网络地址创建 6 个网络，必须进行子网划分，它能够将大型网络划分成一系列小网络。进行子网划分的主要原因如下：

(1)减少网络流量。无论什么样的流量，人们都希望它少些，网络流量也是如此。如果没有可信赖的路由器，网络流量可能导致整个网络停顿，但有了路由器后，大部分流量都将待在本地网络内，只有前往其他网络的分组将穿越路由器。路由器增加广播域，广播域越多，每个广播域就越小，而每个网段的网络流量也越少。

(2)优化网络性能。这是减少网络流量的结果。

(3)简化管理。与庞大的网络相比，在一系列相连的小网络中找出并隔离网络问题更容易。

(4)有助于覆盖大型地理区域。WAN 链路比 LAN 链路的速度慢得多，且更昂贵；单个大跨度的大型网络在前面说的各个方面都有可能出现问题，而将多个小网络连接起来可提高系统的效率。

6.2.1　子网划分

要创建子网，可借用 IP 地址中的主机位，将其用于定义子网地址。这意味着子网越多，可用于定义主机的位越少。

一般地，创建子网的具体步骤如下：

(1)确定需要的网络 ID 数。每个 LAN 子网一个，每条广域网连接一个。

(2)确定每个子网所需的主机 IP 数。每个 TCP/IP 主机一个；每个路由器接口一个。

(3)根据(1)和(2)的需求进一步确定。要确定的内容是：一个用于整个网络的子网掩码；每个物理网段的唯一子网 ID；每个子网的主机 ID 范围。

6.2.2 子网掩码

网络中的每台机器都必须知道主机地址的哪部分为子网地址，这是通过给每台机器分配子网掩码实现的。子网掩码是一个长 32 位的值，让 IP 分组的接收方能够将 IP 地址的网络 ID 部分和主机 IP 部分区分开来。

网络管理员创建由 1 和 0 组成的 32 位子网掩码，其中的 1 表示 IP 地址的相应部分为网络地址或子网地址。

并非所有网络都需要子网，这意味着网络可使用默认子网掩码。这相当于说 IP 地址不包含子网地址。如表 6-2 所示，列出了 A 类、B 类和 C 类网络的默认子网掩码。这些默认子网掩码不能修改。换句话说，用户不能将 B 类网络的子网掩码设置为 255.0.0.0。如果试图这样做，主机将认为这是非法的。对于 A 类网络，用户不能修改其子网掩码的第一个字节，即其第一个字节必须是 255。同样，用户不能将子网掩码设置为 255.255.255.255，因为它全为 1，是一个广播地址。B 类网络的子网掩码必须以 255.255 开头，而 C 类网络的子网掩码必须以 255.255.255 开头。

表 6-2　三种不同类型网络的默认子网掩码

地址类型	默认子网掩码	地址类型	默认子网掩码
A 类地址	255.0.0.0	C 类地址	255.255.255.0
B 类地址	255.255.0.0		

6.2.3 CIDR

无类域间路由选择（Classless Inter Domain Routing，CIDR）是因特网服务提供商（Internet Service Provider，ISP）用来将大量地址分配给客户的一种方法。ISP 以特定大小的块提供地址。

从 ISP 那里获得的地址块类似于 192.168.10.32/28，这指出了子网掩码。这种斜杠表示法指出了子网掩码中有多少位为 1，显然最大为/32，因为一个字节为 8 位，而 IP 地址长 4 个字节（4×8＝32）。需要特别注意的是，最大的子网掩码为/32（不管是哪类地址），因为至少需要将两位用作主机位。

在 A 类网络的默认子网掩码 255.0.0.0 中，第一个字节全为 1，即 11111111。使用斜杠表示法时需要计算为 1 的位有多少个。255.0.0.0 的斜杠表示法为/8，因为有 8 个取值为 1 的位。

B 类网络的默认子网掩码为 255.255.0.0，其斜杠表示法为/16，因为有 16 个取值为 1 的位，如下所示：

11111111.11111111.00000000.00000000

如表 6-3 所示，列出了所有可能的子网掩码及其 CIDR 斜杠表示法。

表 6-3 子网掩码及其 CIDR 斜杠表示法

子网掩码	CIDR 值	子网掩码	CIDR 值	子网掩码	CIDR 值
255.0.0.0	/8	255.255.0.0	/16	255.255.255.0	/24
255.128.0.0	/9	255.255.128.0	/17	255.255.255.128	/25
255.192.0.0	/10	255.255.192.0	/18	255.255.255.192	/26
255.224.0.0	/11	255.255.224.0	/19	255.255.255.224	/27
255.240.0.0	/12	255.255.240.0	/20	255.255.255.240	/28
255.248.0.0	/13	255.255.248.0	/21	255.255.255.248	/29
255.252.0.0	/14	255.255.252.0	/22	255.255.255.252	/30
255.254.0.0	/15	255.255.254.0	/23		

在表 6-3 中，/8～/15 只能用于 A 类网络，/16～/23 可用于 A 类和 B 类网络，而/24～/30 可用于 A 类、B 类和 C 类网络。这就是大多数公司都使用 A 类网络地址的一大原因，因为它们可使用所有的子网掩码，进行网络设计时的灵活性最大。

6.2.4 C 类网络的子网划分

进行子网划分的方法有很多，最适合的方式就是正确的方式。在 C 类地址中，只有 8 位用于定义主机，这意味着只能有如表 6-4 所示的 C 类子网掩码（子网位从左向右延伸，中间不能留空）。

表 6-4 C 类子网掩码

二进制	十进制	CIDR
00000000	=0	/24
10000000	=128	/25
11000000	=192	/26
11100000	=224	/27
11110000	=240	/28
11111000	=248	/29
11111100	=252	/30

这里不能使用/31和/32,因为至少需要2个主机位,才有可供分配给主机的IP地址。对于C类网络中,以前从不讨论/25,因为以前的路由器一直要求至少有两个子网位,但现在的路由器大多支持ipsubnet-zero命令,因此子网位可以只有1位。

这里需要特别注意的是,ipsubnet-zero命令可以让路由器支持使用第一个子网和最后一个子网。例如,C类子网掩码255.255.255.192提供了子网64和128,但配置命令ipsubnet-zero后,将可使用子网0、64、128和192。也就是说,这让每个子网掩码提供的子网多了两个。

1. C类网络的快速子网划分

给网络选择子网掩码后,需要计算该子网掩码提供的子网数以及每个子网的合法主机地址和广播地址。为此要考虑如下五个简单的问题(理解并牢记2的幂很重要):

(1)选定的子网掩码将创建多少个子网?答案是2^x个,其中x为被遮盖(取值为1)的位数。例如,在11000000中,取值为1的位数为2,因此子网数为2^2(4个)。

(2)每个子网可包含多少台主机?答案是2^y-1个,其中y为未遮盖(取值为0)的位数。例如,在11000000中,取值为0的位数为6,因此每个子网可包含的主机数为2^6-2(62个)。

(3)有哪些合法的子网?块大小(增量)为256减去子网掩码。一个例子是256－192＝64,即子网掩码为192时,块大小为64。

(4)每个子网的广播地址是什么?这很容易确定。

(5)每个子网可包含哪些主机地址?合法的主机地址位于两个子网之间,但全为0和全为1的地址除外。

2. C类网络子网划分示例

下面使用前面给出的方法处理几个C类网络子网划分的具体实例。这里将从第一个可用的C类子网掩码开始,依次尝试每个可用的C类子网掩码。

例6.2.1 C:255.255.255.128(/25)。

128的二进制表示为10000000,只有1位用于定义子网,余下7位用于定义主机。这里将对C类网络192.168.10.0进行子网划分。网络地址为192.168.10.0,子网掩码为255.255.255.128。下面来回答前面的五个问题:

(1)在 128(10000000)中,取值为 1 的位数为 1,因此答案为 $2^1=2$。

(2)每个子网有 $2^7-2=126$ 台主机。

(3)有 256－128＝128 个合法的子网。

(4)在下一个子网之前的数字中。所有主机位的取值都为 1,是当前子网的广播地址。对于子网 0,其广播地址为 127。

(5)如表 6-5 所示,列出了子网 0 和 128 以及它们的合法主机地址范围和广播地址。

表 6-5　子网 0 和 128 以及它们的合法主机地址范围和广播地址

子网	0	128
第一个主机地址	1	129
最后一个主机地址	126	254
广播地址	127	255

如图 6-4 所示,是实现使用子网掩码/25 的 C 类网络示意图,通过图 6-4 可以发现,两个子网都与路由器接口相连,路由器创建了广播域和子网。

添加路由器后,为让互联网中的主机能够相互通信,用户必须使用一种逻辑网络编址方案。为此可使用 IPv6,但 IPv4 仍是最流行的,且当前讨论的也是 IPv4,因此将使用它。现在回过头来看看图 6-4,其中有两个物理网络,因此将实现一种支持两个逻辑网络的逻辑编址方案。展望未来并考虑可能的扩容(包括短期和长期),就这里而言,使用子网掩码/25 就可以了。

例 6.2.2　C:255.255.255.192(/26)。

在这里,我们将使用子网掩码 25,5.255.255.192 对网络 192.168.10.0 进行子网划分。网络地址为 192.168.10.0,子网掩码为 255.255.255.192。下面来回答前面的五个问题:

(1)在 192(11000000)中,取值为 1 的位数为 2,因此答案为 $2^2=4$ 个子网。

(2)有 6 个主机位的取值为 0(11000000),因此答案是 $2^6-2=62$ 台主机。

(3)有 256－192＝64 个合法的子网。

(4)在下一个子网之前的数字中。所有主机位的取值都为 1,是当前子网的广播地址。对于子网 0,其广播地址为 63。

(5)如表 6-6 所示,列出了子网 0、64、128 和 192 以及它们的合法主机地址范围和广播地址。

表 6-6　0、64、128 和 192 以及它们的合法主机地址范围和广播地址

子网(第 1 步)	0	64	128	192
第一个主机地址(最后 1 步)	1	65	129	193
最后一个主机地址	62	126	190	254
广播地址(第 2 步)	63	127	191	255

同样，现在能够使用子网掩码/26 划分子网了。进入下一个示例前，如何使用这些信息呢？答案是实现子网划分，如图 6-5 所示。

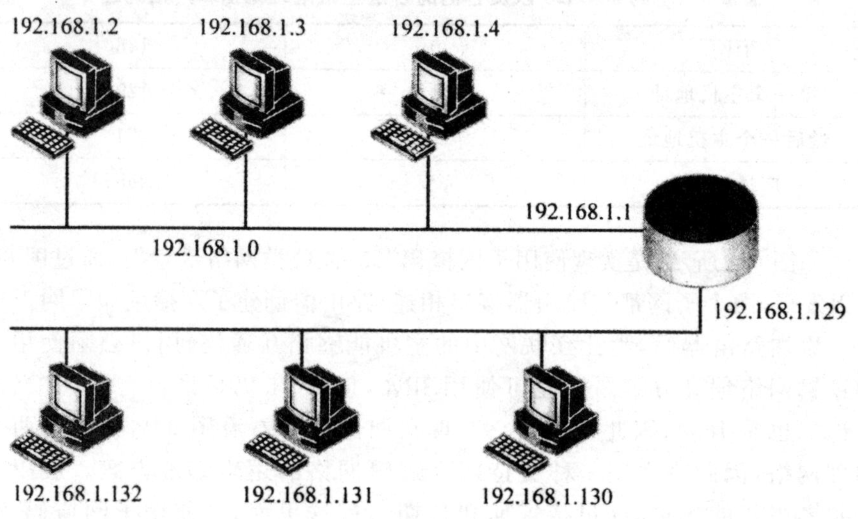

图 6-4　实现使用子网掩码/25

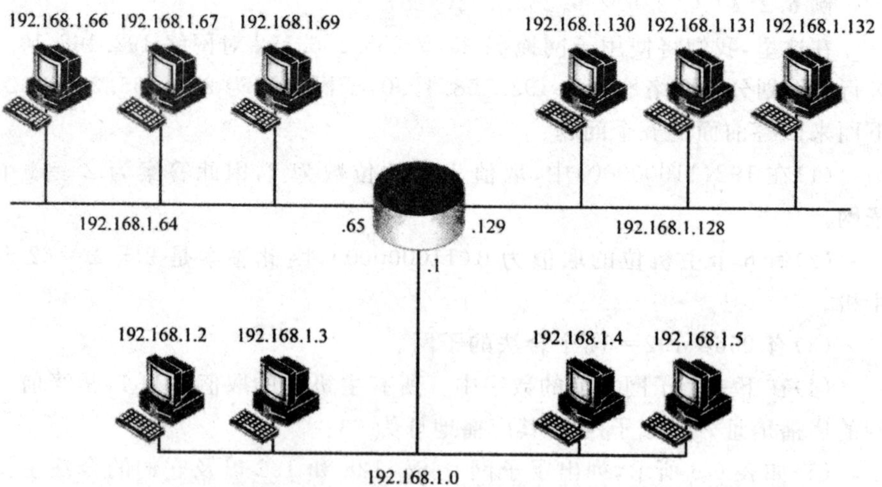

图 6-5　实现 C 类/26 逻辑网络的 C 类网络

子网掩码/26 提供了 4 个子网,每个路由器接口都需要一个子网。使用这种子网掩码时,这个示例还有添加另一个路由器接口的空间。

例 6.2.3 C:255.255.255.224(/27)。

这次将使用子网掩码 255.255.255.224 对网络 192.168.10.0 进行子网划分。网络地址为 192.168.10.0,子网掩码为 255.255.255.224。下面来回答前面的五个问题:

(1)选定的子网掩码将创建多少个子网?224 的二进制表示为 11100000,因此答案为 $2^3=8$ 个子网。

(2)每个子网可包含多少台主机?答案为 $2^5-2=30$(台)。

(3)有哪些合法的子网?答案为 256－224＝32(个)。

(4)每个子网的广播地址是什么?

(5)每个子网可包含哪些合法的主机地址?

要回答(4)和(5),首先写出子网,再写出广播地址,最后填写主机地址范围。如表 6-7 所示,列出了在 C 类网络中使用子网掩码 255.255.255.224 得到的所有子网。

表 6-7 C 类网络中使用子网掩码 255.255.255.224 得到的所有子网

子网	0	32	64	96	128	160	192	224
第一个主机地址	1	33	65	97	129	161	193	225
最后一个主机地址	30	62	94	126	158	190	222	254
广播地址	31	63	95	127	159	191	223	255

例 6.2.4 C:255.255.255.240(/28)。

易知,网络地址为 192.168.10.0,子网掩码为 255.255.255.240。下面来回答前面的五个问题:

(1)由于 240 的二进制表示为 1111000O,所以选定的子网掩码将创建 $2^4=16$ 个子网。

(2)由于主机位为 4 位,所以每个子网可包含 $2^4-2=14$ 台主机。

(3)合法的子网为 256－240＝16 个。从 0 开始数,每次增加 16,即 0＋16＝16,16＋16＝32…224＋16＝240。

(4)每个子网的广播地址是什么?

(5)每个子网可包含哪些合法的主机地址?

如表 6-8 所示,回答了最后两个问题,它列出了所有子网以及每个子网的合法主机地址和广播地址。首先使用块大小(增量)确定每个子网的地址，然后确定每个子网的广播地址（它总是下一个子网之前的数字），最后填充主机地址范围。

表 6-8　C 类网络中使用子网掩码 255.255.255.240 得到的所有子网

子网	0	16	32	48	64	80	96	112	128	144	160	176	192	208	224	240
第一个主机地址	1	17	33	49	65	81	97	113	129	145	161	177	193	209	225	241
最后一个主机地址	14	30	46	62	78	94	110	126	142	158	174	190	206	222	238	254
广播地址	15	31	47	63	79	95	111	127	143	159	175	191	207	223	239	255

例 6.2.5　C：255.255.255.248(/29)。

易知，网络地址为 192.168.10.0，子网掩码为 255.255.255.248。下面来回答前面的五个问题：

(1)选定的子网掩码将创建 $2^5=32$ 个子网。

(2)每个子网可包含主机 $2^3-2=6$ 台。

(3)由于 256－248＝8，因此合法的子网为 0、8、16、24、32、40、48、56、64、72、80、88、96、104、112、120、128、136、144、152、160、168、176、184、192、200、208、216、224、232、240 和 248。

(4)每个子网的广播地址是什么？

(5)每个子网可包含哪些合法的主机地址？

如表 6-9 所示，列出了使用子网掩码 255.255.255.248 时，该 C 类网络包含的部分子网（前 4 个和最后 4 个）以及它们的主机地址范围和广播地址。

表 6-9　C 类网络中使用子网掩码 255.255.255.248 得到的所有子网

子网	0	8	16	24	…	224	232	240	248
第一个主机地址	1	9	17	25	…	225	33	241	249
最后一个主机地址	6	14	22	30	…	230	238	246	254
广播地址	7	15	23	31	…	231	239	247	255

这里需要特别注意的是，如果给路由器接口配置地址 192.168.10.6，255.255.255.248，并出现错误消息 Badmask/29for-address192.168.10.6。这表明没有启用命令 ipsubnet-zero。要知道这里使用的地址属于子网 0，用户必须能够划分子网。

例 6.2.6　C：255.255.255.252(/30)。

易知，网络地址为 192.168.10.0，子网掩码为 255.255.255.252。下面来回答前面的五个问题：

(1)选定的子网掩码将创建 64 个子网。

(2)每个子网可包含 2 台主机。

(3)合法的子网为 0、4、8、12…252。

(4)每个子网的广播地址是什么(总是下一个子网之前的数字)?

(5)每个子网可包含哪些合法的主机地址(子网号和广播地址之间的数字)?

如表 6-10 所示，列出了使用子网掩码 255.255.255.252 时，该 C 类网络包含的部分子网(前 4 个和最后 4 个)以及它们的主机地址范围和广播地址。

表 6-10　C 类网络中使用子网掩码 255.255.255.252 得到的所有子网

子网	0	4	8	12	…	240	244	248	252
第一个主机地址	1	5	9	13	…	241	245	249	253
最后一个主机地址	2	6	10	14	…	242	246	250	254
广播地址	3	7	11	15	…	243	247	251	255

3. 根据节点地址确定子网

例 6.2.7　C：节点地址为 192.168.10.33，子网掩码为 255.255.255.224。

首先确定该 IP 地址所属的子网以及该子网的广播地址。为此，要回答五个问题中的第 3 个。答案为 256－224＝32，因此子网为 0、32、64 等。主机地址 33 位于子网 32 和 64 之间，因此属于子网 192.168.10.32。下一个子网为 64，因此子网 32 的广播地址为 63(别忘了，广播地址总是下一个子网之前的数字)。合法的主机地址范围为 33～62(子网地址和广播地址之间的数字)。

例 6.2.8　C：节点地址为 192.168.10.33，子网掩码为 255.255.255.240。

由于 256－240＝16，因此子网为 0、16、32、48 等。主机地址 33 位于子网 32 和 48 之间，因此属于子网 192.168.10.32。下一个子网为 48，因此该子网的广播地址为 47。合法的主机地址范围为 33～46(子网地址和广播地址之间的数字)。

例 6.2.9　C：节点地址为 192.168.10.174，子网掩码为 255.255.255.240。合法的主机地址范围是多少呢?

子网掩码为 240，因此将 256 减去 240，结果为 16，这是块大小。要确定所属的子网，只需从 0 开始不断增加 16，并在超过主机地址 174 后停止：0、16、32、48、64、80、96、112、128、144、160、176 等。主机地址 174 位于 160 和 176 之间，因此所属的子网为 160。广播地址为 175，合法的主机地址范围为 161～174。

例 6.2.10 C：节点地址为 192.168.10.17，子网掩码为 255.255.255.252，该 IP 地址属于哪个子网？

该子网的广播地址是什么？答案为 256－252＝4，因此子网为 0、4、8、12、16、20 等（除非专门指出，否则总是从 0 开始）。主机地址 17 位于子网 16 和 20 之间，因此属于子网 192.168.10.16，而该子网的广播地址为 19。合法的主机地址范围为 17～18。

4. C 类网络子网划分总结

看到子网掩码或其斜杠表示（CIDR）时，用户应知道如下内容：

（1）对于/25，用户应知道：子网掩码为 128；1 位的取值为 1，其他 7 位的取值为 0（10000000）；块大小为 128；2 个子网，每个子网最多可包含 126 台主机。

（2）对于/26，用户应知道：子网掩码为 192；2 位的取值为 1，其他 6 位的取值为 0（11000000）；块大小为 64；4 个子网，每个子网最多可包含 62 台主机。

（3）对于/27，用户应知道：子网掩码为 224；3 位的取值为 1，其他 5 位的取值为 0（11100000）；块大小为 32；8 个子网。每个子网最多可包含 30 台主机。

（4）对于/28，用户应知道：子网掩码为 240；4 位的取值为 1，其他 4 位的取值为 0（11110000）；块大小为 16；16 个子网，每个子网最多可包含 14 台主机。

（5）对于/29。用户应知道：子网掩码为 248；5 位的取值为 1，其他 3 位的取值为 0（11111000）；块大小为 8；32 个子网，每个子网最多可包含 6 台主机。

（6）对于/30，用户应知道：子网掩码为 252；6 位的取值为 1，其他 2 位的取值为 0（11111100）；块大小为 4；64 个子网，每个子网最多可包含 2 台主机。

6.2.5 B 类网络的子网划分

首先来看看 B 类网络可使用的全部子网掩码。与 C 类网络相比，B 类网络可使用的子网掩码多得多。

在B类地址中，有16位可用于主机地址。这意味着最多可将其中的14位用于子网划分，因为至少需要保留2位用于主机编址。使用/16意味着不对B类网络进行子网划分，但它是一个可使用的子网掩码。

B类网络的子网划分过程与C类网络极其相似，只是可供使用的主机位更多——从第三个字节开始。

在B类网络中，子网号和广播地址都用2个字节表示，其中第三个字节分别与C类网络的子网号和广播地址相同，而第四个字节分别为0和255。下面列出了一个B类网络中两个子网的子网地址和广播地址，该网络使用子网掩码240.0(/20)：子网地址16.0.32.0，广播地址31.255.47.255。只需在上述数字之间添加有效的主机地址就可以了。

这里需要特别指出的是，上述说法仅当子网掩码小于/24时才正确，子网掩码不小于/24时，B类网络的子网地址和广播地址与C类网络完全相同。

1. B类网络子网划分示例

B类网络的子网划分与C类网络的子网划分相同，只是从第三个字节开始，但数字是完全相同的。

例 6.2.11 B：255.255.128.0(/17)。

易知，网络地址为172.16.0.0，子网掩码为255.255.128.0。下面来回答前面的五个问题：

(1)选定的子网掩码将创建 $2^1=2$ 个子网(与C类网络相同)。

(2)每个子网可包含 $2^{15}-2=32766$ 台主机(第三个字节7位，第四个字节8位，8+7=15)。

(3)由于256－128=128，因此合法的子网为0和128。鉴于子网划分是在第3个字节中进行的，因此子网号实际上为0.0和128.0，如表6-11所示。

(4)每个子网的广播地址是什么?

(5)每个子网可包含哪些合法的主机地址?

如表6-11所示，列出了这两个子网及其合法主机地址范围和广播地址。

表 6-11 B类网络中使用子网掩码 255.255.128.0 得到的所有子网

子网	0.0	128.0
第一个主机地址	0.1	128.1
最后一个主机地址	127.254	255.254
广播地址	127.255	255.255

这里需要指出的是，只需添加第四个字节的最小值和最大值就得到了答案。同样，这里的子网划分与C类网络相同：在第三个字节使用了相同的数字，但在第四个字节添加了0和255，数字没有变，只是将它们用于不同的字节。

例 6.2.12 B:255.255.192.0(/18)。

易知，网络地址为172.16.0.0，子网掩码为255.255.192.0。下面来回答前面的五个问题：

(1)选定的子网掩码将创建 $2^2=4$ 个子网。

(2)每个子网可包含 $2^{14}-2=16382$ 台主机(第三个字节6位，第四个字节8位)。

(3)由于256－192＝64，因此合法子网为0、64、128和192。鉴于子网划分是在第三个字节中进行的，因此，实际上子网应为0.0、64.0、128.0和192.0。

(4)如表6-12所示，列出了这4个子网及其合法主机地址范围和广播地址，这就回答了第4和第5个问题。

表 6-12　B类网络中使用子网掩码 EB255.255.192.0 得到的所有子网

子网	0.0	64.0	128.0	192.0
第一个主机地址	0.1	64.1	128.1	192.1
最后一个主机地址	63.251	127.254	191.254	255.254
广播地址	63.255	127.255	191.255	255.255

同样，这与C类网络子网划分完全相同，只是在每个子网的第四个字节分别添加了0和255。

例 6.2.13 B:255.255.240.0(/20)。

易知，网络地址为172.16.0.0，子网掩码为255.255.240.0。下面来回答前面的五个问题：

(1)选定的子网掩码将创建 $2^4=16$ 个子网。

(2)每个子网可包含 $2^{12}-2=4094$ 台主机。

(3)由于256－240＝16，因此合法子网为0、16、32、48等，直到240。这些数字与使用子网掩码240的C类子网完全相同，只是将它们用于第三个字节，并在第四个字节分别添加了0和255。

(4)如表6-13所示，列出了使用子网掩码255.255.240.0时，该B类网络包含的前4个子网以及这些子网的合法主机地址范围和广播地址，这就回答了第4和第5个问题。

表 6-13　B 类网络中使用子网掩码 255.255.240.0 得到的前 4 个子网

子网	0.0	16.0	32.0	48.0
第一个主机地址	0.1	16.1	32.1	48.1
最后一个主机地址	15.254	31.254	47.254	63.254
广播地址	15.255	31.255	47.255	63.255

例 6.2.14　B:255.255.254.0(/23)。

易知,网络地址为 172.16.0.0,子网掩码为 255.255.254.0。下面来回答前面的五个问题:

(1)所选定的子网掩码可以创建 $2^7=128$ 个子网。

(2)每个子网将包含 $2^9-2=510$ 台主机。

(3)由于 256－254＝2,因此合法子网为 0、2、4、6、8…254。

(4)如表 6-14 所示,列出了使用子网掩码 255.255.254.0 时,该 B 类网络包含的前 5 个子网以及这些子网的合法主机地址范围和广播地址,这就回答了第 4 和第 5 个问题。

表 6-14　B 类网络中使用子网掩码 255.255.254.0 得到的前 5 个子网

子网	0.0	2.0	4.0	6.0	8.0
第一个主机地址	0.1	2.1	4.1	6.1	8.1
最后一个主机地址	1.254	3.254	5.254	7.254	9.254
广播地址	1.255	3.255	5.255	7.255	9.255

例 6.2.15　B:255.255.255.0(/24)。

与大家通常认为的相反,将子网掩码 255.255.255.0 用于 B 类网络时,人们并不将其称为 C 类子网掩码。看到该子网掩码用于 B 类网络时,很多人都认为它是一个 C 类子网掩码。实际上这是一个将 8 位用于子网划分的 B 类子网掩码,从逻辑上说,它不同于 C 类子网掩码。下面的子网划分非常简单。网络地址为 172.16.0.0,子网掩码为 255.255.255.0。下面来回答前面的五个问题:

(1)所选定的子网掩码将创建 $2^8=256$ 个子网。

(2)每个子网可以包含 $2^8-2=254$ 台主机。

(3)由于 256－255＝1,因此合法子网为 0、1、2、3…255。

(4)如表 6-15 所示,列出了使用子网掩码 255.255.255.0 时,该 B 类网络包含的前 4 个和后 2 个子网以及这些子网的合法主机地址范围和广播地址,这就回答了第 4 和第 5 个问题。

表 6-15　B 类网络中使用子网掩码 255.255.255.0 得到的部分子网

子网	0.0	1.0	2.0	3.0	…	254.0	255.0
第一个主机地址	0.1	1.1	2.1	3.1	…	254.1	255.1
最后一个主机地址	0.254	1.254	2.254	3.254	…	254.254	255.254
广播地址	0.255	1.255	2.255	3.255	…	254.255	255.255

例 6.2.16　B:255.255.255.128(/25)。

这是最难处理的子网掩码之一，它是一个非常适合生产环境的子网掩码，因为它可创建 500 多个子网，而每个子网可包含 126 台主机。因此，千万不要跳过这个示例。易知，网络地址为 172.16.0.0，子网掩码为 255.255.255.128。下面来回答前面的五个问题：

(1)选定的子网掩码将创建 $2^9=512$ 个子网。

(2)每个子网可包含 $2^7-2=126$ 台主机。

(3)相比之下，确定合法子网是比较棘手的部分。由于 256－255＝1，因此第三个字节的可能取值为 0、1、2、3 等；但别忘了，第四个字节还有一个子网位。还记得前面如何在 C 类网络中处理只有一个子网位的情况吗？这里的处理方式相同。第三个字节的每个可能取值对应于两个子网，因此总共有 512 个子网。例如，如果第三个字节的取值为 3，则对应的两个子网为 3.0 和 3.128。

(4)如表 6-16 所示，列出了使用子网掩码 255.255.255.128 时，该 B 类网络包含的前 8 个和后 2 个子网以及这些子网的合法主机地址范围和广播地址，这就回答了第 4 和第 5 个问题。

表 6-16　B 类网络中使用子网掩码 255.255.255.128 得到的部分子网

子网	0.0	0.128	1.0	1.128	2.0	2.128	3.0	3.128	…	255.0	255.128
第一个主机地址	0.1	0.129	1.1	1.129	2.1	2.129	3.1	3.129	…	255.1	255.129
最后一个主机地址	0.126	0.254	1.126	1.254	2.126	2.254	3.126	3.254	…	255.126	255.254
广播地址	0.127	0.255	1.127	1.255	2.127	2.255	3.127	3.255	…	255.127	255.255

例 6.2.17　B:255.255.255.192(/26)。

现在 B 类网络的子网划分变得容易了。在该子网掩码中，第三个字节为 255，因此确定子网时，第三个字节的可能取值为 0、1、2、3 等。然而，第四个字节也用于指定子网，但人们可像 C 类网络的子网划分那样确定该字节的可能取值。易知，网络地址为 172.16.0.0，子网掩码为 255.255.255.192。下面来回答前面的五个问题：

(1)选定的子网掩码创建 $2^{10}=1024$ 个子网。

(2)每个子网可包含 $2^{6}-2=62$ 台主机。

(3)合法的子网为 256－192＝64。

(4)如表 6-17 所示，列出了前 8 个子网以及这些子网的合法主机地址范围和广播地址，这就回答了第 4 和第 5 个问题。

表 6-17　B 类网络中使用子网掩码 255.255.255.192 得到的部分子网

子网	0.0	0.64	0.128	0.192	1.0	1.64	1.128	1.192
第一个主机地址	0.1	0.65	0.129	0.193	1.1	1.65	1.129	1.193
最后一个主机地址	0.62	0.126	0.190	0.254	1.62	1.126	1.190	1.254
广播地址	0.63	0.127	0.191	0.255	1.63	1.127	1.191	1.255

确定子网时，对于第三个字节的每个可能取值，第四个字节都有 4 个可能取值，分别为 0、64、128 和 192。

2. 根据节点地址确定子网

例 6.2.18　172.16.10.33/27 属于哪个子网？该子网的广播地址是多少？

这里只需考虑第四个字节。256－224＝32，而 32＋32＝64。33 位于 32 和 64 之间，但子网号还有一部分位于第三个字节，因此答案是该地址位于子网 10.32 中。由于下一个子网为 10.64，该子网的广播地址为 10.63。这个问题非常简单。

例 6.2.19　IP 地址 172.16.66.10，255.255.192.0(/18)属于哪个子网？该子网的广播地址是多少？

这里需要考虑的是第三个字节，而不是第四个字节。256－192＝64，因此子网为 0.0，64.0，128.0 等。所属的子网为 172.16.64.0。由于下一个子网为 128.0，该子网的广播地址为 172.16.127.255。

例 6.2.20　IP 地址 172.16.50.10，255.255.224.0(/19)属于哪个子网？该子网的广播地址是多少？

256－224＝32，因此子网为 0.0、32.0、64.0 等(别忘了，总是从 0 开始往上数)。所属的子网为 172.16.32，而其广播地址为 172.16.63.255，因为下一个子网为 64.0。

例 6.2.21 IP 地址 172.16.46.2,255.255.240.0(/20)属于哪个子网？该子网的广播地址是多少？

这里只需考虑第三个字节,256－240＝16,因此子网为 0.0、16.0、32.0、48.0 等。该地址肯定属于子网 172.16.32.0,而该子网的广播地址为 172.16.47.255,因为下一个子网为 48.0。是的,172.16.46.225 确实是合法的主机地址。

例 6.2.22 IP 地址 172.16.45.14,255.255.255.252(/30)属于哪个子网？该子网的广播地址是多少？

这里需要考虑第四个字节。256－252＝4,因此子网为 0、4、8、12、16 等。所属的子网为 172.16.45.12,而该子网的广播地址为 172.16.45.15,因为下一个子网为 172.16.45.16。

例 6.2.23 IP 地址 172.16.88.255/20 属于哪个子网？该子网的广播地址是多少？

/20 对应的子网掩码为 255.255.240.0,在第三个字节,该子网掩码提供的块大小为 16。由于第四个字节没有子网位,因此子网地址的第四个字节总是 0,而广播地址的第四个字节总是 2550/20,提供的子网为 0.0,16.0,32.0,48.0,64.0,80.0,96.0 等,而 88 位于 80 和 96 之间,因此所属子网为 80.0,而该子网的广播地址为 95.255。

例 6.2.24 路由器在其接口上收到了一个分组,其目标地址为 172.16.46.191/26,请问路由器将如何处理该分组？

在 172.16.46.191/26 中,子网掩码为 255.255.255.192。这种子网掩码创建的块大小为 64,因此子网为 0、64、128、192 等。172.16.46.191 是子网 172.16.46.192 的广播地址,而默认情况下,路由器会丢弃所有的广播分组。

6.2.6 A 类网络的子网划分

A 类网络的子网划分与 B 类和 C 类网络没有什么不同,但需要处理的是 24 位,而 B 类和 C 类网络中需要处理的分别是 16 位与 8 位。下面列出了可用于 A 类网络的所有子网掩码：

255.0.0.0(/8)

255.128.0.0(//9)	255.255.240.0(/20)
255.192.0.0(/10)	255.255.248.0(/21)
255.224.0.0(/11)	255.255.252.0(/22)
255.240.0.0(/12)	255.255.254.0(/23)

255.248.0.0(/13)　　255.255.255.0(/24)

255.252.0.0(/14)　　255.255.255.128(/25)

255.254.0.0(/15)　　255,255.255.192(/26)

…　　…

仅此而已,因为至少需要留下两位来定义主机。A 类网络的子网划分与 B 类和 C 类网络相同,只是主机位更多些。A 类网络的子网络划分使用的子网号与 B 类和 C 类网络中相同,但从第二个字节开始使用这些编号。

1. A 类网络子网划分示例

例 6.2.25　A:255.255.0.0(/16)。

A 类网络默认使用子网掩码 255.0.0.0,这使得有 22 位可用于子网划分,因为至少需要留下两位用于主机编址。在 A 类网络中,子网掩码 255.255.0.0 使用 8 个子网位。下面来回答前面的五个问题:

(1)选定的子网掩码将创建 $2^8=256$ 个子网。

(2)每个子网可包含 $2^{18}-2=65534$ 台主机。

(3)要确定合法的子网,首先需要考虑哪些字节,显然只有第二个字节。由于 256－255＝1,因此子网为 10.0.0.0,10.1.0.0,10.2.0.0,10.3.0.0,…,10.255.0.0。

(4)如表 6-18 所示,列出了使用子网掩码/16 时,A 类私有网络 10.0.0.0 的前两个和后两个子网以及这些子网的合法主机地址范围和广播地址,这就回答了第 4 和第 5 个问题。

表 6-18　A 类网络中使用子网掩码/16 时得到的部分子网

子网	10.0.0.0	10.1.0.0	…	10.254.0.0	10.255.0.0
第一个主机地址	10.0.0.1	10.1.0.1	…	10.254.0.1	10.255.0.1
最后一个主机地址	10.0.255.254	10.1.255.254	…	10.254.255.254	10.255.255.254
广播地址	10.0.255.255	10.1.255.255	…	10.254.255.255	10.255.255.255

例 6.2.26　A:255.255.240.0(/20)。

子网掩码为 255.255.240.0 时,12 位用于子网划分,余下 12 位用于主机编址。下面来回答前面的五个问题:

(1)选定的子网掩码可以创建 $2^{12}=4096$ 个子网。

(2)每个子网将包含 $2^{12}-2=4094$ 台主机。

(3)要确定合法的子网,首先需要考虑哪些字节,显然是第二个和第三个字节。在第二个字节中,子网号的间隔为 1;在第三个字节中,子网号为

0,16,32 等,因为 256－240＝16。

(4)如表 6-19 所示,列出了前 3 个和最后一个子网的主机地址范围,这就回答了第 4 和第 5 个问题。

表 6-19 A 类网络中使用子网掩码/20 时得到的部分子网

子网	10.0.0.0	10.0.16.0	10.0.32.0	…	10,255.240.0
第一个主机地址	10.0.0.1	10.0.16.1	10.0.32.1	…	10.255.240.1
最后一个主机地址	10.0.15.254	10.0.31.254	10.0.47.254	…	10.255.255.254
广播地址	10.0.15.255	10.0.31.255	10.0.47.255	…	10.255.255.255

例 6.2.27 A:255.255.255.192(/26)。

这个例子将第二个、第三个和第四个字节用于划分子网。下面来回答前面的五个问题:

(1)选定的子网掩码可以创建 2^{18}＝262144 个子网。

(2)每个子网将包含 2^{6}－2＝62 台主机。

(3)在第二个和第三个字节中,子网号间隔为 1,而在第四个字节中,子网号间隔为 64。

(4)如表 6-20 所示,列出了使用子网掩码 255.255.255.192 时,A 类网络 10.0.0.0 的前 4 个子网以及这些子网的合法主机地址范围和广播地址,这就回答了第 4 和第 5 个问题。

表 6-20 A 类网络中使用子网掩码 255.255.255.192 得到的部分子网

子网	10.0.0.0	10.0.0.64	10.0.0.128	10.0.0.192
第一个主机地址	10.0.0.1	l0.0.0.65	10.0.0.129	10.0.0.193
最后一个主机地址	10.0.0.62	10.0.0.126	10.0.0.190	10.0.0.254
广播地址	10.0.0.63	10.0.0.127	10.0.0.191	10.0.0.255

如表 6-21 所示,列出了最后 4 个子网以及这些子网的合法主机地址范围和广播地址。

表 6-21 A 类网络中使用子网掩码 255.255.255.192 得到的部分子网

子网	10.255.255.0	10.255.255.64	10.255.255.128	10.255.255.192
第一个主机地址	10.255.255.1	10.255.255.65	10.255.255.129	10.255.255.193
最后一个主机地址	10.255.255.62	10.255.255.126	10.255.255.190	10.255.255.254
广播地址	10.255.255.63	10.255.255.127	10.255.255.191	10.255.255.255

2. 根据节点地址确定子网信息

这听起来很难,但使用的数字与 B 类和 C 类网络相同,只是从第二个字节开始。但是只需考虑块大小最大的那个字节(通常称为感兴趣的字节,其取值是 0 或 255 以外的值)。例如,在 A 类网络中使用子网掩码 255.255.240.0(/20)时,第二个字节的块大小为 1,在确定子网时,该字节可以为任何取值。在该子网掩码中,第三个字节为 240,这意味着第三个字节的块大小为 16。如果主机 ID 为 10.20.80.30,它属于哪个子网呢?该子网的合法主机地址范围和广播地址分别是什么?第二个字节的块大小为 1,因此所属子网的第二个字节为 20,但第三个字节的块大小为 16,因此子网号的第三个字节的可能取值为 0、16、32、48、64、80、96 等,因此所属子网为 10.20.80.0。该子网的广播地址为 10.20.95.255,因为下一个子网为 10.20.96.0。合法的主机地址范围为 10.20.80.1～10.20.95.254,确定块大小后,便能完成子网划分工作。

例 6.2.28　IP 地址:10.1.3.65/23

首先,如果不知道/23 对应的子网掩码,就回答不了这个问题。它对应的子网掩码为 255.255.254.0。这里感兴趣的字节为第三个。256－254＝2,因此第三个字节的子网号为 0、2、4、6 等。在这个问题中,主机位于子网 2.0 中,而下一个子网的广播地址为 3.255。10.1.2.1～10.1.3.254 中的任何地址都是该子网中合法的主机地址。

6.2.7　IPv4 的局限性

互联网的高速发展证明了 IPv4 协议的成功,它也经受了如此大量计算机联网的考验,但是由于历史的原因,当初的设计者并没有想到互联网会发展到今天的地步。从今天和未来一段时间的角度来看 IPv4 时,IPv4 协议所固有的一些问题就很明显了,主要表现在以下几个方面:

(1)IPv4 地址枯竭。IPv4 地址为 32 位,因此 IPv4 的空间具有 40 多亿个的地址。但是,IPv4 地址从设计之初就没有按照这样的顺序进行分配,而是采用了非常不合理、低效率的方法。IP 地址被分为五类,只有三类用于 IP 网络。这导致互联网应用早的国家和地区获得了大量的 A 类和 B 类网络,而发展中国家则没有足够的 IP 地址可用。同时,互联网规模的扩大也增加了地址的紧缺度,未来将有很多家用电器、工业设备、交通工具等纳入互联网的范围,这更增加了对地址的需求。更为重要的是,截至 2011 年年初,IPv4 地址已经分配完毕。亚太互联网络信息中心(APNIC)重申,转向 IPv6 是维持互联网持续增长的唯一方式。APNIC 呼吁所有互联网行业的成员都向 IPv6 发展。

(2)互联网骨干路由器路由表的压力过大。IPv4 地址的设计是扁平结构,只有网络 ID 和主机 ID 部分,而且网络 ID 没有考虑地址规划的层次性和地址块的可聚合性,后来才从主机 ID 部分拿出一部分进行子网划分,解决了局部的问题,但是整个互联网骨干路由器不得不维护非常大的路由表。尽管后来又设计了无类域间路由(CIDR)解决这个问题,但是 CIDR 并不能解决所有问题。

(3)性能问题。IPv4 数据报首部的长度是可变的,因此中间路由器要花费资源判断首部的长度。为弥补 IPv4 地址不足而设计的 NAT 技术破坏了端到端的应用模型,导致网络性能受到影响,也阻止了端到端的网络安全。

(4)IP 安全性不足。由于最初设计的认识不足,导致 IPv4 协议并没有考虑安全的问题,地址中所有的 32 位全部用来表示地址信息了。在其后的使用中,发现了大量的安全问题。为了弥补 IPv4 在安全方面的不足,人们又设计了 IPSec、SSL 等协议,为 IPv4 的安全问题打补丁。由于是分开设计的,所以在使用中就难免出现兼容问题。

(5)地址配置与使用不够简便。所有用过 IPv4 地址的用户都清楚,如果想连接互联网,必须有一个 IP 地址。然而 IP 地址的知识并不是每个用户都能掌握的,对于很多不具备网络知识的用户而言,IP 地址是相当玄妙的。为了方便用户使用,DHCP 服务应运而生,解决了很多用户的问题。然而互联网的发展纳入了更多的智能终端,这些设备希望能够自动完成 IP 地址的配置,而 DHCP 对于这些设备来讲太“奢侈”了,并不利于这些设备的实现。因此自动完成地址配置就成了下一代互联网设计的要求。

(6)QoS 不能满足需要。与安全性问题类似,IPv4 设计之初也没有考虑服务质量的问题。后来为了满足用户对互联网服务质量的要求,而设计了相关的 QoS 协议,但是实现起来并不方便,也难以满足要求。

6.3 IPv6 地址概述

互联网从产生到现在已经经过了几十年的发展,而当今互联网发展的现状和以前已经大为不同。多年前设计出来的 IPv4 协议已经尽显疲态,难以满足新的互联网的应用需要。为此,人们已经开始了下一代互联网的设计,其中的核心就是 IPv6 协议。

6.3.1　IPv6 的产生与发展

随着互联网的发展，IPv4 表现出了越来越多的局限性，已经难以满足互联网进一步的发展，人们需要一个新的协议来替代 IPv4。从 20 世纪 90 年代初开始，Internet 工程任务组（IETF）就开始着手进行下一代互联网协议 IPng 的制定工作，并公布了新协议要实现的主要目标，具体内容请参阅相关文献资料，这里不再一一列举。

为什么需要 IPv6 呢？简单地说，是因为人们需要通信，而当前的系统无法真正满足这种需求。连接到网络的用户和设备每天都在增加，这是好事，它让人们找到了随时与更多人交流的新途径。事实上，这是人类的基本需求。但前景并不乐观，正如开头指出的，目前进行通信依赖的是 IPv4，而 IPv4 地址即将耗尽。从理论上说，IPv4 提供的地址只有 43 亿个左右，但并非每一个地址都能使用。使用无类域间路由选择（CIDR）和网络地址转换（NAT），确实可以推迟 IPv4 地址耗尽的时间，但这些地址也会在几年内耗尽。在中国，还存在大量个人和公司未连接到互联网上。

鉴于 IPv4 的容量，人均一台计算机都不可能，更不用说配备在计算机上的其他 IP 设备了。笔者自己就拥有几台计算机，别人很可能也是。这还没有包括电话、笔记本电脑、游戏机、传真机、路由器、交换机以及人们日常使用的众多其他设备。因此人们必须采取措施以免地址被耗尽，而这种措施就是实现 IPv6。

在 IPv6 的发展过程中，IPng（IPv6）工作组、NGtrans 工作组等国际互联网组织发挥了重要的作用。与 IPv4 相比，IPv6 在地址长度、移动性、内置的安全特性、服务质量、自动配置等方面都具有了新的特性，功能显著提升。

6.3.2　IPv6 地址表示

用户理解 IPv4 地址的结构和用法至关重要，对 IPv6 地址来说也是如此。IPv6 地址长 128 位，这比 IPv4 地址长得多，因此除了要以新方式使用 IPv6 地址外，IPv6 地址管理起来也更复杂。但不用担心，这里将解释 IPv6 地址的组成部分、如何书写及其众多常见的用法。如图 6-6 所示，显示了一个 IPv6 地址及其组成部分。

IPv6 包含 8 组（而不是 4 组）数字，且用冒号而不是句点分隔，地址中还有字母。与 MAC 地址一样，IPv6 地址是用十六进制数表示的，因此可以这样说，IPv6 地址包含 8 个用冒号分隔的编组，每组 16 位，并用十六进制数表示。

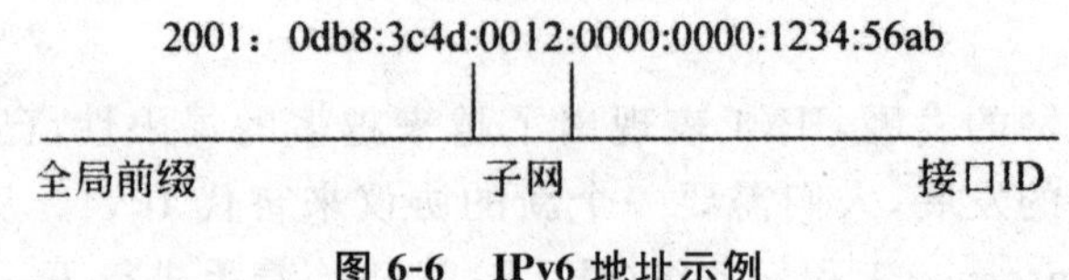

图 6-6　IPv6 地址示例

IPv6 地址有 3 种格式：首选格式、压缩格式和内嵌 IPv4 地址的 IPv6 地址格式，详述如下：

(1)首选格式。由于 128 位地址用二进制数表示会很麻烦，即使用 IPv4 的点分十进制数，也仍然太长，不容易使用和记忆。因此，在实际使用中使用“冒号十六进制数”的方法来表示，格式为

×:×:×:×:×:×:×:×(一个×表示一个 4 位的十六进制数)。

如二进制数的 128 位 IPv6 地址

001000000000000100000100000100000000000000000000000000000000
000100000000000000000000000000000000000000000000000001000101
11111111，

使用上述的表示方法，就可以写成

2001:0410:0000:0001:0000:0000:0000:45FF。

这样写仍然很麻烦，所以设计者又进一步缩减其长度，允许将每一段中的前导 0 省去，但是至少要保证每段有一个数字，这样一来，上面的地址就可以写成

2001:410:0:1:0:0:0:45FF。

(2)压缩格式。为了更便于书写和记忆，当一个或多个连续的段内各位全为 0 时，可以用双冒号“::”来表示，但是一个地址中只能使用一次，例如地址

2001:0000:0000:0012:0000:0000:1234:56ab

不能将其简化成

2001::12::1234:56ab。

相反，最多只能将其简化成

2001::12:0:0:1234:56ab。

为什么呢？因为如果替换两次，设备见到该地址后。将无法判断每对冒号代表多少个字段。路由器见到这个错误的地址后，将发出这样的疑问：我是将每对冒号都替换为两个全零字段呢，还是将第一对冒号替换为 3 个全零字段，并将第二对冒号替换为 1 个全零字段？路由器无法回答这个问题。

(3)内嵌 IPv4 地址的 IPv6 地址。在 IPv4 向 IPv6 过渡的过程中，这两种地址不可避免地会共存很长时间，为了让 IPv4 的地址在 IPv6 网络中能够表示，特别设计了这种地址。其表示方法是×：×：×：×：×：×：d. d. d. d(d 表示 IPv4 地址中的一个十进制数)，在实践中，会用到以下两种内嵌 IPv4 地址的 IPv6 地址。IPv4 兼容 IPv6 地址：：d. d. d. d；IPv4 映射 IPv6 地址：：FFFF：d. d. d. d。IPv6 的地址前缀类似于 IPv4 中的网络 ID，其表示方法与 IPv4 中的 CIDR 表示方法一样，用“地址/前缀长度”来表示，如 2001：：1/64 对于 URL 地址，如果要表示一个“IP 地址＋端口号”的信息，需要与 IPv4 的方式有所区别，为了避免歧义，IPv6 地址要用\[\]括起来，为什么呢？因为冒号已被浏览器用来指定端口号。如果不用方括号将地址括起来，浏览器将无法识别地址。

6. 3. 3　IPv6 地址的类型

IPv4 地址分为单播地址、广播地址和组播地址，它指定了要与哪台设备(至少是多少台设备)通信。IPv6 地址的位数为 128 位，这么长的地址并不只是用来扩充地址数量。根据 IPv6 的设计，其不同的地址将产生不同的应用。总的来讲，IPv6 地址类型也分为单播地址、组播地址和广播地址三类，但是 IPv6 新增了任播；另外，由于广播效率低下，IPv6 不再支持它，其构成如图 6-7 所示。

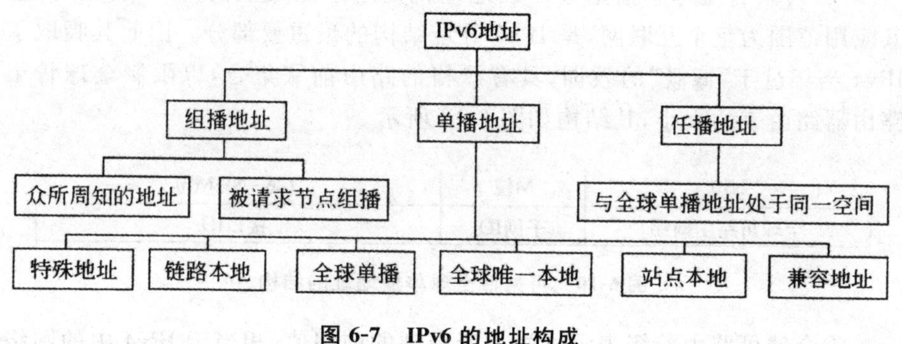

图 6-7　IPv6 的地址构成

1. 单播地址

IPv6 单播地址只能分配给一个节点上的一个接口。根据其作用范围的不同，又分为多种类型，分别是链路本地地址、站点本地地址、可聚合全球单播地址等，此外，还有一些特殊地址、IPv4 内嵌地址等。

IPv6 单播地址的结构与 IPv4 地址基本类似,同样由网络 ID 和主机 ID 部分构成,所不同的是其名称,其结构如图 6-8 所示。

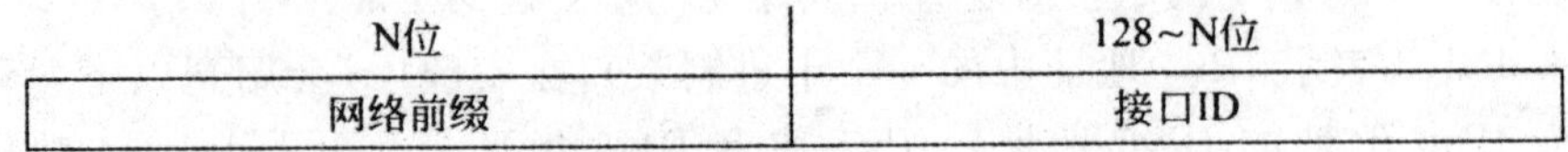

图 6-8　IPv6 单播地址的结构

(1)链路本地地址。这种地址的应用范围受限,只能在连接到同一本地链路的节点之间使用。该地址在 IPv6 邻居节点之间的通信协议中广泛使用,其固定格式如图 6-9 所示。

10位	54位	64位
1111111010	0	接口ID

图 6-9　链路本地地址的结构

从图 6-9 中可以看出,链路本地地址由一个特定的前缀和接口 ID 部分组成,其中的特定前缀用十六进制数表示为 FE80::/64,接 HID 则可以由 EUI-64 地址来填充,形成一个完整的链路本地地址。

当一个节点启动 IPv6 协议栈时,启动节点的每个接口都会自动配置一个链路本地地址。该机制可以使同一个链路上的 IPv6 节点不需要进行任何配置,就可以获得一个 IPv6 地址,从而能够进行通信。

(2)可聚合全球单播地址。该地址就是通俗意义上的 IPv6 公网地址,其应用范围为整个互联网,是 IPv6 寻址结构的最重要部分。因此其吸取了 IPv4 当年过于"慷慨"的教训,具有严格的路由前缀集合,以限制全球骨干路由器路由表的大小,其结构如图 6-10 所示。

N位	M位	128~N~M位
全球可路由前缀	子网ID	接口ID

图 6-10　可聚合全球单播地址的结构

①全球可路由前缀表示了站点所得到的前缀值,相当于 IPv4 中的网络 ID。该字段由 IANA 下属的组织分配给 ISP 或其他机构,前三位为 001。该字段使用严格的等级结构,以便区分不同地区、不同等级的机构或 ISP,以便于路由聚合。

②子网 ID 表示全球可路由前缀所代表的站点内的子网,相当于 IPv4 中的子网 ID。

③接口用于标识链路上不同的接口,并具有唯一性。接 HID 可以由设

备随机生成或手动配置，在以太网中可以使用 EUI-64 格式自动生成。

目前可聚合全球单播 IPv6 地址的 3 个部分的长度已经确定，如图 6-11 所示。

	48位	16位	64位
001	全球可路由前缀	子网ID	接口ID

图 6-11 目前已确定的可聚合全球单播地址的结构

该地址目前由 IANA 负责进行分配，具体事务由 5 个地方组织来执行：AFCNIC 负责非洲地区，APNIC 负责亚太地区，ARIN 负责北美地区，LACNIC 负责拉美地区，RIPENCC 负责欧洲、中东及中亚地区。

(3)站点本地地址和唯一本地地址。站点本地地址是另一种应用范围受限的地址，其目的与 Ipv4 中的私有地址类似，任何没有申请到可聚合全球单播地址的组织和机构都可以使用，其范围被限制在一个站点中。站点本地地址的前 48 位是固定的，因此其前缀为 FEC0::/64。与链路本地地址不同，站点本地地址不会自动配置。并且必须通过无状态或有状态的地址配置分配。该地址现已废弃。不再使用。

为了能顶替站点本地地址的作用，又能避免产生像 IPv4 私有地址泄露一样的问题，RFC4193 提出了唯一本地地址，其结构如图 6-12 所示。

7位		40位	16位	64位
1111110	L	全球唯一前缀	子网ID	接口ID

图 6-12 唯一本地地址的结构

①固定前缀为 FC00::/7。

②L 表示地址范围，取 1 表示本地范围，0 为目前保留。

③全球唯一前缀为随机生成的网络 ID。

④子网 ID 在划分子网时使用。

基于以上划分，唯一本地地址就具有了以下的特性：

①具有全球唯一前缀(有可能重复，但概率极低)。

②具有众所周知的前缀，边界路由器很容易过滤。

③具有私有地址的特性，可以随意使用。

④一旦出现泄露，由于其唯一性，不会对互联网造成影响。

⑤在应用中，上层协议将其等同于全球单播地址，简化了协议的设计。

(4)特殊地址。与 IPv4 一样，在 IPv6 应用中也会用到一些特殊地址。目前主要有两类：未指定地址和环回地址。

①未指定地址。全“0”即未指定地址，表示某个地址不可用，特别是在报文的源地址还未指定时使用，其不能作为目的地址使用。

②环回地址。即::1，其作用与 IPv4 中的 127.0.0.1 功能相同，只是这次互联网组织没有那么大方，只使用了一个地址，其作用范围局限在一个主机节点内。

(5)兼容地址。由于互联网需要从 IPv4 过渡到 IPv6 网络，而这个过程比较长，因此在 IPv6 标准中还定义了几类兼容 IPv4 标准的单播地址类型来满足过渡期的需要。具体内容如下：

①IPv4 兼容地址。用于双栈主机使用 IPv6 进行通信，因此需要将 IPv4 地址表示成 IPv6 的形式。格式为 0:0:0:0:0:0:w. x. y. z，也可以表示为“::w. x. y. z”，其中 w. x. y. z 为 IPv4 地址。

②IPv4 映射地址。为了方便 IPv6 网络节点区分 IPv4 网络中的节点，设计了该地址，其格式为 0:0:0:0:0:FFFF:w. x. y. z，也可以表示为“::FFFF:w. x. y. z”。

③6 to 4 地址。当 IPv6 网络中的数据包要通过 IPv4 网络传递时，需要将地址表示为该地址类型。

④6 over 4 地址。用于 6 over 4 隧道技术的地址，其格式为\[64－bits-Prefix\]:0:0:wwxx:yyzz。其中 wwxx:yyzz 是十进制 IPv4 地址 w. x. y. z 的十六进制表示。

⑤ISATAP 地址。用于 ISATAP 隧道技术的地址，其格式为\[64－bitsPrefix\]:0:5EFE:w. x. y. z。其中 w. x. y. z 是十进制 IPv4 地址。

(6)IEEEEUI-64 接口 ID。EUI-64 接口 ID 是 IEEE 定义的一种 64 位的扩展唯一标识符，其格式如图 6-13 所示。

图 6-13　EUI-64 地址的格式

在 IPv6 网络中，为了能够保证接口 ID 的唯一性，使用了这种标识符的形式。EUI-64 和接口的数据链路层地址有关。在以太网中，IPv6 地址的接口标识符由 MAC 地址映射转换而来。由于二者的位数分别为 48 位和 64 位，其间差了 16 位，因此在生成过程中采用的方法是将 48 位的 MAC 地址一分为二，在两部分中间插入 FFFE 这样一个十六进制串。为了确保唯一性，还要将 U/L 位设置为“1”。其过程如下所示。

MAC 地址：

0012:3400:ABCD

二进制表示:

000000000001001000110100000000001010101111001101

插入 FFFE:

000000000001001000110100111111111111111000000000

1010101111001101

设置 U/L 位:

000000100001001000110100111111111111111000000000

1010101111001101

EUI-64 标识:

0212:34FF:FE000:ABCD

2. 组播地址

(1)组播地址基本结构。IPv6 标准取消了广播,代之以组播来实现以前广播的功能,因此组播在 IPv6 标准中的作用非常重要。所谓组播指的是一个源节点发送单个数据报文,能够被多个特定的节点接收,适用于一对多的通信场合。

在 IPv4 标准中,D 类地址就是组播地址,其最高 4 位为 1110。在 IPv6 标准中,组播地址也有一个特殊的标志,即前缀 FF::/8,也就是最高的 8 位为 11111111。如图 6-14 所示,为组播地址的结构。

8位	4位	4位	112位
11111111	标志	范围	组ID

图 6-14 组播地址的结构

各字段的含义如下:

①标志。有 4 位,目前只用了最后一位。该位取“0”,表示这是 IANA 分配的永久组播地址;该位取“1”,表示这是一个临时组播地址。

②范围。有 4 位,用来限制组播数据在网络中的传播范围,根据取值不同,所表示的范围也有所不同。一般地,如果看到 FF02 开头的组播地址,可以判断出这是一个链路本地范围的组播地址。

③组 ID。长度 112 位,用来标识组播组。如果全部使用,则可以表示 2112 个组播组,很显然现在是用不了的,因此目前并没有都用来作为组标识,只是建议使用低 32 位来标识,剩余的 80 位保留下来,全部置“0”,以备未来应用。组播地址的结构如图 6-15 所示。

8位	4位	4位	80位	32位
11111111	标志	范围	0	组ID

图 6-15　实际使用的组播地址的结构

由于在 IPv6 中，组播 MAC 地址为“33：33：XX：××：××：××：××：”，有 32 位可以用于组 ID。因此，在 IPv6 中每个组 ID 都可以映射到一个唯一的以太网组播 MAC 地址上，避免了 IPv4 组播地址到组播 MAC 地址映射时的信息丢失。

(2)被请求节点组播地址。对于节点和路由器的接口上配置的每个单播和任播地址，都会启动一个对应的被请求节点组播地址。这种组播地址主要用于重复地址检测(DAD)和获取邻居节点的链路层地址(作用类似于 ARP)。

被请求节点组播地址由前缀 FF02：：1：FF00：0000/104 和单播地址或任播地址的低 24 位组成，如图 6-16 所示。

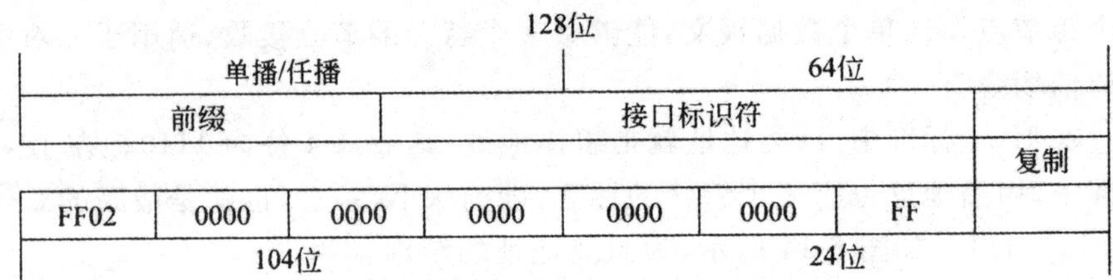

图 6-16　被请求节点组播地址的结构

(3)众所周知的组播地址。与 IPv4 一样，在 IPv6 标准中，也有一些众所周知的组播地址，这些地址具有特别的含义。对于一些常见的组播地址，有些文献资料详细地给出了其范围、含义与描述，限于本书篇幅，这里不再赘述。

3. 任播地址

单播地址和多播地址在 IPv4 中已经存在，任播地址是 IPv6 中的新成员。RFC2723 将 IPv6 地址结构中的任播地址定义为一系列网络接口(通常属于不同的节点)的标识，其地址从单播地址空间中分配。其特点是发往一个任播地址的分组将被转发到由该地址标识的“最近”的一个网络接口。任播技术的概念并不局限于网络层，它也可以在其他层实现(例如应用层)，网络层和应用层的任播技术均有优点和缺点，其应用有待开发。

6.3.4　IPv6 数据报

1. IPv6 报文结构

IPv4 报文的首部长度介于 20～60 字节，其中 20 字节是固定长度，其余是变长部分。这种设计对于中间路由器来讲是一个负担，路由器在处理报文时不得不对首部长度进行计算，然后才能处理，这样就消耗了路由器宝贵的资源。IPv6 报文在设计时考虑了这种情况，将报文首部划分成了基本首部和扩展首部两部分。其中基本首部的长度固定，为 40 字节，扩展首部作为可选部分，按照一定顺序放在基本首部之后。IPv6 首部格式如图 6-17 所示，其中各字段都有明确的含义，限于本书篇幅，这里不再一一列举，有需要的读者可以参阅相关文献资料。

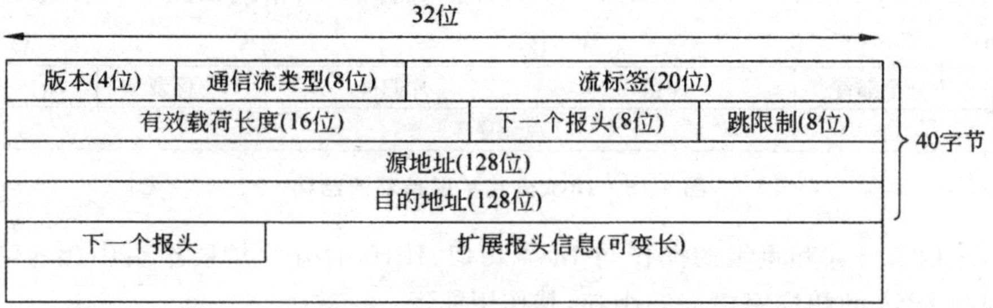

32位

版本(4位)	通信流类型(8位)	流标签(20位)	
有效载荷长度(16位)		下一个报头(8位)	跳限制(8位)
源地址(128位)			
目的地址(128位)			
下一个报头	扩展报头信息(可变长)		

（前四行：40字节）

图 6-17　IPv6 首部结构

2. IPv6 扩展报头

在 IPv4 的报头中包含了所有的选项，因此每个中间路由器必须检查这些选项是否存在，如果存在就必须处理。这就会降低路由器转发 IPv4 报文的性能。在 IPv6 中发送和转发选项被移到了扩展报头中，每个中间路由器必须处理的唯一一个扩展报头就是逐跳选项扩展报头。RFC2460 建议 IPv6 报头之后的扩展报头以逐跳选项报头、目标选项报头(当存在路由报头时，用于中间目标)、路由报头、分片报头、认证报头、封装安全有效载荷报头、目的选项报头(用于最终目标)的顺序排列。

扩展报头按其出现的顺序被处理，除认证报头和封装安全有效载荷报头之外，上面所有的扩展报头都在 RFC2460 中定义。在典型的 IPv6 数据报中，并没有那么多扩展报头。在中间路由器或者目标需要一些特殊处理时发送主机才会添加一个或多个扩展报头。每个扩展报头必须以 64 位(8 字节)为边界。有固定长度的扩展报头长度必须是 8 字节的整数倍，而可变长度的扩展报头中包含了一个报头扩展长度字段,在需要的时候必须使用填充位,以确保扩展报头的长度是8字节的整数倍。

为了了解扩展首部的作用,这里以分片扩展首部为例来说明扩展首部的作用。在IPv4中,当报文的大小超过了所要经过的数据链路层MTU,则该报文在允许分片的情况下将被分片,到达目的端后要进行重组。在IPv6中也有同样的问题,但是又与IPv4的方法不同。为了减小中间路由器的负担,在IPv6中不再让路由器进行分片的操作,而是让发送端的主机完成。为此主机不仅需要了解所在链路的MTU,还需要了解从发送端到接收端整个路径上的MTU的情况,要从所有链路的MTU中找出一个最小的MTU,这种MTU被称为路径MTU,简称PMTU。当需要分片时则按照PMTU进行分片。

在IPv6基本首部中是不包含用于分片的字段的,而是在需要分片时,由源端在基本首部的后边插入一个分片扩展首部,其格式如图6-18所示。

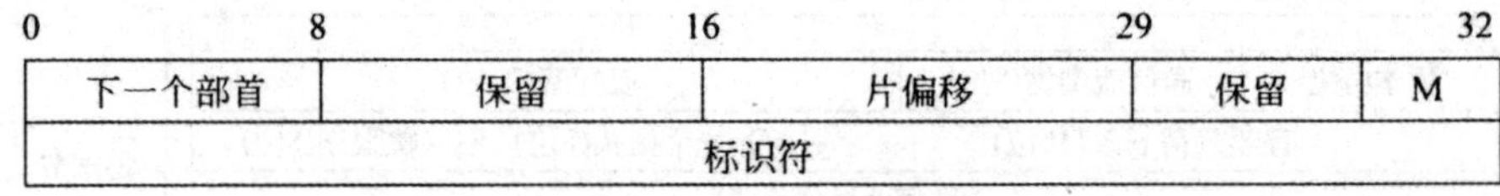

图6-18 IPv6分片扩展首部的结构

由于分片和重组的操作与IPv4相似,IPv6的分片扩展报头中相应字段与IPv4的相应字段大同小异,其作用如下:

(1)下一个首部(8位)。指明紧接着这个扩展首部的下一个首部,所有扩展首部通过这个字段相连,形成了一个链式结构。

(2)片偏移(13位)。指明本数据报文分片在原来报文中的偏移量,以8字节为单位。

(3)M。M=1表示后面还有数据报分片;M=0则表示这已经是最后一片。

(4)标识符(32位)。由源点产生,用来唯一标识数据报文的32位数,以便于将来分片重组时作为依据。

6.4 IPv6的运行方式

6.4.1 自动配置

自动配置是一种很有用的解决方案,让网络中的设备能够给自身分配链路本地单播地址和全局单播地址。它首先从路由器那里获悉前缀信息,再将设备自身的接口地址用作接口 ID。但接口 ID 是如何获得的呢？以太网中的每台设备都有一个 MAC 地址，该地址会被用作接口 ID。然而 IPv6 地址中的接口 ID 长 64 位，而 MAC 地址只有 48 位，多出来的 16 位是如何来的呢？是在 MAC 地址中间插入额外的位，即 FFFE。

例如，假设设备的 MAC 地址为 0060:d673:1987，插入 FFFE 后，结果为 0260:d6FF.FE73:1987。为何开头的 00 变成了 02 呢？插入时将采用改进的 EUI-64(扩展唯一标识符)格式，它使用第 7 位标识地址是本地唯一的还是全局唯一的。如果这一位为 1，则表示地址是全局唯一的；如果为 0，则表示地址是本地唯一的。在这个例子中，最终的地址是全局唯一的还是本地唯一的呢？答案是全局唯一的。自动配置可节省编址时间，因为主机只需与路由器交流就可完成这项工作。为完成自动配置，主机需要执行如下两个步骤：

(1)为配置接口，主机需要前缀信息(类似于 IPv4 地址的网络部分)，因此它会发送一条路由器请求(Router Solicitation，RS)消息。该消息以组播方式发送给所有路由器。这实际上是一种 ICMP 消息，并用编号进行标识。消息的 ICMP 类型为 133。

(2)路由器使用一条路由器通告(RA)进行应答，其中包含请求的前缀信息。RA 消息也是组播分组，被发送到表示所有节点的组播地址，其 ICMP 类型为 134。RA 消息是定期发送的，但主机发送 RS 消息后，可立即得到响应，因此无须等待下一条定期发送的 RA 消息就能获得所需的信息。

如图 6-19 所示，说明了这两个步骤。

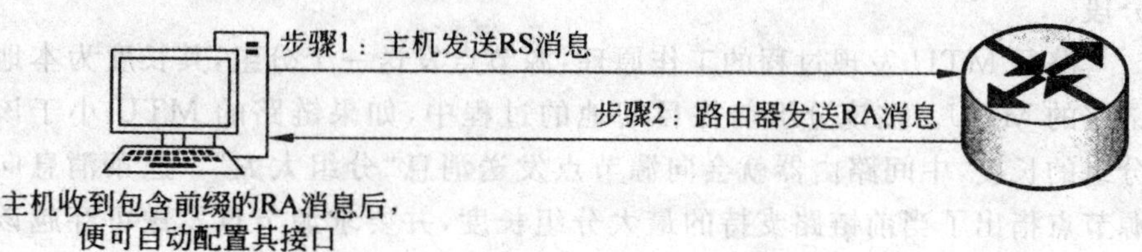

图 6-19　IPv6 自动配置过程中的两个步骤

这种类型的自动配置称为无状态自动配置，因为无须进一步与其他设备联系以获悉额外的信息。

6.4.2　DHCPv6

DHCPv6 的工作原理与 DHCPv4 极其相似，但有一个明显的差别，那就是支持 IPv6 新增的编址方案。DHCP 提供了一些自动配置没有的选项。在自动配置中,根本没有涉及 DNS 服务器、域名以及 DHCP 提供的众多其他选项。这是在大多数 IPv6 网络中使用 DHCP 的重要原因。

在 IPv4 网络中,客户端启动时将发送一条 DHCP 发现消息,以查找可给它提供所需信息的服务器。但在 IPv6 中,首先发生的是 RS 和 RA 过程。如果网络中有 DHCPv6 服务器,返回给客户端的 RA 将指出 DHCP 是否可用。如果没有找到路由器,客户端将发送一条 DHCP 请求消息,这是一条组播消息,其目标地址为 FF02::1:2,表示所有 DHCP 代理,包括服务器和中继器。

一般的路由器提供了一定的 DHCPv6 支持,但仅限于无状态 DHCP 服务器。这意味着它没有提供地址池管理功能,且可配置的选项仅限于 DNS、域名、默认网关和 SIP 服务器。

这意味着必要时需要提供其他服务器,以提供所有必要的信息并管理地址分配。

6.4.3 ICMPv6

IPv4 可以使用 ICMP 做很多事情,诸如目的地不可达等错误消息以及 ping 和 traceroute 等诊断功能。ICMPv6 也提供了这些功能,但不同的是,它不是独立的第 3 层协议。ICMPv6 是 IPv6 不可分割的部分,其信息包含在基本 IPv6 报头后面的扩展报头中。ICMPv6 新增了一项功能:默认情况下,可通过 ICMPv6 过程"路径 MTU 发现"避免 IPv6 对分组进行分段。

路径 MTU 发现过程的工作原理:源节点发送一个分组,其长度为本地链路的 MTU。在该分组前往目的地的过程中,如果链路的 MTU 小于该分组的长度,中间路由器就会向源节点发送消息"分组太大"。这条消息向源节点指出了当前链路支持的最大分组长度,并要求源节点发送可穿越该链路的小分组。这个过程不断持续下去,直到到达目的地,此时源节点便知道了该传输路径的 MTU。接下来,传输其他数据分组时,源节点将确保分组不会被分段。

ICMPv6 接管了发现本地链路上其他设备地址的任务。在 IPv4 中,这项任务由地址解析协议负责,但 ICMPv6 将这种协议重命名为"邻居发现"。这个过程是使用被称为请求节点地址(solicited node address)的组播地址完成的,每台主机连接到网络时都会加入这个组播组。为了生成请求节点地址,要在 FF02:0:0:0:0:1:FF/104 末尾加上目标主机的 IPv6

地址的最后 24 位。查询请求节点地址时，相应的主机将返回其第 2 层地址。网络设备也以类似的方式发现和跟踪相邻设备。前面介绍 RA 和 RS 消息时说过，它们使用组播来请求和发送地址信息，这也是 ICMP“邻居发现”功能。

在 IPv4 中，主机使用 ICMP 协议告诉本地路由器，它要加入特定的组播组并接收发送给该组播组的数据流。这种 ICMP 功能已被 ICMPv6 取代，并被重命名为组播监听者发现(multicast listener discovery)。

在 IPv6 协议中，有很多机制和功能使用 ICMPv6 消息。除了大家熟悉的 ping 和 traceroute 之外，常见的应用如下：

(1)替代地址解析协议(ARP)。一种用在本地链路区域取代 IPv4 中 ARP 协议的机制。节点和路由器保留邻居信息。

(2)无状态自动配置。自动配置功能允许节点自己使用路由器在本地链路上公告的前缀配置它们的 IPv6 地址。

(3)重复地址检测(DAD)。启动时和在无状态自动配置过程中，每一个节点都先验证临时 IPv6 地址的存在性，然后使用它。这个功能也使用新的 ICMPv6 消息。

(4)前缀重新编址。前缀重新编址是当网络的 IPv6 前缀改变为一个新前缀时使用的一种机制。

(5)路径 MTU 发现(PMTUD)。源节点检测到目的主机的传送路径上最大 MTU 值的机制。其中替代 ARP(在 IPv6 中 ARP 被去掉了)、无状态自动配置和路由器重定向(路由器向一个 IPv6 节点发送 ICMPv6 消息，通知它在相同的本地链路上存在一个更好的到达目的网络的路由器地址)都属于“邻居发现”协议(NDP)所使用的机制，前缀重新编址则是为了方便实施网络重新规划而设计的机制。

(6)IPv6 路径 MTU 发现(PMTUD)。PMTUD 的主要目的是发现路径上的 MTU(最大传输单元)，当数据包发向目的地时为避免中间路由器分段。源节点可以使用发现的最小 MTU 与目的节点通信。当数据包比数据链路层 MTU 大时，分段可能在中途的路由中发生。而 IPv6 中的分段不是在中间路由器上进行的。仅当路径 MTU 比传送的数据包小时，源节点自己才可以对数据包分段。发送数据包前，源节点先用 PMTUD 机制发现传输路径中的最小 MTU，根据结果，源节点对数据进行分段处理后再发送。这样在中间路由器上就不用再参与分段了，这样的好处是降低了开销。如图 6-20 所示，给出了发现最小 MTU 的过程。

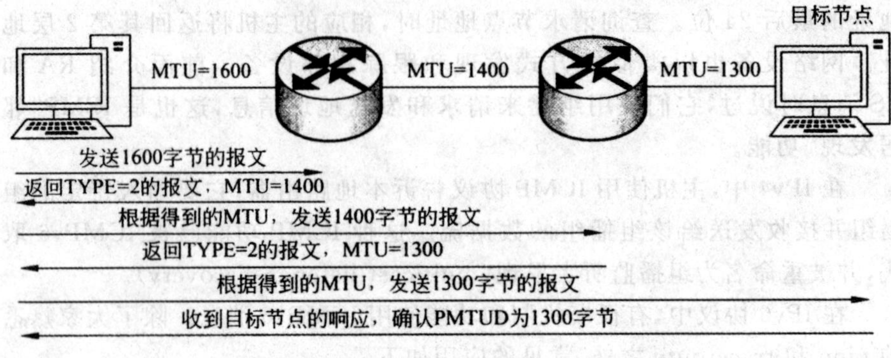

图 6-20 PMTUD 检测的过程

6.5 IPv6 的路由选择及过渡技术

6.5.1 IPv6 路由选择协议

与 IPv4 一样，在 IPv6 网络中数据报文的转发也需要路由器。由于底层的 IP 协议已经变化，此处路由器运行的路由协议也必须进行相应的改变。这里对 IPv6 基础上的路由协议进行简单讨论，详细的内容读者可以参考相关的教材或资料。IPv6 的路由可以通过如下 3 种方式生成：

(1)直连路由。直连路由是指路由器自身接口的主机路由和所属前缀的路由，在路由表中其优先级为最高，类型也会被标识为 Direct。

(2)静态路由。静态路由是由管理员手动配置的路由，往往用于小规模的网络或特殊目的。

(3)动态路由。动态路由由各种路由协议生成。根据其作用范围，路由协议可以分为以下两种：

①内部网关协议(IGP)。在一个自治系统内部运行。常见的 IGP 包括 RIPng、OPFv3 和 IPv6IS-IS。

②外部网关协议(EGP)。运行于不同自治系统之间，在 IPv6 网络中是 BGP4＋。

根据所使用的算法，路由协议可以分为以下两种：

(1)距离矢量协议。包括 RIPng 和 BGP4＋。其中 BGP4＋也被称为路径矢量协议。

(2)链路状态协议。包括 OSPFv3 和 IPv6IS-IS。

1. RIPng 协议

RIPng(RIP next generation,下一代 RIP)协议的工作机制与 RIPv2 的机制基本上是一样的。相邻的 RIPng 路由器通过彼此交换路由信息报文来完成自身路由信息的完善,不同的是 RIPng 协议使用的是 UDP 协议的 521 端口。RIPng 使用跳数计算到达目标网络的距离,当跳数大于或等于 16,目标主机或网络就认为不可达。

RIPng 工作中的一些参数与 RIPv2 也是一致的,在默认情况下,每隔 30s 向邻居发送一次更新报文。如果在 180s 内没有收到邻居的更新报文,则认为从邻居所学的路由为不可达;如果再过 120s 还没有收到邻居的更新报文,RIPng 将从路由表中删除这些路由。

RIPv2 所具有的缺点 RIPng 同样具备。众所周知,基于距离矢量算法的路由协议会产生慢收敛和无限计数问题,这样就引发了路由的不一致。RIPng 使用水平分割技术、毒性逆转技术、触发更新技术解决这些问题。

根据上述讨论可知,RIPng 协议是 RIP 协议的改进版本,改进的目的是为了使其适应 IPv6 下的选路要求。然而,RIPng 协议虽然与 RIP 协议基于相同的工作原理,但是在地址版本、子网掩码、前缀长度、协议的使用范围、对下一跳的表示、报文长度等方面,都与 RIP 协议存在很大的区别。另外,RIPng 使用 FF02::9 这个地址进行组播更新。因为在 RIPv2 中,使用的组播地址为 224.0.0.9,而 IPv6 使用的组播地址也以 9 结尾。事实上,大多数路由选择协议都保留了 IPv4 版本的类似特征。

RIPng(以及所有 IPv6 路由选择协议)最大的变化之一是在接口配置模式下启用网络通告,而不是在路由器配置模式下使用 network 命令。因此,使用 RIPng 时可直接在接口上启用该路由选择协议,这将创建一个 RIPng 进程(而无须在路由器配置模式下启动 RIPng 进程),如下所示:

Router(config-if)#ipv6 router rip 1 enable,

其中的 1 是一个标记(也可使用名称而不是编号),标识了 RIPng 进程。也就是说,这会启动一个 RIPng 进程,而无须进入路由器配置模式来启动它。

但如果要进入路由器配置模式配置重分发等功能,也可以这样做,如下所示:

Router(config)#ipv6 router rip 1

Router(config-rtr)#

总之,RIPng 的工作原理与 IPv4 极其相似,最大的差别在于通告接口连接的网络,只需在接口上启用 RIPng,而无须使用 network 命令。

2. OSPFv3 协议

OSPF 路由协议是链路状态型路由协议，这里的链路即设备上的接口。链路状态型路由协议基于连接源和目标设备的链路状态做出路由的决定。链路状态是接口及其与邻接网络设备关系的描述，接口的信息即链路的信息，也就是链路的状态(信息)。这些信息包括接口的 IPv6 前缀、网络掩码、接口连接的网络(链路)类型、与该接口在同一网络(链路)上的路由器等信息。这些链路状态信息由不同类型的 LSA 携带，在网络上传播。

路由器把收集到的 LSA 存储在链路状态数据库中，然后运行 SPF 算法计算出路由表。链路状态数据库和路由表的本质不同在于：数据库中包含的是完整的链路状态原始数据，而路由表中列出的是到达所有已知目标网络的最短路径的列表。

OSPF 协议是为 IP 协议提供路由功能的路由协议。前面介绍的 OSPFv2 是支持 IPv4 的路由协议与 IPv4 关系紧密，难以像 RIPng 一样通过较少的改变来适应 IPv6，为了让 OSPF 协议支持 IPv6，技术人员几乎重新开发了 OSPFv3。OSPFv3 由 RFC2740 定义，其改变比 RIPng 相对于 RIP 要大得多。但是无论是 OSPFv2 还是 OSPFv3，OSPF 协议的基本运行原理是没有区别的。然而，由于 IPv4 和 IPv6 协议意义的不同，地址空间大小的不同，它们之间的不同之处也很明显，其中最重要的变化在于 OSPFv3 采用了 TLV(类型、长度、值)这样的三元结构来存放信息。TLV 是一个模块化的结构，任何需要处理的信息均可以按照这种结构存放，这就使 OSPFv3 具有了更广的适用范围和更强的能力。

在 OSPFv3 中，邻接关系和下一跳属性是使用链路本地地址指定的，它还使用组播来发送更新和确认。它用组播地址 FF02::5 表示 OSPF 路由器，并用组播地址 FF02::6 表示 OSPF 指定路由器。在 OSPFv2 中，与这些组播地址对应的分别是 224.0.0.5 和 224.0.0.6。

不同于其他不那么灵活的 IPv4 路由选择协议，OSPFv2 能够将特定网络和接口加入 OSPF 进程，但这也是在路由器配置模式下进行的。与前面说到的其他 IPv6 路由选择协议一样，在 OSPFv3 中，也可在接口配置模式下将接口及其连接的网络加入 OSPF 进程。

OSPFv3 的配置类似于下面这样：

Router(config)#ipv6 router ospf 10

Router(config-rtr)#router-id 1.1.1.1

要配置汇总和重分发等，必须进入路由器配置模式；但配置 OSPFv3 时，可不在这种模式下进行，而在接口模式下进行配置。

配置完接口后，将自动创建 OSPF 进程。接口配置类似于下面这样：

Router(config-if)＃ipv6 ospf 10 area 0.0.0.0

因此，只需进入每个接口，并指定进程 ID 和区域即可。

6.5.2　IPv6 的过渡技术

IPv4 协议是当前互联网的基础。IPv6 作为新生协议，要想取代 IPv4 还需要经历一个比较长的时期才能完成。因此可以预计从 IPv4 发展到 IPv6 大致会经过 3 个时期：IPv6 孤岛跨过 IPv4 网络互联；IPv6 网络与 IPv4 网络旗鼓相当；IPv4 孤岛跨过 IPv6 网络互联。在这个过渡期内，人们必须解决两个问题，才能够实现 IPv4 网络与 IPv6 网络的互联。一个是如何让 IPv6 孤岛跨过 IPv4 网络互联？另一个是如何让 IPv6 网络内的主机与 IPv4 网络内的主机实现互访？过渡技术有很多种，大致可以分为三类：双栈技术、隧道技术和网络地址转换/协议转换技术。

1. IPv6 孤岛跨过 IPv4 网络实现互联

要实现 IPv6 孤岛跨过 IPv4 网络实现互联的目的，可以采用的方法有很多，其中主要是隧道技术。所谓隧道技术就是将一种协议报文封装在另一种协议报文中，这样，一种协议就可以通过另一种协议的封装进行通信。这里，就几个主要的隧道技术简要讨论如下：

(1)GRE 隧道。顾名思义，这种隧道技术就是利用标准的 GRE 隧道技术来实现的。GRE 隧道是两点之间的链路，把 IPv6 作为乘客协议放置于 GRE 隧道中进行传递，其原理如图 6-21 所示。其中边缘路由器隧道口的 IPv6 地址为手动配置的全局 IPv6 地址。IPv6 孤岛的数据报文到达边缘路由器时。边缘路由器可以按照配置的静态路由将对应的报文封装在 GRE 报文中，然后通过 IPv4 网络，将其传送到另一边的边缘路由器。这个路由器再进行解封装过程，获得 IPv6 数据报文。最后在 IPv6 网络中正常传送到目的地。GRE 隧道是基于成熟的 GRE 技术实现的，其通用性好，也易于

图 6-21　GRE 隧道原理

理解。但 GRE 隧道是一种手动隧道,如果站点数量多,管理员的工作就很复杂了。因此用户希望能有自动隧道技术来减轻管理员的负担。

(2)IPv4 兼容 IPv6 自动隧道。自动隧道,就是不用管理员参与、路由器自动进行配置的隧道技术。一个隧道需要一个起点和一个终点,当起点定义好后,让路由器自动找到终点,不就可以自动形成一个隧道了吗?但问题是路由器怎么知道隧道的终点。要解决这个问题就需要在目的地址的结构上做一些工作。在这种自动隧道技术中使用了一种特殊的 IPv6 地址,即 IPv4 兼容 IPv6 地址。在这种地址中,前缀是 0:0:0:0:0:0,最后的 32 位是 IPv4 地址,路由器就是利用最后的 32 位地址来形成隧道终点的。这时管理员只需指定隧道起点即可。其原理如图 6-22 所示。虽然隧道可以自动生成,但是这种方法有一个很明显的缺陷,就是所有参与自动隧道的 IPv6 主机都要使用 IPv4 兼容 IPv6 地址,而且由于前缀相同,意味着所有主机都要处于同一个 IPv6 网段中,这就限制了这种技术的使用范围。为了解决这个问题,有人提出了 6T04 隧道技术。

图 6-22 IPv4 兼容 IPv6 隧道原理

(3)6T04 隧道。6T04 隧道技术可以把多个孤立的 IPv6 网络连接起来,其工作方式和上文的隧道类似,也要使用一种特殊的地址:6T04 地址。它的写法是"2002:a. b. c. d:××××:××××:××××:××××:××××",前 64 位为网络前缀,其中前 48 位(2002:a. b. c. d)由 IPv4 地址决定,用户不能改变,后 16 位由用户自己定义。这样一来,边缘路由器就可以接一组前缀不同的网络了。如图 6-23 所示,是 6T04 自动隧道的原理示意图。为了能够让 6T04 网络中的主机和纯 IPv6 网络中的主机进行通信,在这种隧道技术中设置了 6T04 中继路由器。中继路由器负责在 6T04 和纯 IPv6 网络之间传输报文和通告路由,其实现的原理如图 6-24 所示。由此可见,6T04 隧道较好地解决了多个孤立 IPv6 网络之间的通信问题,而且能够让 6T04 网络与纯 IPv6 网络之间实现互通。因此 6T04 隧道是一种非常好的隧道技术,但其缺点是必须使用 6T04 地址。

图 6-23 6T04 自动隧道原理

图 6-24 6T04 中继路由器的原理

(4)ISATAP 隧道。ISATAP 隧道不仅是一种隧道技术，而且这种隧道技术解决了 IPv4 网络中双栈主机的地址自动配置问题，在 ISATAP 隧道的两端设备之间可以运行 ND 协议。与其他隧道技术一样，ISATAP 隧道也要使用一种特定的地址形式，其接口 ID 部分必须为"::0:5EFE:a.b.c.d"。其中，"0:5EFE"是 IANA 规定的格式；"a.b.c.d"是单播 IPv4 地址。ISATAP 地址的前 64 位是主机通过向 ISATAP 路由器发送请求，使用 ND 协议自动获得的，其原理如图 6-25 所示。ISATAP 隧道的特点主要是把 IPv4 网络看作一个下层链路，ND 协议通过 IPv4 网络承载，实现了跨 IPv4 网络的 IPv6 地址自动配置。这样分散在 IPv4 网络中的双栈主机就有机会获得自动生成的全局 IPv6 地址，从而能够与 IPv6 网络中的主机进行通信。

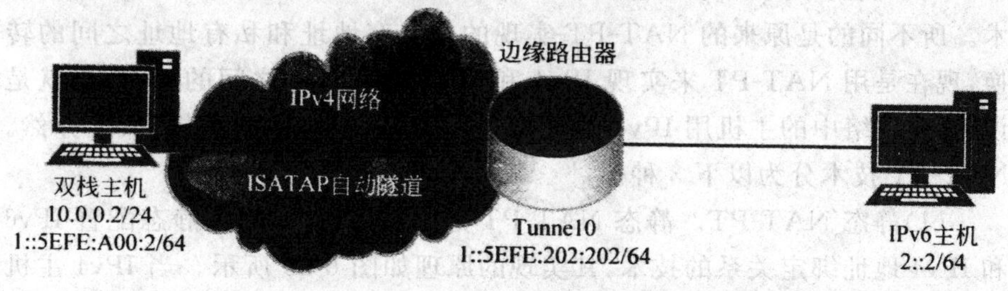

图 6-25 ISATAP 自动隧道原理

除了上述几种隧道技术以外还有很多隧道技术，其中 6PE 隧道技术在 ISP 的网络中获得了大量的使用，其实现的基础是使用了 MPLS 技术。由于其比较复杂,这里不再讨论,感兴趣的读者可以参考相关的资料来了解其详细的细节。

2. IPv6 网络与 IPv4 网络之间的互通

IPv6 网络在发展过程中,必然要实现与 IPv4 网络的互通,否则目前大量的互联网资源无法为 IPv6 主机提供服务,就会限制 IPv6 技术的发展。IPv6 网络与 IPv4 网络之间互通的方法也有很多种,这里主要介绍常见的双栈技术和 NAP-PT 技术。

1)双栈技术

顾名思义,双栈技术就是主机同时实现 IPv4 和 IPv6 两个协议栈,具备同时访问 IPv4 网络和 IPv6 网络的能力。但是有两个主要问题必须考虑:一个是双栈节点的地址配置问题;另一个是如何通过 DNS 获得对端的地址。

双栈节点的地址配置要求节点必须支持双栈,必须同时配置 IPv4 和 IPv6 地址,两个地址之间不必有关联。如果节点是支持自动隧道的双栈节点,必须配置两个地址之间的映射关系。

对于从 DNS 获取通信对端的地址,这就要求 DNS 服务器必须具有这样的功能,即要求 DNS 服务器既能解析 IPv4 地址,也能解析 IPv6 地址。IPv4 的解析已经不是问题了,对于 IPv6 地址,定义了新的记录类型 A6 和 AAAA,解决了 IPv6 地址解析的问题。

双栈技术使主机具有了双网通信的能力,但是由于每个 IPv6 节点都要有一个 IPv4 地址,这样不能避免 IPv4 地址耗尽的问题,所以双栈技术总体来讲只能是一个临时的过渡技术。

2)NAT-PT 技术

当双栈技术面临的问题几乎不能解决的时候,可以尝试 NAT-PT 技术。所不同的是原来的 NAT-PT 实现的是公有地址和私有地址之间的转换,现在是用 NAT-PT 来实现 IPv4 和 IPv6 协议首部之间的转换,也就是说 IPv4 网络中的主机用 IPv4 地址来表示 IPv6 网络中的主机;反之亦然。NAT-PT 技术分为以下 3 种。

(1)静态 NAT-PT。静态 NAT-PT 是由 NAT-PT 网关静态配置 IPv6 和 IPv4 地址绑定关系的技术,其实现的原理如图 6-26 所示。当 IPv4 主机和 IPv6 主机通信过程中,报文经过 NAT-PT 网关时,网关根据静态配置的绑定关系进行转换。静态 NAT-PT 原理很简单,但是由于要让 IPv6 地址与 IPv4 地址一一对应,所以当地址很多时,管理员的工作量比较大,而且要消耗大量的 IPv4 地址。

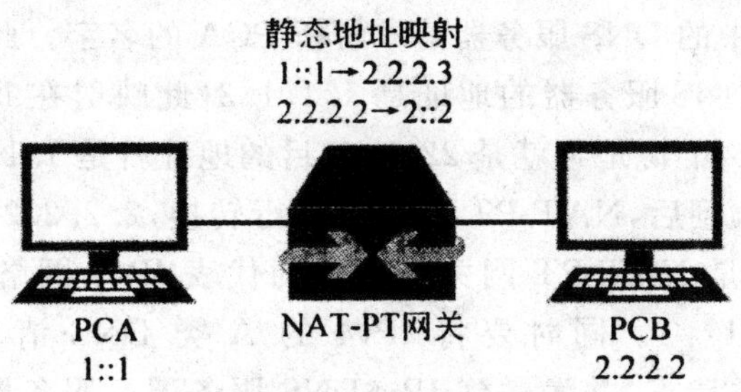

图 6-26 静态 NAT-PT 原理

(2)动态 NAT-PT。动态地址映射可以避免静态映射的缺点。其实现的原理如图 6-27 所示。NAT-PT 网关要向 IPv6 网络中通告一个 96 位的前缀(Prefix),该前缀再加上一个 32 位的 IPv4 地址构成一个在 IPv6 网络中表示的 IPv4 主机。在 IPv6 网络中。凡是目的地址是这个前缀的报文都会被路由到 NAT-PT 网关,由网关将其转换成 IPv4 地址。对于源地址,IPv6 主机的地址在报文通过网关时要从地址池中找一个未被使用的 IPv4 地址来代替,而且网关要记录下二者之间的映射关系,从而完成了 IPv6 地址到 IPv4 地址的转换,让 IPv6 网络中的报文能够接着在 IPv4 网络中传递。动态 NAT-PT 改进了静态 NAT-PT 的缺点,而且由于其采用了上层协议映射的方法,可以用一个 IPv4 地址支持大量的 IPv6 地址的转换,避免了 IPv4 地址不足的问题。但是这种转换只能由 IPv6 一侧先发起,如果让 IPv4 一侧先发起,IPv4 主机并不知道 IPv6 主机的 IPv4 地址,所以是行不通的。

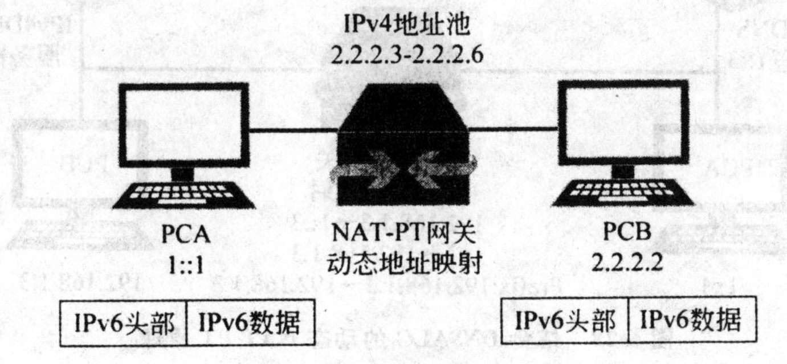

图 6-27 动态 NAT-PT 原理

(3)结合 DNSALG 的动态 NAT-PT。通过与 DNS 的结合实现结合 DNSAI. G 的动态 NAT-PT,就能够实现让双方都可以主动发起连接的功能,其实现的原理如图 6-28 所示。这里以 PCB 主动发起为例来简要解释。假如 PCB 想要和 PCA 进行通信,PCB 目前只知道 PCA 的域名,PCB 就可以向 IPv6 网络中的 DNS 服务器请求解析 PCA 的名字。此时 PCB 只知道 IPv6 网络中的 DNS 服务器的地址是 1.1.1.3(此映射在 NAT-PT 中已经配置)。因此报文的源地址就是 22.2.2,目的地址就是 1.1.1.3。该请求被 NAT-PT 网关收到后,NAT-PT 网关会进行转换,2.2.2.2-Prefix:2.2.2.2(这里的 Prefix 是 NAT-PT 网关中配置的代表 IPv4 网络的 IPv6 网络前缀),1.1.1.3－1::3。同时要将 IPv4 的 A 类 DNS 请求改为 IPv6 的 AAAA 或 A6 类请求,并发送到 IPv6DNS 服务器。服务器解析后向 PCB 回应。报文的源地址是 1::3。目的地址是 Prefix:2.2.2.20,这个报文会被路由到 NAT-PT 网关。NAT-PT 网关收到后要进行转换,首先把 AAAA 或 A6 类型转换成 A 类型,并从地址池中找到 2.2.2.3,替换报文中的 1::1,还要记录下这个映射关系。然后把报文转给 PCB。PCB 此时认为 PCA 的地址就是 2.2.2.3,就以此地址为目的地址发起到 PCA 的连接。当该报文到达 NAP-PT 网关时,网关会从映射记录中查到所做的映射,进行转换后,在 IPv6 网络中进行传递。当 PCA 反馈时,再进行一次上述转换即可。由此可以看出,结合 DNSALG 的动态 NAT-PT 实现了 IPv6 和 IPv4 网络的互通。但是需要明确,这种技术与 NAT 的缺点是一样的,其改变了报文首部,因此对于很多应用会无法使用,而且这种技术破坏了端到端的安全性。

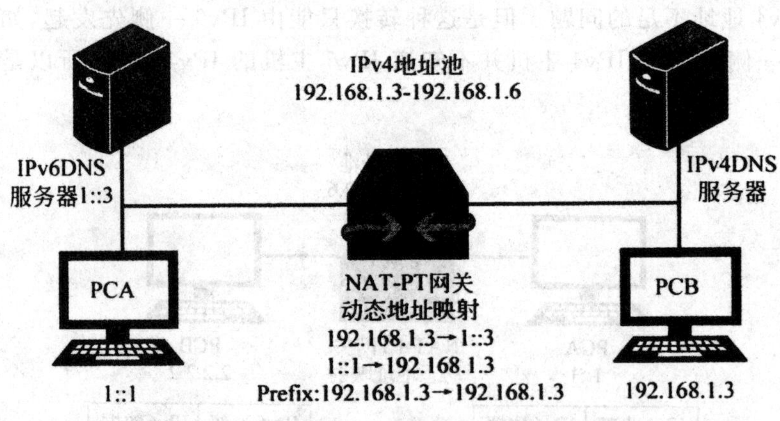

图 6-28 结合 DNSALG 的动态 NAT-PT 原理

第 7 章　网络安全技术

随着 Internet 的普及，人们对计算机网络的依赖程度日渐加深，计算机网络的安全问题也日益突出。计算机网络的开放性、国际化等特点在增加应用自由度的同时，也为网络上的攻击、破坏、信息窃取等行为提供了方便，于是网络安全技术成为计算机网络必不可少的重要技术之一。

7.1 网络安全概述

网络安全是指网络系统的硬件、软件及其系统中的数据受到保护，不会由于偶然或恶意的原因而遭到破坏、更改、泄露等意外。一般地，人们日常所讲的网络安全包括三个层次的内涵，即运行系统安全、网络上系统信息的安全、网络上信息内容的安全。通常情况下，网络安全应该包括物理安全、人员安全、符合瞬时电磁脉冲辐射标准（TEM-PEST）、信息安全、操作安全、通信安全、计算机安全和工业安全等几个方面，如图 7-1 所示。

在计算机网络工程中，应在技术上按照安全策略的要求及风险分析的结果，从物理安全、网络安全、信息安全等几个方面，设计、建设网络的安全控制系统。物理安全是指保护计算机网络设备、设施以及其他媒体免遭地震、水灾、火灾等环境事故，人为操作失误或错误，以及各种破坏行为，防止电磁信息辐射泄露、防止线路截获、抗电磁干扰等。网络安全和信息安全技术将在后面几节详细讨论，包括加密、认证、系统访问控制、防火墙、入侵检测、审计分析等。

7.2 数据加密

数据加密是计算机网络安全很重要的一个部分。由于因特网本身的不安全性，为了确保安全，不仅要对口令进行加密，有时也要对在网上传输的文件进行加密。为了保证电子邮件的安全，人们采用“数字签名”这样的加密技术，并提供基于加密的身份认证技术。数据加密也使电子商务成为可能。

7.2.1 数据加密技术

在计算机网络中，数据报的传输过程存在许多不安全因素，数据有可能被截取、修改或伪造。对付这些攻击并保证数据的保密性和完整性的安全技术主要是对所传送的数据加密。所谓加密就是对报文进行编码使其意义变得不明显的过程；而解密则是加密的逆过程，即把报文从加密形式变换成原始形式的过程。将报文的原始形式称为明文，而报文的加密形式称为密文。

网络加密在具体的实施方式上有 3 种。一是链路加密，要求在任何一对相邻节点之间使用相同的密码机通信，这种方式需要大量的密码机设备，此外信息在节点机内是以明文出现的。第二种方式是端到端加密，不同于链路加密，仅要求参加通信的用户双方采用相同的加密算法和密钥对数据进行处理，保证了数据以加密过的形式在中间节点出现，同时节省了许多加密设备。但这种方式也有缺点，即它的报文头部是以明文方式出现的。结合上述两种方式的优点，也就出现了第三种加密，即混合加密，这样使得信息在传输过程中头部和数据部分都以密文来传递。

要加密的报文称为明文，可记为单个字符的序列 $P=[p_1, p_2, \cdots, p_n]$；同理，将加密后的报文称为密文，记为 $C=[c_1, c_2, \cdots, c_m]$。又可将明文和密文之间的相互变换记为 $C=E(P)$ 和 $P=D(C)$。其中，C 表示密文，P 表示明文；E 是加密算法，D 是解密算法。显然，密码体制应该满足 $P=D[E(P)]$。

一般地，加密算法要使用一个密钥 K，使密文取决于原始明文和密钥的值，可记为 $C=E(K,P)$。因此从本质上讲，E 是一组加密算法，用 K 作为参数在这组加密算法中选择一特定的算法。有时，加密和解密的密钥是相同的，即 $P=D(K,E(K,P))$，这样的加密系统称为单密钥密码体制，或称为传统密码体制；有时加密、解密密钥是成对使用的，那么，解密密钥 K_d 是加密密钥 K_e 的逆，即有 $P=D(K_d,E(K_e,P))$，这种系统称为双密钥密码体制，如图 7-2 所示。

在计算机网络中使用的密码算法可分为两类，即常规密码算法和公钥密码算法。比较有名的常规密码算法有美国的 DES 及其各种变形，如 TripleDES、GDES，欧洲的 IDEA，日本的 FEAL-N、LOKI-91、RC5 等。在众多的常规密码算法中影响最大的是 DES 算法。在公钥密码算法中，有 RSA、背包密码、Diffe-Hellman、Rabin、零知识证明的算法、椭圆曲线、EIGamal 算法等。最有影响的公钥密码算法是 RSA，它能抵抗到目前为止已知的所有密码攻击。

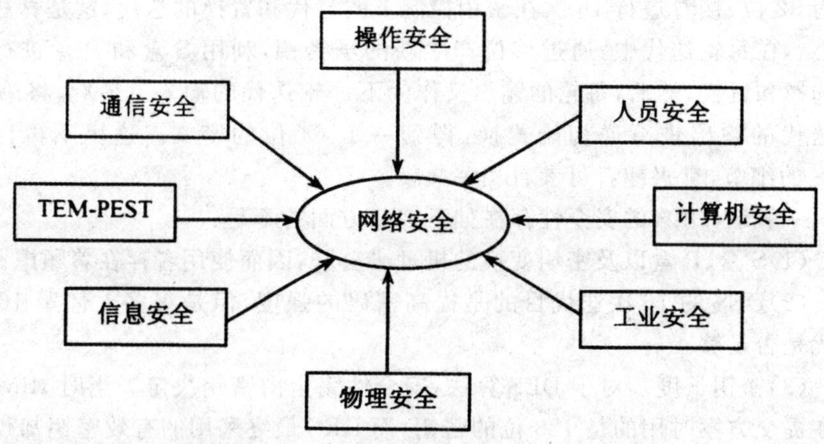

图 7-1　网络安全的组成

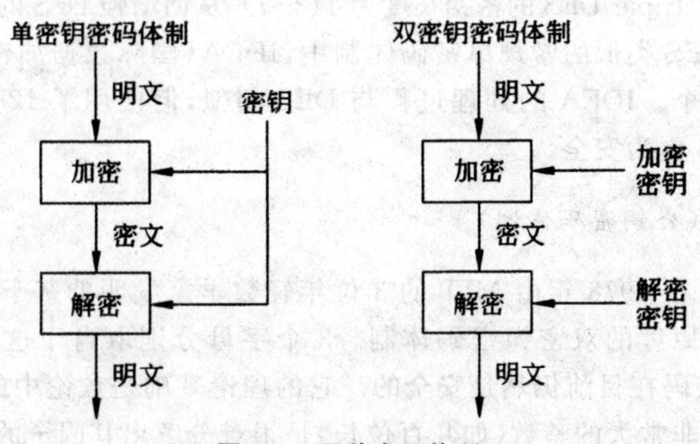

图 7-2　两种密码体制

1. DES(数据加密标准)

DES 是为美国政府开发的用于民用安全加密的技术。早在 20 世纪 60 年代末，IBM 公司已经组织了相当的人力和财力研究通信中的数据加密问题，并在 1971 年完成了一种以 64 位分组、采用 128 位密钥并基于替代与置换的密码。IBM 以此密码为基础改造后形成了 DES 加密标准。1981 年 ANSI 将其作为标准，称为 DEA，两年后 ISO 也将 DES 作为其标准，称为 DEA-1。DES 现已被广泛地用于数据通信的加密。

DES 算法的核心是替代算法和置换算法的细致而复杂的结合，这两种算法在 DES 中分别称为 S 盒和 P 盒。DES 要求将明文按 64 位分组，使用 64 位的密钥，但由于其中 8 位用于校验，实际上密钥长度仅为 56 位。

DES 算法首先对 64 位明文做初始置换，将输出结果分为左右两部分，各为 32 位；接着进行 16 次在密钥控制下的替代和置换的迭代，这是算法的核心。在每轮迭代中，通过移位产生新的子密钥，利用 S 盒和 P 盒进行替代选择和置换，然后，每轮的输出又作为下一轮迭代的输入。最后，将第 16 轮迭代的输出进行逆初始置换，得到一个 64 位的密文。这里不再讨论 DES 的细节，有兴趣者可参看相关文献。

一般地，DES 的安全性存在如下 3 个方面的不足：

(1)S 盒、P 盒以及密钥变换的机理未公开，因而使用者存在着顾虑。

(2)DES 的 16 次迭代目的是提高密码的强度，但是很多人怀疑 16 次迭代是否足够。

(3)密钥长度。对于 DES 算法，安全性完全由密钥决定。当时 IBM 公司在提交方案时用的是 128 位的密钥，而 DES 最终采用的有效密钥却仅仅为 56 位。不过目前在使用时，可以采用 Triple DES(三次 DES)算法增加有效密钥的长度(Triple DES 的密钥长度为 112 位)，从而增强 DES 的安全性。

在与 DES 类似的常规单密码体制中，IDEA(国际数据加密算法)是最为著名的一个。IDEA 的处理过程与 DES 相似，但使用了 128 位的密钥，因此比 DES 更为安全。

2. RSA(公钥密码体制)

RSA 是在 1978 年由 MIT 的 3 位年轻数学家发明的基于数论中的大数不可分解原理的双密钥密码体制。3 个字母分别取自于这 3 个人的名字。RSA 密码在目前仍然是安全的。它的理论基础是数论中的一个难题，即对于一个非常大的整数(如几百位长)是很难分解出其因子的。这个问题是否属于 NP(不可计算)问题尚未得到证明。

RSA 的关键在于选取一对密钥，一个用于加密，另一个用于解密，二者是可互换的。加密密钥是一对整数(e,n)，而解密密钥是一对整数(d,n)。首先，选取一个整数 n，要求 n 的值很大，而且是一对大素数 p 和 q 的乘积。p 和 q 的值一般要求在 100 位以上，这样得到的 n 值就在 200 位以上，如此的大数可以有效阻止对 n 的因子分解。其次，选择一个较大的整数 e，使得 e 与整数$(p-1)(q-1)$互素，即满足二者不存在大于 1 的公因子。最后，选择一个整数 d，使得 e 与 d 之积 $e\times d$ 关于$(p-1)(q-1)$的余数为 1，即存在 $e\times d=1\bmod(p-1)(q-1)$。

这样就得到了一对密钥(e,n)和(d,n)，注意RSA中应对p，q和d进行保密，事实上p与q在生成密钥后即被销毁。

RSA的数据加密和解密算法是这样定义的。

加密算法：设明文为P，密文为C，则有$C=P^e \bmod n$。

解密算法：设密文为C，明文为P，则有$P=C^d \bmod n$。

由于选择e与d时的要求，可以证明RSA的解密和加密过程是互逆的，并且也是可交换的。

RSA密码体制是安全的，但是其最大的缺点是计算效率问题。与DES相比，同样的软件或硬件实现其计算的速度仅仅是DES算法的1/100～1/1000。因此实际使用中，RSA多数用于密钥交换和认证过程中。

3. MD5算法

MD(Message Digest)称为消息摘要，用于报文鉴别。所谓“报文鉴别”是指防止报文被篡改或伪造的过程。MD5是指Ron Rivest在1992年公布的第5版本的MD。MD5可以将任意长的报文作为单向不可逆Hash函数的输入，结果得到128位的消息摘要。需要特别注意的是，MD5算法属于不可逆加密算法，其特征是加密过程不需要密钥，并且经过加密的数据无法被解密，只有同样的输入数据经过同样的不可逆加密算法才能得到相同的加密数据。

4. PGP安全加密系统

加密技术在计算机网络中主要用于传送经过加密的数据报，或者用于后文将介绍的认证技术、数字签名技术，以保证网络的连通性和可用性不受损害。加密技术也可以面向网络应用服务，它的优点在于实现相对较为简单，不需要对数据报所经过的网络安全性能提出特殊要求，保证了数据端到端传送的安全。PGP(Pretty Good Privacy)加密系统就是一个很好的例子。

PGP是一种混合密码系统，主要支持IDEA、RSA、MD5以及一个随机数生成算法，可以用于多种涉及信息交换的应用领域，目前主要用于电子邮件加密。

使用PGP加密明文时，按下列步骤实现：

(1)对明文进行压缩。压缩可以节省传输的数据量，同时可以加强密文的安全性，因为压缩过程减少了明文中的重复模式，大大增强了对密码分析的抵御能力。

(2)生成一个一次性的会话密钥。该会话密钥是从用户的鼠标随机移动和击键中产生的一个随机数。

(3)利用会话密钥和一个传统加密算法(IDEA)加密明文,得到密文。

(4)使用接收用户的公钥来加密会话密钥。

(5)将加密后的会话密钥与密文一起传送给接收用户。

PGP 的解密过程与加密过程相反。

PGP 为什么使用 RSA 和 IDEA 结合来进行信息加密传递呢?一个原因是 RSA 算法计算量很大、速度太慢,不适合于加密大量的数据,而传统的 DES 技术由于密码长度有限(56 位)其安全性受到质疑,而与 DES 类似的 IDEA 却能够使用 128 位密钥,并且具有与 DES 一样的加密速度。

一个成熟的加密体系还需要一个与之相配的成熟的密匙管理机制。在 RSA 加密体制中,应该防止被篡改或替换的公钥被传输给合法用户。PGP 使用了基于一个可信赖实体的密码发布方案解决公钥发布。另外,私钥的保密性也是重要的,私钥尽管不存在被篡改的问题,但有可能被泄露,原因是 RSA 的私钥很长,任何人都不可能记住它。PGP 使用一个用户更容易记忆的通行字来加密私钥,只有给出正确的通行字才能得到私钥,方便了用户的使用。

7.2.2 认证与数字签名

1. 认证技术

认证技术是实现计算机网络安全的关键技术之一,认证主要是指对某个实体的身份加以鉴别、确认,从而证实其是否名副其实或者是否是有效的过程。认证的基本思路是验证某一实体的一个或多个参数的真实性和有效性。

网络用户的身份认证可以通过下述三种基本途径之一或它们的组合来实现:

(1)所知(Knowledge),如个人所掌握的密码、口令等。

(2)所有(Possesses),如个人的身份认证、护照、信用卡、钥匙等。

(3)个人特征(Characteristics),如人的指纹、声音、笔记、手型、血型、视网膜、DNA 以及个人动作方面的特征等。

根据安全要求和用户可接受的程度,以及成本等因素,可以选择适当的组合来设计一个自动身份认证系统。

在安全性要求较高的系统中,由口令和证件等提供的安全保障是不完善的。口令可能被泄漏,证件可能被伪造。更高级的身份验证是根据用户的个人特征进行确认，它是一种可信度高而又难以伪造的验证方法。

新的、广义的生物统计学正在成为网络环境中身份认证技术中最简单而安全的方法。它是利用个人所特有的生理特征设计的。个人特征包括很多，如容貌、肤色、身材等。当然，采用哪种方式还要看是否能够方便地实现，以及能否被用户接受。个人特征都具有因人而异和随身携带的特点，不会丢失且难以伪造，适用于高级别个人身份认证的要求。

2. 数字签名技术

数字签名提供了一种鉴别方法，普遍用于银行、电子商业等，以解决下列问题：

(1)伪造。接收者伪造一份文件，声称是对方发送的。

(2)冒充。网上的某个用户冒充另一个用户发送或接收文件。

(3)篡改。接收者对收到的文件进行局部的修改。

(4)抵赖。发送者或接收者最后不承认自己发送或接收的文件。

数字签名一般通过公开密钥来实现。在公开密钥体制下，加密密钥是公开的，加密和解密算法也是公开的，保密性完全取决于解密密钥。只知道加密密钥不可能计算出解密密钥，只有知道解密密钥的合法解密者才能正确解密，将密文还原成明文。从另一角度看，保密的解密密钥代表解密者的身份特征，可以作为身份识别参数。因此，可以用解密密钥进行数字签名，并发送给对方。接收者接收到信息后，只要利用发信方的公开密钥进行解密运算，如能还原出明文来，就可证明接收者的信息是经过发信方签名的。接收者和第三者不能伪造签名的文件，因为只有发信方才知道自己的解密密钥，其他人是不可能推导出发信方的私人解密密钥的。这就符合数字签名的唯一性、不可仿冒、不可否认的特征和要求。

7.3　防火墙技术

7.3.1　防火墙的定义与分类

1. 防火墙的定义与内涵

保护网络安全的最主要手段之一是构筑防火墙。防火墙的概念起源于中世纪的城堡防卫系统，那时人们为了保护城堡的安全，在城堡的周围挖一条护城河，每一个进入城堡的人都要经过吊桥，并且还要接受城门守卫的检查。人们借鉴了这种防护思想，设计了一种网络安全防护系统，这种系统称为“防火墙”。

防火墙(Firewall)是在网络之间执行控制策略的系统，它包括硬件和软件。在设计防火墙时，人们做了一个假设：防火墙保护的内部网络是“可信任的网络”(Trusted Network)，而外部网络是“不可信任的网络”(Untrusted Network)。设置防火墙的目的是保护内部网络资源不被外部非授权用户使用，防止内部受到外部非法用户的攻击。因此，防火墙安装的位置一定是在内部网络与外部网络之间，其结构如图 7-3 所示。

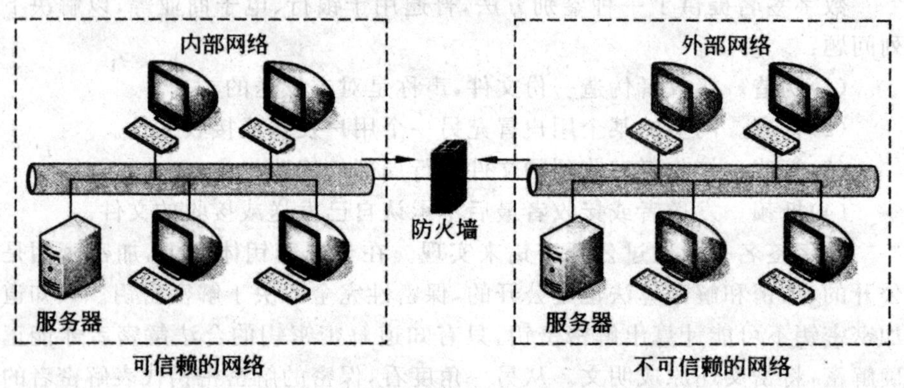

图 7-3 防火墙的位置与作用

网络的活动本质是分布式进程通信。进程通信是计算机之间通过相互间交换数据包的方式来实现的。从网络安全的角度来看，对网络资源的非法使用与对网络系统的破坏必然要以“合法”的网络用户身份，通过伪造正常的网络服务请求数据包的方式进行。如果没有防火墙隔离内部网络与外部网络，内部网络中的主机都会直接暴露给外部网络的所有主机，这样它们就会很容易遭到外部非法用户的攻击。防火墙通过检查所有进出内部网络的数据包，检查数据包的合法性，判断是否会对网络安全构成威胁，为内部网络建立安全边界(Security Perimeter)。

构成防火墙系统的两个基本部件是包过滤路由器(Packet Filtering Router)和应用级网关(Application Gateway)。最简单的防火墙由一个包过滤路由器组成，而复杂的防火墙系统是由包过滤路由器和应用级网关组合而成的。由于组合方式有多种，因此防火墙系统的结构也有多种形式。

2. 防火墙的分类

一般地，防火墙的分类方法与对应类型如下：

(1)按照防火墙的实现技术分类。按照实现技术的不同,防火墙可分为包过滤型防火墙、应用代理型防火墙、基于状态检测的包过滤防火墙。其中,包过滤型防火墙工作在 OSURM 的网络层和传输层,根据数据包头源地址、目的地址、端口号和协议类型等标志确定是否允许通过;应用代理型防火墙工作在 OSI 的最高层,即应用层。其特点是完全阻隔了网络通信流,通过对每种应用服务编制专门的代理程序,实现监视和控制应用层通信流的作用;基于状态检测的包过滤防火墙实现了状态包过滤而且不打破原有客户的服务器模式,克服了前两种防火墙的限制,在状态包过滤防火墙中,数据包被截获后,状态包过滤防火墙从数据包中提取连接状态信息(TCP 的连接状态信息,如源端口和目的端口、序列号和确认号、6 个标志位,以及 UDP 和 ICMP 的模拟连接状态信息),并把这些信息放到动态连接表中动态维护。当后续数据包到来时,将后续数据包及其状态信息和其前一时刻的数据包及其状态信息进行比较,防火墙系统就能做出决策。后续的数据包是否允许通过,从而达到保护网络安全的目的,状态包过滤提供了一种高安全性、高性能的防火墙机制,且容易升级和扩展,透明性好。

(2)按照防火墙的组成结构分类。按照组成结构的不同,防火墙可以分为软件级防火墙、硬件级防火墙和芯片级防火墙。其中,软件级防火墙并不是个人防火墙,它通常运行于特定的计算机上,需要客户预先安装好计算机操作系统的支持,再安装防火墙软件,并做好配置,才可以使用,一般来说这台计算机就是整个网络的网关;硬件级防火墙是 PC 架构的计算机上运行一些经过裁剪和简化的操作系统;芯片级防火墙是基于专门的硬件平台,无操作系统,由于具有专门的 ASIC 芯片,故而这类防火墙具有更强的处理能力、更高的性能、更快的速度。

(3)按照防火墙所处位置分类。按照防火墙所处位置,防火墙可分为单一主机式防火墙、路由器集成式防火墙和分布式防火墙三种。其中,单一主机式防火墙是最为传统的防火墙,它位于网络边界;路由器集成式防火墙是在中、高档的路由器中集成了防火墙功能,将路由器和防火墙合二为一,大大降低了网络设备购买成本;分布式防火墙又称为嵌入式防火墙,其不只是位于网络边界,而是渗透于网络的每台主机,对整个内部网络的主机实施保护。

(4)按防火墙的应用部署位置分类。按防火墙的应用部署位置,防火墙可以分为边界防火墙、个人防火墙和混合防火墙。

7.3.2 防火墙的基本技术

目前使用的防火墙技术主要有包过滤、代理服务、应用网关和状态检测等技术。

1. 包过滤技术

包过滤(Packet Filter)技术是在网络层中对数据包实施有选择的通过。依据系统内事先设定的过滤逻辑,检查数据流中每个数据包后,根据数据包的源地址、目的地址、TCP/UDP源端口号、TCP/UDP目的端口号及数据包头中的各种标志位等因素,来确定是否允许数据包通过,其核心是安全策略即过滤算法的设计。例如,用于特定的因特网服务的服务器驻留在特定的端口号的事实(如TCP端El23用于Telnet连接),使包过滤器可以通过简单地规定适当的端口号来达到阻止或允许一定类型的连接目的,并可进一步组成一套数据包过滤规则。

2. 代理服务技术

代理服务技术实际上是通过代理服务器(Proxy Server)来完成的,所以也称为代理服务器技术。代理服务器位于内、外网络之间,用来提供应用层服务的控制,起到内部网络向外部网络申请服务时中间转接作用。内部网络只接受代理提出的服务请求,拒绝外部网络其他接点的直接请求。代理服务器的核心部件是应用代理程序(或称为服务器程序)。

代理服务技术可以运行于应用层,也可以运行于传输层。运行于应用层的代理服务与过滤路由器组合的防火墙,被称为应用网关,其应用代理程序是根据来同应用协议进行设计的。运行于传输层的代理服务防火墙,实际上是一个TCP/UDP连接中继服务。

3. 应用网关技术

应用网关(Application Gateway)技术也称为应用代理技术,是建立在网络应用层上的协议过滤,针对特别的网络应用服务协议即数据过滤协议,并且能够对数据包分析并形成相关的报告。应用网关对某些易于登录和控制所有输出输入的通信环境给予严格的控制,以防有价值的程序和数据被窃取。它的另一个功能是对通过的信息进行记录,如什么样的用户在什么时间连接了什么站点。在实际工作中,应用网关一般由专用工作站系统来完成。应用网关技术也经历了两个版本,即第一代应用网关代理和第二代自适应网关代理。

7.3.3 防火墙的构成

防火墙的构成是指防火墙在网络中的物理位置和它与网络中其他设备的关系。只有合理选用和配置防火墙的拓扑,才能使之具有最佳的安全性能。通常,防火墙的构成方式可分为双宿主主机结构、带有屏蔽路由器的单网段防火墙结构、单 DMZ 防火墙结构、双 DMZ 防火墙结构等几种。

1. 简单的双宿主主机结构

如果比较最早出现的简单防火墙系统的组成,可以发现是由配置了两个网络端口的 UNIX 主机系统来充当防火墙的,称为双宿主主机,如图 7-4 所示。其中一个端口与内部网络连接,而另一个端口与外部网络连接,并且禁止在两个端口之间的路由功能。主机在系统中同时充当阈和门的角色,所提供的服务有两种方式:一是允许内部网络的用户直接登录访问其提供的服务,这从网络安全角度来看是不能接受的,用户的登录对主机存在着很大的潜在威胁;另一种服务方式是在主机中运行代理服务器,为内部用户提供某种特殊网络服务(如 Web 服务)的桥接,用户的服务访问都要通过这个代理服务器转接。

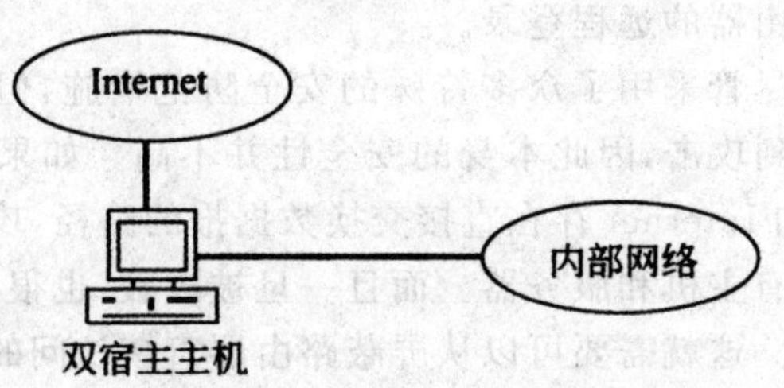

图 7-4　简单的双宿主主机结构

双宿主主机防火墙结构简单、易于实现,且成本较低,但是也相当脆弱。它使用一台计算机连接外部网络和内部网络,把整个内部网络的安全保障全部托付给该计算机,同时又把它暴露在外部网前。双宿主主机在这种结构中往往是攻击者攻击的首选目标,防火墙技术本身也不能保证主机不受攻击。另外,双宿主主机承担了所有防火墙的工作,往往成为内外网络通信的瓶颈。

2. 带有屏蔽路由器的单网段防火墙结构

带有屏蔽路由器的单网段防火墙的拓扑结构如图 7-5 所示。它使用了一个屏蔽路由器和一个堡垒主机构成防火墙。屏蔽路由器用于过滤数据报文，提供保护堡垒主机的安全屏障。堡垒主机是 Internet 上的主机和内部网络的主机之间的桥梁(如电子邮件的传递)，但是仅允许某些确定类型的应用。

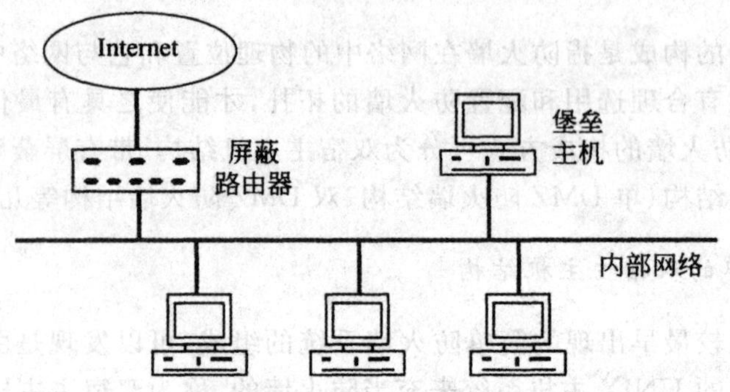

图 7-5　带有屏蔽路由器的单网段防火墙结构

该结构的有效性在于如何正确设置屏蔽路由器和堡垒主机。除了完成各自的功能之外，双方应对数据的流向进行严格控制。屏蔽路由器应保证所有的输入信息必须先送往堡垒主机，并且只接受来自堡垒主机的输出信息。这样内部网络上的其他站点也只能访问堡垒主机。此外为保证这一固定的数据流动路径不被更改，屏蔽路由器应采用静态路由设置，并且路由器上应拒绝处理与网络安全威胁有关的协议信息，如 ARP、ICMP 报文等，同时限制对屏蔽路由器的远程登录。

屏蔽路由器尽管采用了众多特殊的安全防范措施，但因为它直接面向 Internet，容易受到攻击，因此本身的安全性并不高。如果屏蔽路由器被渗透，这时内部网和 Internet 存在直接交换数据报的路径，攻击面有可能会扩展到内部网上所有主机和服务器。而且一旦被攻破，也很难发现，而且不能识别不同的用户。这就需要可以从屏蔽路由器直接访问的主机要支持复杂的用户认证，并且网络管理员要不断地检查网络以确定网络是否受到攻击。

3. 单 DMZ 防火墙结构

上述防火墙结构都存在一些限制，为了克服其缺陷，目前使用的防火墙结构一般包含有被称为 DMZ(Demilitarized Zone)的“非军事区”，DMZ 有时也被称为“周边网”。如图 7-6 所示，为这种防火墙结构的典型拓扑，其中屏蔽路由器和堡垒主机连接在一个网段上，以确保所有跨越防火墙的数据信息必须先后经过这两个网络安全单元。在屏蔽路由器和堡垒主机之间的网段上不放置任何其他网络设备，该网段就被称为“DMZ 区”。在这种拓扑结构中堡垒主机是双宿主主机，要求具有两个网络接口，而 DMZ 区成为外部网络与内部网络之间附加的一个安全层。堡垒主机的服务可以作为应用网关(Application Gateway,注意并非应用层协议转换器),也可以作为代理服务器。

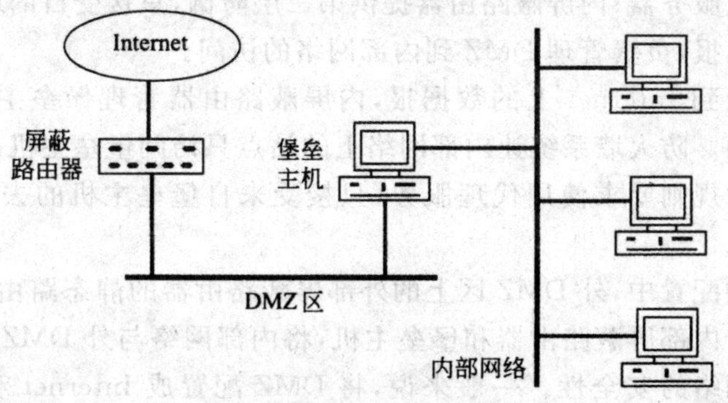

图 7-6　单 DMZ 防火墙结构

由于堡垒主机是唯一能从 Internet 上直接访问的内部系统,所以内部网上有可能受到攻击的主机就只有堡垒主机本身。一般不允许用户注册堡垒主机,如果允许用户注册,就为攻击者增加了一条攻击的途径,降低系统的安全性。

4. 双 DMZ 防火墙结构

根据被保护内部网络的某种特殊需求,防火墙的拓扑结构常常要增加其他的部件。如果内部网络中要求有部分信息可以提供给外部共享,允许外部用户直接访问,如 Web 服务的主页信息或 FTP 文件传输服务的部分内容等,对此可以通过在防火墙中建立两个 DMZ 区来解决。如图 7-7 所示,在外 DMZ 区的网段上安置一些公共信息服务器(Web 服务器或 FTP 服务器),而这些服务器系统本身也作为外堡垒主机。

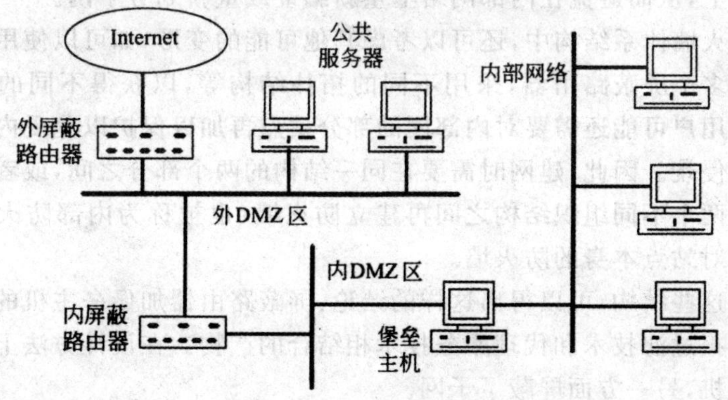

图 7-7　双 DMZ 防火墙结构

对于从 Internet 来的数据报，外屏蔽路由器用于防范外部攻击(如源地址欺骗和源路由攻击)，并管理 Internet 到外 DMZ 区的访问，允许外部系统访问信息服务器；内屏蔽路由器提供第二层防御，只接受目的地址是堡垒主机的数据报，负责管理 DMZ 到内部网络的访问。

对于送到 Internet 上的数据报，内屏蔽路由器管理堡垒主机到 DMZ 网络的访问。防火墙系统让内部网络上的站点只访问堡垒主机。屏蔽路由器上的过滤规则要求使用代理服务(只接受来自堡垒主机的去往 Internet 的数据报)。

在这种配置中，外 DMZ 区上的外部屏蔽路由器的静态路由设置，然后再设置一个内部屏蔽路由器和堡垒主机，将内部网络与外 DMZ 隔离开来，加强内部网络的安全性。一般来说，将 DMZ 配置成 Internet 和内部网络系统仅能够访问 DMZ 中数目有限的系统，而通过 DMZ 网络直接进行信息传输是严格禁止的。

部署带 DMZ 的防火墙系统有以下几个好处：

(1)入侵者必须突破几个不同的设备，如外屏蔽路由器、内屏蔽路由器、堡垒主机等，才能攻击内部网络。

(2)由于外屏蔽路由器只能向 Internet 通告 DMZ 的存在，Internet 上的路由器不需要有与内部网络相对应的路由信息。这样就保证了内部网络是"不可见"的，而只有在 DMZ 网络上选定的系统才是"可见的"(通过路由表和 DNS 信息交换)。

(3)由于内屏蔽路由器只向内部网络通告 DMZ 网络的存在，内部网络上的站点不能直接通向 Internet，保证了内部网络上的用户必须通过驻留在堡垒主机上的代理服务才能访问 Internet。

(4)由于 DMZ 网络是一个与内部网络不同的网络，NAT 可以安装在堡垒主机上，从而避免在内部网络上重新编址或重新划分子网。

在防火墙体系结构中，还可以考虑其他可能的变形，如可以使用多台堡垒主机或多个屏蔽路由器，采用不同的拓扑结构等，以获得不同的防范效果。有些用户可能还需要对内部网的部分站点再加以保护以免受内部的其他站点的侵袭。因此，建网时需要在同一结构的两个部分之间，或者在同一内部网的两个不同组织结构之间再建立防火墙(也被称为内部防火墙)，甚至建立针对站点本身的防火墙。

综合这些结构，可以得出这样的结论：屏蔽路由器加堡垒主机的模式实质是数据报过滤技术和代理服务技术相结合的产物。在设计方法上一方面屏蔽了主机，另一方面屏蔽了子网。

7.3.4 防火墙的配置

目前,防火墙产品一般都是一种集成了防火墙功能、路由器功能、VPN 功能、入侵检测功能等多功能的网络设备,具有多种接口,对其进行配置与管理也不复杂。

如图 7-8 所示,防火墙的接口一般包括网络端口、控制端口和辅助端口,各端口功能如下:

(1)网络端口。一般防火墙都配置 100/1000Mbps 自适应 RJ-45 端口,采用超 5 类或 6 类双绞线及 RJ-45 头与网络连接。高档防火墙还配置有 1000Mbps 光纤端口,采用室内光纤跳线及相应的光纤模块与网络连接。

(2)控制端口。控制端口即 Console 端口,用于管理员对防火墙进行本地配置。

(3)辅助端口。辅助端口一般有两种,一种是 AUX 端口,用于连接 Modem,便于管理员对防火墙进行远程管理;另一种是 USB 端口,用于管理员插入管理密钥。

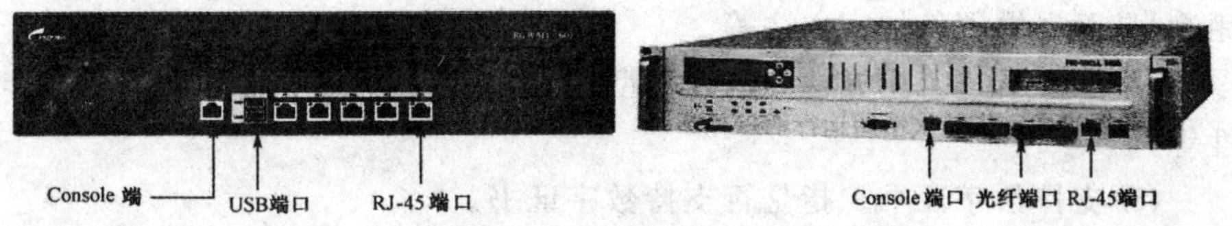

图 7-8　防火墙的接口

对防火墙进行配置与管理一般有两种方式,一是通过 Console 端口命令行进行配置管理,二是通过 Web 界面进行配置管理,详述如下:

(1)通过 Console 端口命令行配置防火墙。这种方式适用于管理员第一次配置防火墙、或测试防火墙的基本通信功能,或更改防火墙网络接口的 IP 地址。一般只对防火墙作必要的初始配置,其操作步骤如下:

①利用随机附带的串口线连接管理主机的串口和防火墙串 ElConsole。

②启动超级终端工具,定制通信参数。每秒位数:9600;数据位:8;奇偶校验:无;停止位:1;数据流控制:无。

③连接成功以后,提示输入管理员账号和口令时,输入出厂默认账号和口令,即可进入命令行登录界面。

④输入命令“fastsetup”,回车进入命令行快速配置向导。按照配置向导的提示逐步进行,即可完成相关的配置。

(2)通过 Web 界面进行配置管理防火墙。利用 Web 界面也可以对防火墙进行必要的初始配置,但主要用于对防火墙进行更加详细的配置和管理。因为各种防火墙的 Web 管理界面不同,其操作方法也就不完全一样,配置时需要按照随机附带的用户操作手册的说明,逐步操作完成。

7.3.5 防火墙的性能与选购

要选购一台性价比好又实用的防火墙产品,首先要了解防火墙的性能参数,然后根据实际需求确定产品型号。

1. 防火墙的性能参数

一般地,防火墙的主要性能参数如下:

(1)产品类型。基于路由器的包过滤型,基于通用操作系统型,基于专用安全操作系统型。

(2)协议支持。指支持的非 IP 协议,建 VPN 通道的协议,在 VPN 中使用的协议等。

(3)加密支持。指支持的 VPN 加密标准,除了 VPN 之外加密的其他用途,是否提供硬件加密方法等。

(4)认证支持。指支持的认证类型、列出支持的认证标准和 CA 互操作性等。

(5)支持数字证书。指是否支持数字证书。

(6)访问控制。指通过防火墙的包内容设置的访问控制,在应用层提供代理支持的访问控制,在传输层提供代理支持的访问控制,是否支持 FTP 文件类型过滤,用户操作的代理类型,是否支持网络地址转换(NAT),是否支持硬件口令、智能卡等。

(7)防御功能。指是否支持防病毒和内容过滤功能,是否阻止 ActiveX、Java、Cookies、JavaScript 侵入,能防御的 DoS 攻击类型等。

(8)管理功能。指是否支持本地管理、远程管理、集中管理和带宽管理,是否提供基于时间的访问控制,是否支持 SNMP 监视和配置,负载均衡特性,失败恢复特性(failover)等。

(9)记录和报表功能。指防火墙处理完整日志的方法,是否具有日志的自动分析和扫描功能,是否具有提供自动报表、日志报告和简要报表功能,是否提供告警机制和实时统计,是否能列出获得的国内有关部门许可证类别及号码等。

2. 用户选购防火墙的注意事项

用户在选购防火墙时,应该注意如下事项:

(1)防火墙自身是否安全。

(2)系统是否稳定、高效、可靠。

(3)功能是否灵活,配置是否方便,管理是否简便。

(4)是否可以抵抗拒绝服务攻击。

7.4　计算机病毒与防治

7.4.1　计算机病毒的定义及分类

1984 年 5 月 Cohen 博士在世界上第一次给出了计算机病毒的定义:计算机病毒是一段程序,它通过修改其他程序把自我复制嵌入而实现对其他程序的感染。计算机病毒虽然对人体无害,但它一般具有传染性、隐蔽性、破坏性和潜伏性等与生物病毒类似的特征,

根据其运行的特点,计算机病毒大致可以分为细菌、蠕虫、病毒、活板门、逻辑炸弹和特洛伊木马等,如图 7-9 所示。

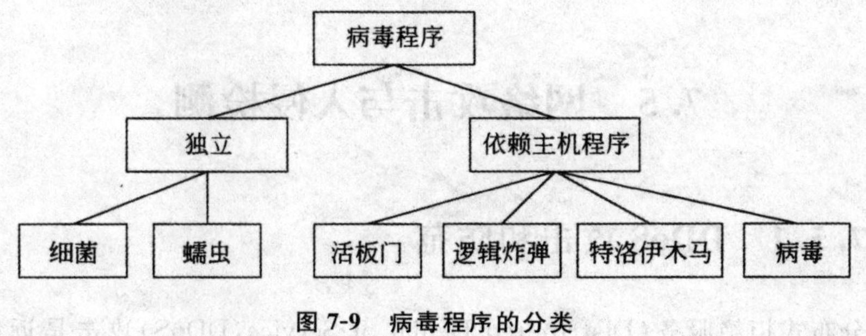

图 7-9　病毒程序的分类

7.4.2　病毒防范的一般方法

一般地,计算机病毒计算机信息系统的危害主要表现为破坏系统和数据、耗费资源、破坏功能和删改文件等。运用防病毒软件进行信息系统的病毒防范简单有效,病毒防范不仅仅是技术问题,尤其是在目前技术还不能解决所有问题的情况下,应该在日常的系统维护过程中制定适当的防治策略,

建立病毒防范体系。下面列出了一些在日常维护过程中病毒防治的策略和一般方法，可供网络维护工作人员和用户参考：

(1)落实病毒防治的规章制度。我国在2000年由公安部颁布实施了《计算机病毒防治管理办法》，应继续贯彻，结合各自单位的情况建立病毒防治制度和相应组织，落实病毒防治工作。

(2)建立快速、有效的防病毒应急体系。病毒疫情往往呈现出突发性强、涉及范围广和破坏力高的特点。为了有效降低病毒的危害性，提高对病毒的防治能力，各单位应建立病毒应急体系，与当地公安机关建立的应急机构和国家的计算机病毒应急体系建立信息交流机制，以便在爆发病毒疫情时及时做好预防工作，减少病毒造成的危害。

(3)建立动态的系统风险评估措施。对使用的系统和业务需求特点，进行计算机病毒风险评估，了解自身系统主要面临的病毒威胁的情况，确定所能承受的最大风险，以便制定相应的病毒防治策略和技术防范措施，并制订灾难恢复计划。

(4)建立病毒事故分析制度。对发生的病毒事故，要认真分析原因，找到病毒突破防护系统的原因，及时修改病毒防治策略，并对调整后的病毒防治策略进行重新评估。确保恢复，减少损失。

(5)加强技术防范措施。经常从软件供应商那里下载、安装安全补丁程序和升级杀毒软件。随着计算机病毒编制技术和黑客技术的逐步融合，下载、安装补丁程序和杀毒软件升级并举将成为防治病毒的有效手段。

7.5 网络攻击与入侵检测

7.5.1 DDoS 攻击和防范

分布式拒绝服务(Distributed Denial of Service，DDoS)攻击是近年来对因特网有巨大影响的恶意攻击方式，是当前网络安全最严重的威胁之一。自2000年以来已有众多的著名网站，如Yahoo、eBay、Amazon、Sina、中国联众等遭受DDoS攻击，造成网络长达数小时的瘫痪，给受害者造成了巨大的经济损失。DDoS攻击与目前使用的网络协议密切相关，它所具有的“合法”的外衣使得找到有效解决DDoS攻击的方案极为困难。防范DDoS攻击需要综合运用前面介绍的各种技术，如防火墙、漏洞扫描、入侵监测、审计等，从攻击的预防、检测和防御3个方面入手，才能取得较好的效果。

1. DDoS 攻击

DDoS 攻击是在拒绝服务攻击(DoS)的基础上发展起来的。从网络攻击的各种方法和所产生的破坏情况来看,DoS 是一种相对简单但又很有效的进攻方式。DoS 的目的是通过拒绝服务访问,破坏网络服务的正常运行,导致合法用户最终不能获得正常的网络服务。

DoS 的攻击方式有很多种,主要通过对主机特定漏洞的利用展开攻击,导致网络协议栈失效、系统资源耗尽、主机死机而无法提供正常的网络服务。例如,利用合理的服务请求来占用过多的服务资源,从而使合法用户无法得到服务。DoS 攻击者向服务器发送众多的带有虚假客户端地址的连接请求,服务器保留相关资源后发送回复消息表示愿意建立连接,并等待客户端的连接确认消息。由于地址是伪造的,因此服务器不可能等到回传的消息,而分配给这次连接请求的资源就一直被占用着,一直到服务器因超时而释放连接资源。在这段时间内,如果攻击者不断地提出新的伪地址连接请求,服务器资源就会被耗尽,而来自正常的客户端的服务连接请求会被拒绝。针对 DOS 攻击,一般可以通过给服务器制定特殊的使用规则,或安装防火墙软件等进行防范。

DDoS 是一种基于 DoS 的特殊形式的拒绝服务攻击,是一种分布协作的大规模攻击方式,其主要的攻击对象是各种网站,如商业公司、搜索引擎和政府部门的站点等。DoS 攻击只在一台机器上展开攻击,DDoS 攻击则利用一批受控制的机器向一个网站发起攻击。这批受控制的机器已被攻击者入侵,安装了攻击程序,可被攻击者间接利用,又被称为“僵尸主机”。分布式拒绝服务攻击一旦被实施,众多的“僵尸主机”在攻击者的控制下同时向受攻击主机发送网络报文,这些报文犹如洪水般涌向受攻击主机,从而把合法用户的网络报文淹没,导致合法用户无法得到服务器的服务。因此,拒绝服务攻击又被称为“洪水式攻击”。这种利用多台机器的资源发起攻击的方式往往来势迅猛,令人难以防备,因此具有较大的破坏性。

2. DDoS 攻击的预防

攻击预防的目标是尽可能地消除遭到 DDoS 攻击的可能性,主要是从设备、设置和监控 3 个方面进行。

设备预防是指利用网络设备增强服务器承受攻击能力、增强安全性、提高检测响应能力和减少受攻击的可能的防御方法。设备预防可以利用路由器,防火墙、IDS 和蜜罐等网络设备,从未雨绸缪的角度防范 DDoS 攻击。例如,路由器进行源 IP 地址验证,可以阻止利用伪造源 IP 进行的 DDoS 攻击;针对 SYNFlooding 可以使用 SYNProxy 代理防火墙,降低遭受攻击的可能;安装 IDS 和蜜罐等安全设备能够较好地对 DDoS 攻击的预测和响应提供支持;将网站分布在多个不同的物理主机上,防止网站在遭受攻击时全部瘫痪。

设置预防是指在设备预防的基础上对网络或终端实施提高安全性的防御设置。例如,及时安装系统补丁程序;关闭不必要的服务和端口;缩短 SYN 半连接的超时时间;在服务器上禁止一切不必要的服务和设置流量控制等。同时优化对外提供服务的主机的性能,对网络设备和潜在的有可能遭受攻击的主机进行全面设置保护。

监控预防所要做的工作主要是观测网络和网络设备的状态:对所有主机进行扫描以发现有可能被攻击者利用的安全漏洞,并修复这些漏洞;检查网络终端是否出现已被攻击者安装了攻击程序的症状,预防其成为“僵尸主机”;监控网络流量以检测是否存在攻击者和“僵尸主机”之间相互通信的信息,及时找到攻击前的蛛丝马迹。

当然,DDoS 攻击前的预防只能对防御 DDoS 攻击起到部分缓解作用,以弥补系统的脆弱性,还不能从根本上消除这种攻击。

3. DDoS 攻击的检测

有效地检测到攻击的存在是防御攻击和及时做出响应的必要条件。攻击检测一般在受攻击者网络里进行,因为那里存在大量的攻击分组从而较容易检测到攻击。

专门检测 DDoS 攻击的工具通常使用模式检测和异常检测两种检测方法。模式检测就是把网络中当前存在的每个通信模式与已知的各种 DDoS 攻击模式做比较。如果发现某个通信模式和某个确定的攻击模式相匹配,就可以认为该通信是一个 DDoS 攻击。因此,使用模式检测方法时,要特别留意网络流量中是否存在大量的某种确定类型的分组,如 TCP SYN 和 ICMP Echo 等。因为这些异常大数量的同一类型分组很有可能就是来自某一个 DDoS 攻击。异常检测,顾名思义就是通过发现网络中的某些异常来检测攻击。例如,发现某些服务器或网络性能突然有较大幅度的下降,就有可能是发生了 DDoS 攻击。需要注意的是,模式检测只能检测到已知类型的 DDoS 攻击,有可能漏检,但发生判别错误的可能性很小。而异常检测则能检测到未知类型的 DDoS 攻击,但有可能把一些正常的通信判定为 DDoS 攻击。因此要根据具体情况来选择最适合的检测方式。

4. DDoS 攻击的防御

在检测出存在攻击的情况下，正在研究的用于响应 DDoS 攻击的技术主要有源追踪、过滤、日志记录等。这些技术的侧重点不同，有些需要相互合作才能取得较好的效果。

源追踪技术的基本思想是由路由器以某个概率或确定的方式对转发的数据报文进行标注，将路由器自己的 IP 地址信息添加到 IP 报头中。这样当目的端在检测到攻击时，依据攻击报文各自含有的路由器地址信息得到这些攻击报文所经过的路径，进而确定攻击源的位置。攻击报文往往采用伪装的源地址，因此从源地址查找攻击者是不能实现的。

日志记录也是以找到攻击源的位置为目的，其基本思想是在数据报的传输路径中，路由器将数据报的摘要记录下来，即所有的路由器都保存其转发过的数据报部分信息的摘要，这个摘要可以覆盖 IP 报文头部的不变域和数据载荷中的前 8 字节数据。当某个受害者检测到攻击存在时，向追踪管理器发出追踪请求，追踪管理器即询问上游路由器检查自己的数据库是否有要查询数据报文的摘要，从而根据各路由器返回结果重构出数据报的路径。

过滤技术则以丢弃攻击报文为目的。过滤技术首先从已检测到的 DDoS 攻击中寻找攻击报文流的某些特征，然后根据这些特征来检查目前的数据流中有无符合这些特征的报文流。若存在这样的报文流就认为是攻击报文，网络设备可丢弃具有这些特征的攻击报文，达到过滤的目的。过滤一般在“僵尸主机”端网络的出口处进行，因为这样可以防止大量的带有源地址欺骗的攻击分组出现在公共网络中。

由于网络协议的固有缺陷，目前还不存在能彻底防御 DDoS 攻击的技术。对此有另外一种防御思路：基于攻击和防御都有成本开销，若通过适当的办法增强网络承受 DDoS 攻击的能力，也就意味着加大了攻击者的攻击成本，那么绝大多数攻击者将无法继续下去而放弃攻击，也就相当于成功地防御了 DDoS 攻击。从经验出发，为了增强防御 DDoS 攻击的能力，在设计计算机网络时可以考虑采用以下几个措施：

(1)采用高性能的网络设备，包括路由器、交换机、硬件防火墙等，保证网络设备不成为网络的瓶颈。

(2)尽量避免使用 NAT 技术。无论是路由器还是硬件防护墙设备都要尽量避免采用网络地址转换，因为对地址来回转换需要对网络报文进行计算，就会增加 CPU 的时间开销，进而会降低网络通信能力。

(3)保证有充足的网络带宽。网络带宽直接决定了承受攻击的能力，如果仅有10Mbps带宽的话，无论采取什么措施都很难对抗现在的SYN Flood攻击。当前至少要选择100Mbps的带宽，最好当然直接用1000Mbps的主干连接。

(4)升级服务器硬件。在有网络带宽保证的前提下，尽量提升服务器的硬件配置，起关键作用的主要是CPU和内存，其他有硬盘和网卡等。这样当存在攻击时可以有足够的资源应付。同时增加服务器数量，并采用DNS轮巡或负载均衡技术。

(5)把网站做成静态页面。实践经验表明静态页面能提高抗攻击能力，而且还给攻击带来麻烦。

7.5.2 入侵检测技术

入侵检测(Intrusion Detection)是对入侵行为的检测，它通过收集和分析计算机网络或计算机系统中若干关键点的信息，检查网络或系统中是否存在违反安全策略的行为和被攻击的迹象。入侵检测系统(IDS)是进行入侵检测的软件与硬件的组合，如图7-10所示，是入侵检测/响应流程示意图。

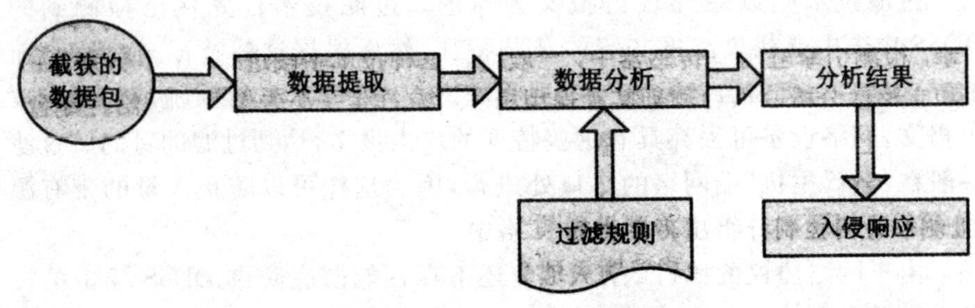

图7-10 入侵检测/响应流程

1. 入侵检测的分类

按照检测类型划分，入侵检测有两种检测模型，分别为异常检测模型和误用检测模型，详述如下：

(1)异常检测模型。用于检测与可接受行为之间的偏差。如果可以定义每项可接受的行为，那么每项不可接受的行为就应该是入侵。首先总结正常操作应该具有的特征(用户轮廓)，当用户活动与正常行为有重大偏离时就被认为是入侵。这种检测模型的漏报率低，误报率高。因为不需要对每种入侵行为进行定义，所以能有效检测未知的入侵。

(2)误用检测模型。用于检测与已知的不可接受行为之间的匹配程度。如果可以定义所有的不可接受行为,那么每种能够与之匹配的行为都会引起告警。收集非正常操作的行为特征,建立相关的特征库,当监测的用户或系统行为与库中的记录相匹配时,系统就认为这种行为是入侵。这种检测模型误报率低,漏报率高。对于已知的攻击,它可以详细、准确地报告出攻击类型,但是对未知攻击却效果有限,而且特征库必须不断更新。

另外,若按照检测对象划分,入侵检测可以分为基于主机、基于网络和混合型三种类型,限于本书篇幅,这里不再详细讨论。

2. 入侵检测过程分析

入侵检测过程分析分为三部分,即信息收集、信息分析和结果处理,详述如下:

(1)信息收集。入侵检测的第一步是信息收集,收集内容包括系统、网络、数据及用户活动的状态和行为。由放置在不同网段的传感器或不同主机的代理来收集信息,收集的信息内容具体包括系统和网络日志文件、网络流量、非正常的目录和文件改变、非正常的程序执行。

(2)信息分析。收集到的有关系统、网络、数据及用户活动的状态和行为等信息,被送到检测引擎,检测引擎驻留在传感器中,一般通过三种技术手段进行分析,分别为:模式匹配、统计分析和完整性分析。当检测到某种误用模式时,产生一个告警并发送给控制台。

(3)结果处理。控制台按照告警产生预先定义的响应采取相应措施,可以是重新配置路由器或防火墙、终止进程、切断连接、改变文件属性,也可以只是简单的告警。

7.5.3　安全审计

审计是记录用户使用计算机网络系统进行所有活动的过程,不仅能够识别谁访问了系统,还能指出系统正被怎样地使用,可以用于确定是否有网络攻击的情况,以及确定攻击源。同时,系统事件的记录能够更迅速和系统地识别问题,并且它是后面阶段事故处理的重要依据。例如,网络中有一些文件非常重要,只有一定级别的人才能查看,查看后要形成观看记录;文件不能被随意复制、删除,且必须对该文件的访问或试图访问进行严密监控并形成日志,日志中清楚地记录来自哪台设备的哪个用户已经或试图读取这些文件,以便事后取证。

另外,通过对安全事件的不断收集与积累并且加以分析,有选择性地对其中的某些站点或用户进行审计跟踪，以便对发现或有可能产生的破坏性行为提供有力的证据。因此，审计是提高安全性的重要工具。

安全审计的对象有网络和主机两种。前者包括对网络信息内容、协议、数据的流量和流向的记录和分析；后者指对主机上运行的操作系统、设备、系统文件、注册表文件、应用程序等的使用进行事前控制和事后取证，形成日志文件。因此安全审计工作可以在各个子系统上分别进行。

安全审计一般包括以下几个方面的工作：

(1)自动收集所有与安全性有关的活动信息，这些活动应该由管理员在系统启动时选定。要能从审计信息中分析出与系统安全有关的各种攻击现象和攻击过程，关键是要确定必须审计的事件。

(2)采用标准格式记录审计信息，如事件类型、访问者标识、动作、时间、事件回答以及事件统计等。

(3)根据审计对象的不同，如入侵事件、网络滥用事件、病毒事件等进行分类审计。

(4)对所选审计记录的收集，包括远程收集，通过数据库技术实现审计数据的汇总。

(5)自动存储收集到的审计信息。

(6)统计分析审计信息，对特定的和常见的攻击现象做出反应。

(7)保护已记录的审计信息不被攻击和破坏，例如对信息加密，或在访问审计记录时要求有口令等。

(8)准备安全审计报告，根据企业的需要，提供不同的审计报告。

(9)审计工作应对设备的正常运行没有影响，对主要的运行性能的影响应该尽可能地小。

第 8 章　网络工程建设与管理

网络工程建设与管理是确保网络正常运行的关键环节，是一项富有挑战性的工作，需要严谨的设计作风和深厚的网络技术功底。随着网络技术迅速发展，网络类型越来越多，网络规模越来越大，网络产品不断更新，网络应用环境越来越复杂，如何根据时代的需求，通过系统化的网络设计方法，规划和建设一个功能完善、设备先进、性能优良、安全可靠的计算机网络系统，并且对网络进行适时、有效的监控与管理，以减少网络环境发展过程中由网络规模、业务扩展等带来的问题，为用户提供优质的网络服务、获得更高的经济效益，已成为当前网络建设中的主要任务。本章我们就对网络工程建设与管理展开讨论。

8.1　网络的需求分析与规划

8.1.1　网络规划的内容与原则

网络规划是根据网络系统建设方(即用户)的网络建设需求和用户的具体情况，在进行需求分析的基础上，初步拟定一套完整的网络系统建设方案。

一个较完整的网络系统按其功能可划分为网络基础与运行平台、网络安全与管理平台、网络服务与应用平台三部分。网络基础与运行平台负责网络的通信，主要包括主干网络系统、网络中心机房和网络综合布线；网络安全与管理平台负责网络的运行安全和管理，主要包括设备和线路的安全与管理、软件和数据的安全与管理、系统运行的安全与管理以及网络互连的安全与管理；网络服务与应用平台负责为建设者所需的网络应用和服务。因此，网络规划与设计的任务和内容就是在对用户的现状、用户的需求进行详细分析的基础上，对上述三个平台进行科学、合理、详细的规划，用最低的成本建立最佳的网络，达到最高的性能，提供最优的服务。

在进行网络规划时，要处理好整体建设与局部建设、近期建设与远期建设之间的关系，根据用户的近期需求、经济实力和中远期发展规划，结合网络技术的现状和发展趋势进行综合考虑。故而，网络规划通常必须解决以下几个主要问题：

(1)为什么要建设计算机网络，即建设计算机网络的目的是什么。

(2)计算机网络可以解决哪些问题，即建设计算机网络的目标是什么。

(3)建设什么样的计算机网络，即初步建设计算机网络的方案。

计算机网络系统技术复杂，涉及面广。为了使设计的网络系统更为合理和经济，性能更加良好，在进行网络规划时，应根据建设目标，按照从整体到局部、自上而下进行规划和设计，以“实用、够用、好用、安全”为指导思想，并遵循以下原则：

(1)开放性和标准化原则。网络系统采用开放系统结构，没有特别的限制和额外硬件要求。整个网络系统规划要严格遵守国家法律和行业相关规范，保证项目的各个环节规范、可控，采用的标准、技术、结构、系统组件、用户接口等都符合国际化标准。

(2)先进性和实用性原则。整个网络系统规划要确保设计思想先进、网络技术先进、网络结构先进、网络硬件设备先进、支撑软件和应用软件先进；设计方案中所选择的设备和技术在数年内不落后；同时，要考虑到用户的实际需求和经济实力，实用有效是最主要的规划设计目标。

(3)安全性和可靠性原则。安全性对于网络的运行和发展是至关重要的。网络系统稳定、可靠、安全地运作是网络规划的基本出发点，在规划网络系统时既要考虑网络系统的安全性，也要考虑应用软件的安全性。网络设备和操作系统软件的选择应根据应用的需要，符合必需的安全级别，通常最低的安全级别为C2级。所采用的应用软件系统应具有严格的分级权限管理，防止非法用户越权使用系统资源。重要的信息系统应采用容错设计，支持故障检测和恢复。安全措施有效可信，能够在软件、硬件多个层次上实现安全控制，技术指标按平均无故障间隔时间(Mean Time Between Failure，MTBF)和平均无故障率(Mean Time Before Repair，MTBR)衡定。可靠性是指在网络规划时，既要考虑网络硬件系统长期不间断地运行，故障率降到最小，又要考虑各种数据的高可靠要求，是否需要采取双机备份或分布式存储、故障恢复的措施等。

(4)灵活性和可扩展性原则。网络系统功能框架应采用结构化规划方法，系统功能配置灵活，关键设备选型要具有一定的超前意识，能够在规模和性能两方面进行扩展；要保证技术的延续性、灵活的扩展性和广泛的适应性。应用软件系统的选择应注意与其他产品的配合，保持一致性，特别是数据库的选择，要求能够与异构数据库实现无缝连接。总之，在建设今天网络的同时，要为明天网络的发展留下足够的余地，以适应应用和技术发展的需要。

(5)可管理性和可维护性原则。网络系统规划要充分考虑到网络设备类型多、涉及的技术范围广等因素，对主要网络设备、服务器、数据存储及备份设备等进行集中管理，以提高系统效率，及时发现问题和排除安全隐患。高性能的网络系统应能对系统的所有资源进行方便的统一管理和调控，快速响应用户需求，使用各类信息资源有效地为决策人员、管理人员、科研人员及各类用户提供良好的信息服务。一个好的网络系统还应具有良好的可维护性，因此，不仅要保证整个网络系统规划的合理性，还应该配置相应的网络检测设备和网络管理设施。

(6)经济性和效益性原则。经济性是指具有良好的性能价格比，应从三方面考虑：不要盲目追求最新的设备；硬件和软件要尽可能相匹配，不要出现“大马拉小车”的现象；用户计算机应用水平的程度，水平参差不齐也会降低设备的利用率。网络系统规划要保证投资效益，在既满足业务需求、又考虑到今后发展的前提下尽可能地减少投资，同时充分考虑在系统软件、各类硬件、网络平台投资上的均衡性，充分利用原有的设备、人力和物力资源，并考虑新建系统与原有系统的衔接，保护用户的前期投资。

8.1.2　网络需求分析

在网络规划与设计中，最重要的任务之一是确定用户的网络需求，只有对网络工程的建设目标、技术目标和各种约束条件进行了全面分析，才能使得网络工程建设达到用户的要求。网络需求分析的首要步骤是获取需求信息，所采用的方法主要有实地考察、用户访谈、问卷调查、向同行咨询等。获得用户获取需求信息以后，接下来就是对这些信息展开分析了。需求分析对于任何网络工程的规划与设计是一个必须的过程，应该由用户方和设计人员共同完成，二者缺一不可。经过需求分析，用户、网络系统设计人员和网络技术人员之间在网络的功能和性能上应达成共识，并形成一个书面的用户需求书，供专家评审。接下来，我们对需求分析的具体内容展开讨论。

1. 网络现状分析

如果用户已建有网络，则必须首先对用户现有网络的现状作详细的了解，一般需要收集以下数据：

(1)现有网络的类型和结构，包括现有网络协议、网络拓扑结构图和物理结构、路由器和交换机的位置、服务器和大型主机的位置,连接 WAN 方法等。

(2)IP 地址的配置方案,包括子网的划分、VLAN 的设计和 IP 地址的分配等。

(3)网络综合布线,包括网管中心的位置、楼宇和楼层的配线间的位置、信息点的分布情况、主干线缆和室内线缆品牌和型号、全网的布线方式和布线图等。

(4)网络安全体系,包括采用的安全设备、安全策略、网络安全体系结构等。

(5)网络服务和应用系统,包括网络所提供的服务功能、网络业务范畴、运行的应用系统及使用情况等。

(6)网络设备配置,包括网络所有设备的品牌、型号、购买时间、所承担的网络任务及具体配置等。

(7)网络的运行状况,包括网络的性能、网络的能力、网络的可靠性、网络的利用率、端口数量或容量不足问题、网络瓶颈或性能问题、与网络设计相关的商务约束问题等。

(8)网络管理,包括用户现有网络管理人员的结构、分工与个人资料,实行的管理制度和管理流程,是否使用网管软件,网管软件的品牌和功能,网管软件是否满足实际需要,以及网络相关的策略和政策等。

上述数据资料有一些可以直接从用户处得到,若没有,则只能由设计人员通过调查了解、分类整理完成。

2. 业务需求分析

业务需求分析的目标是明确机构或部门的业务类型,应用系统软件种类,以及它们对网络功能指标(如带宽、QOS)的要求。业务需求是进行网络规划与设计的基本依据。那种就网络建网络,缺乏企业业务需求分析的网络规划是盲目的,会为网络建设埋下各种隐患。通过业务需求分析要为以下方面提供决策依据:需实现或改进的企业网络功能有哪些、需要集成的企业应用有哪些、是否需要电子邮件服务、是否需要 Web 服务、是否需要视频服务、是否需要接入 Internet、是否需要什么样的数据共享模式、需要多大的带宽范围、计划投入的资金规模是多少等。

3. 管理需求分析

网络的管理是企业建网不可或缺的方面,网络是否按照设计目标提供稳定的服务主要依靠有效的网络管理。高效的管理策略能提高网络的运营效率,"向管理要效益"是网络工程的真理。一般地,网络管理的需求分析需要着重考虑以下内容:是否需要对网络进行远程管理,远程管理可以帮助网络管理员利用远程控制软件管理网络设备,使网管工作更方便、更高效;谁来负责网络管理;需要哪些管理功能,如需不需要计费、选择哪个供应商的网管软件、是否有详细的评估;需不需要跟踪和分析处理网络运行信息;是否要为网络建立域,选择什么样的域模式;将网管控制台配置在何处;是否采用了易于管理的设备和布线方式等。

4. 安全性需求分析

随着网络规模的扩大和开放程度的增加,网络安全的问题日益突出。网络在为使用者做出贡献的同时,也为各种黑客提供了更加方便的入侵手段和途径。如果网络建设之初不考虑安全性问题就可能会引来巨额经济损失。

网络安全要达到以下几点为最终目标:

(1)对网络与信息访问进行有效的控制。

(2)保护信息传输的安全性。

(3)对攻击事件能及时检测到并迅速做出反应。

(4)物理安全措施得当,有效地应对灾难及偶然事故发生的恢复计划等。

基于以上目标,网络安全性需求分析需要考虑以下内容:企业的敏感性数据及其分布情况、网络用户的安全级别及权限、可能存在的安全漏洞及对本系统的影响程度如何、网络设备的安全功能要求、网络系统软件及应用系统的安全要求评估、采用什么样的杀毒软件和防火墙技术方案、安全软件系统的评估、网络遵循的安全规范和达到的安全级别等。

5. 网络规模与结构分析

网络规模与结构分析是指通过对地理环境和人文布局的实地勘察和分析,确定网络规模及地理划分情况,同时也为网络的拓扑结构设计和结构化综合布线设计提供决策依据。

网络规模与结构分析主要应包括的内容是:园区内的建筑群位置;建筑物内的弱电井位置,配电房位置;各工作区的分布情况;各工作区内的信息点数目和布线规模等。

网络规模一般分为工作组或小型办公室局域网、部门局域网、骨干网络和企业级网络4种。为了更好地明确网络规模以便制订适合的方案,还需要做好以下几项具体内容的分析:哪些部门需要进入网络;有多少网络用户;需要的网络及终端设备的数量;采用什么档次的设备;哪些资源需要上网等。

网络拓扑结构受地理环境制约,尤其是局域网段的拓扑结构,它几乎与建筑物的结构一致。所以,网络拓扑结构的设计要充分考虑机构或部门的地理环境,以利于后期结构化综合布线工程设计与实施。为了做好网络拓扑结构的设计工作,需要做好以下几项具体内容的需求分析:网络的接入点(访问网络的入口)的数量及分布位置;网络设备间的位置;网络连接的转接点分布位置;网络中各种连接的距离参数;其他结构化综合布线系统中的基本指标等。

6. Internet 接入方案分析

随着 Internet 应用的迅猛发展,使得 Internet 接入成为网络建设中一个必不可少的方面。Internet 接入时应综合考虑网络规模、带宽、费用等因素来选择合适的接入方案。

7. 网络扩展性分析

在规划网络时,不但要分析网络当前的技术指标,而且还要估计网络未来的增长,以满足新的需求,保证网络的稳定性,保护企业的投资,即进行网络的扩展性。扩展性分析的内容主要包括:已有的网络设备和计算机资源有哪些;哪些设备需要淘汰;哪些设备还可以保留;哪些设备便于网络扩展;主机设备的升级性能;操作系统平台的升级性能;需求的新增长点有哪些;网络结点和布线的预留比率是多少;带宽的增长估计等。

8. 工程成本预算与效益分析

在进行上述需求分析后,有必要对工程的成本进行预算,并从经济的角度分析建立一个网络所需要的投资和由此带来的经济效益。这项工作涉及成本估算、网络运行与维护费用估算、效益分析和风险预测等。总之,应以最低成本来完成项目的建设,并且尽可能将建设风险降到最低。

8.1.3 可行性报告的编写

需求分析的上述工作完成后,最后一个环节就是编写可行性研究报告,此报告一般可作为项目立项的参考,同时也是下一步工作的基础。其内容可按以下纲要编写:

(1)可行性研究的前提。具体内容如下:

①项目要求,如网络应具备的功能、性能、数据传输方式、安全要求、完工时间。

②项目的约束条件,如网络运维周期、费用、法律政策的限制、网络工程施工与软件开发的限制。

③可行性研究的方法,如研究的基本方法与策略,系统的评价方法等。

(2)现有环境的分析。具体内容如下:

①现有计算机系统的基本情况,如处理能力、所占空间、使用人员等。

②计算机的工作类型与其网络流量。

③如果存在老网络,则需要分析现有网络的性能及运维情况。

(3)建议的网络设计方案。具体内容如下:

①方案的概要,为实现目标和要求将使用的方法和理论依据。

②建议的网络系统对原有系统的改进。

③技术方面的可行性,如技术能力、施工人员数量和质量、工程实施计划及依据。

④建议的网络设计方案预期的结果。

⑤建议的网络设计方案存在的局限性及这些问题存在的原因。

(4)可供选择的其他设计方案。具体内容如下:

①提出多种不同的设计方案,并说明各种方案的特点和优点,以供评审。

②与建议的设计方案相比,未被采纳的原因。

(5)工程投资与效益分析。具体内容如下:

①建议的设计方案所需要的总费用,包括基本建设费用、网络设计与软件开发费用、管理与培训费用。

②建议的设计方案能够带来的效益,如办公效率的提升、生产力的提高等。

③估算网络使用周期、网络的工作负荷,以及实现工程目标时,关键设备的性能指标基准参数。

(6)社会因素。具体内容如下:

①法律法规方面的可行性,如合同责任、技术专利因素。

②当前环境是否可以实施建议的设计方案。

③网络的使用者是否已经具备对网络的使用能力。

(7)结论。具体内容如下:

①可以立即开始实施建议的设计方案。

②若不能立即实施,则注明需满足的前提条件。

③若需要对当前环境进行修改,则需要指出当前需要修改的目标有哪些。

④不能实施并说明原因。

8.2 网络方案的设计

在完成需求分析的工作后,一个重要的工作就是根据可行性报告进行网络的设计。

8.2.1 网络设计的基本原则

一般地,网络设计要遵守如下基本原则:

(1)经济性。充分利用原有的软硬件资源,选择产品性价比高、信誉好、售后服务及时的厂商来提供产品和技术支持服务。不要超前投入大量资金,为厂家提供新产品的实验场所。

(2)实用性。实用性是指应着力于满足实际的应用需求,不要片面追求功能多样性与技术先进性。

(3)可靠性。网络设计必须以可靠性为前提,以保证网络运行稳定可靠,即平均无故障时间尽可能高。具体来说,确保网络设计的可靠性,主要应从设备的选择、网络结构的组织、拓扑结构、线路建设等几个方面着手。尤其是在线路建设上,应遵循国际布线标准,采用结构化布线系统。一般情况下,建筑物与建筑物之间的主干线路通常选用光纤以提供足够带宽和满足长距离传输的要求。建筑物内利用光纤或超五类 UTP 以保障最后 100m 的传输性能,而室内则主要采用五类 UTP 将用户计算机接入网络。当然随着 WLAN 技术的发展和广泛应用,在楼内或室内采用无线设备将用户计算机接入网络,也是个不错的选择。虽然 WLAN 在传输及安全性能等方面不及传统有线网络,但由于其网络建设基本无须布线而越来越受到用户欢迎。在整个网络系统的冗余设计上,要做好链路、设备及路由冗余设计,以提高网络系统的自愈能力。主干通道使用并行冗余设计。通常情况下两条线路以负载均衡的方式提供数据传输,当故障发生时,可及时进行线路切换。核心设备应是由两台或两台以上设计组成的虚拟设备,当一个设备发生故障停止工作时,另一台设备能够自动响应,接替其工作。网络结构设计中应使用环形冗余设计为主干网提供足够的路由冗余,一旦网络连接发生变化,路由表很快收敛。

(4)安全性。随着计算机网络技术的不断发展,它给人们的学习和生活带来极大便利,但同时也面临着巨大的安全威胁,故而网络的安全性必须予以足够的重视。

(5)先进性。网络技术的发展极其迅速,因此应在保证可靠性和经济性的基础上,尽可能地选用先进的技术和设备,争取网络具有较长的生命周期。事实上,先进性原则也可为可靠性提供保证,并为网络的兼容性和可扩展性提供最大的可能。即网络设计应在保障结构合理、性价比较高的基础上,使网络的技术含量具有适度的超前性,充分发挥建设投资效益。

(6)可扩充性。随着用户数量及用户应用需求种类的不断增加,对网络规模、网络带宽等各个方面又会提出新的要求,因此网络设计方案要具有一定的超前性,为网络留有充分的扩充与升级余地,充分考虑未来网络在业务规模扩大和技术升级两个方向上的扩展空间。网络设计的可扩展性体现在:一方面,能适应网络技术的发展,便于网络的技术升级;另一方面,网络规模增大和性能指标的提高能与用户群体规模的增长相适应,用户能方便接入网络。网络规模扩大和应用需求种类的增加,不会降低网络原有的服务质量。

(7)开放性。开放性是实现不同网络系统互联和互操作的保证。在进行网络设计时必须遵循国际标准,结合国家标准和行业标准,采用开放型的技术体系,选择通用性较强的产品,同时充分兼顾多种网络系统结构。如网络体系结构选择国际标准——具有支持不同网络系统的 TCP/IP 体系结构;局域网组建技术选择目前技术成熟、应用广泛、拥有众多厂商支持的以太网技术或无线局域网技术。

(8)兼容性。在进行网络设计时,应使网络系统能兼容不同厂商、不同年代的计算机和网络软硬件产品设备。

8.2.2 逻辑网络设计

逻辑网络设计的重点在于网络功能的分配和网络逻辑拓扑结构的设计,一般由乙方的网络设计人员完成,主要工作包括逻辑拓扑结构设计、IP地址规划、路由协议选择、网络功能的分配等。

1. 逻辑结构

目前企事业网络内部已经全部使用以太网,因此现在的逻辑网络拓扑结构的设计全部采用星状加树状拓扑结构。从功能上讲,对于中小型网络,一般使用核心层与接入层两级功能结构。对于大中型网络一般使用三层功能结构,即核心层、分布层(汇聚层)与接入层。其中,核心层处于层次模型的最高层,代表网络覆盖的核心部分,具有管理整个网络区域的功能;分布层处于层次模型的中间层,它的主要功能是聚合路由路径,收敛数据流量,是核心层与接入层的分界点，提供基于统一策略的互联性，对数据包进行复杂的运算，分布层主要提供路由决策、安全过滤、流量控制、远程接入4大功能；接入层位于层次模型的最底层，它的主要功能是接入层将流量汇聚到网络分布层，执行网络访问控制，并且提供相关边缘服务。

2. IP 地址规划

关于IP地址，前面已经做过讨论。对于如今的企事业网络，一般建议内部网络使用RFC1918规定的私有IP地址，网络外部端口只需要申请极少量的外部公有IP地址，对于小型网络甚至可以不用专门申请公有IP地址，利用前面介绍的NAT技术，小型网络可以直接使用ISP提供的外网端口的IP地址进行互联网通信。内部网络如果需要使用内部的合法IP地址，那么在网络边界也应该使用NAT技术对这些内部的合法地址进行IP地址的翻译转换，从而保护内部主机。

在内部规划私有IP地址时，建议一个网段内的主机数量最好不要超过254台，这样就可以使用一个C类网络进行配置；如果C类网络IP数量不够分配，即网段内IP地址需求数量超过254个时，则可以使用B类网络的IP地址，此时最好同时应用前面章节提到的VLAN技术，在网段内进行再一步逻辑划分；如果需要使用A类网络进行分配，则最好使用子网划分技术，将分配的每个子网的IP地址个数控制在254个以内。这些建议的原因是由于以太网内主机个数达到200台左右时，以太网广播可能会引起广播风暴，严重影响网络通信的效率。

特别需要强调的是在网络工程设计过程中，不到万不得已时不要使用VLSM及CIDR技术分配IP地址。虽然这两个技术在现在的设备中均可以使用，但其他复杂性只适合理论考试中作为计算题考查理论而已，在网络工程中如果使用这两个技术，只会在网络中埋下隐患、带来复杂度，这两个技术对于网络的可靠性及扩展性都会带来限制。

3. 路由协议的选择

网络中只要存在两个非直连的网段，则必须使用路由技术。从理论上讲，前面章节中所介绍的所有路由技术都可以完成网络间分组的路由转发任务。但由于企事业网络一旦建成，其拓扑结构一般在几年内都不会有太大的变化，使用动态路由协议只会带来路由设备计算资源的浪费，因此建议使用静态路由协议以提高路由设备的工作效率。互联网的拓扑结构每时每刻都在发生变化，因此ISP的网络必须使用动态路由协议。

4. 网络功能的分配

在企事业网络中，网络的功能是通过使用各种网络技术分别实现的。网络设计中需要根据需求分析的结果，进行网络功能的合理分配，不同网段内所需要使用的网络技术及其实现的功能可以说是千差万别的，但在企事业网络的工程设计中，一般会应用到以下网络技术：

(1)VLAN 技术。此技术多数应用在接入层或汇聚层交换机，用于实现网络通信流量或者广播域的隔离功能。核心层交换机上也可以应用此技术，但一般用于 VLAN 互访功能的实现。

(2)端口聚合技术。此技术用于提高网段之间的带宽，分为二层端口聚合和三层端口聚合。接入层/汇聚层交换机上一般使用二层端口聚合技术，三层交换机上多数使用三层端口聚合技术。

(3)生成树协议。此技术主要用于存在以太网回路的交换机上，功能是防止出现广播风暴。现在的交换机全部默认运行此协议，没有特殊原因不要关闭此协议。

(4)HSRP 技术。此技术主要用于网络边界的路由器上，进行配置可以为网关提供冗余能力并保证网关的可靠性。中小型网络由于工程投资额有限，一般不建议使用此技术。如果大中型网络工程的资金允许，可以考虑使用此项技术。

(5)NAT 技术。此技术用于网络边界设备，如路由器或三层交换机等设备上，实现内部 IP 地址与外部 IP 地址的翻译。NAT 技术不仅可以用于外部网关设备实现内外网络 IP 地址的翻译转换，也可以用在内部网络的网段之间实现特定网段的隔离功能。

(6)ACL 技术。此技术用于网络边界，实现基于分组的各项过滤控制功能。路由器与三层交换机上均可使用此技术实现网络特定流量的控制，从而保护网络及其中的主机。ACL 技术在防火墙等安全设备中也可以使用，当网络没有使用防火墙等专用硬件时，一般建议在路由器或三层交换机上使用此项技术，从而在一定程度上保证网络及主机的安全。

(7)VPN 技术。此技术是标准的网络安全技术之一，主要用在内外网络的边界上。通常使用专业的防火墙等硬件实现，也可以通过路由器实现。但是一般不建议在路由器上使用此项技术，路由器在实现 VPN 功能的同时，还需要承担其他更为重要的工作，如协议转换、路由、拥塞控制等。VPN 技术对硬件计算资源的要求较高，若非要在路由器上实现此技术，那么路由器硬件配置一定要非常高才能兼顾各种计算需求。在中小型网络中，如果没有安全方面的预算，则不建议使用 VPN 技术；在大中型网络中若有这方面的资金预算，则可以考虑使用专业的防火墙等硬件设备实现VPN技术。

(8)VoIP技术。此技术用于向网络内部的用户提供基于IP的语音服务，限于当前国内的法律法规，VoIP技术还不能完全应用到外部互联网。在企事业网络内部可以通过此项技术极大地缩减内部员工间的语音通话费用，在企业及校园网络中应用得越来越多。在工程资金允许的前提下，可以考虑使用此项技术。

8.2.3 服务器子网连接方案设计

服务器系统是网络的核心设备，服务器在网络中的位置直接影响网络应用效果和网络应用速率。目前，服务器的接入方案主要有三种，即千兆位以太网端口接入、并行快速以太网冗余接入、普通接入。

如图8-1(a)所示，为一种将服务器直接接入核心交换机的连接图，优点是直接利用核心交换机的高带宽，缺点是需要占用太多的核心交换机端口使成本上升。另一种是将服务器接在一台交换机上，再接人两台核心交换机上，优点是可以分担带宽，减少核心交换机端口占用，可为服务器组提供充足的端口密度，缺点是容易形成带宽瓶颈，且存在单点故障，如图8-1(b)所示。

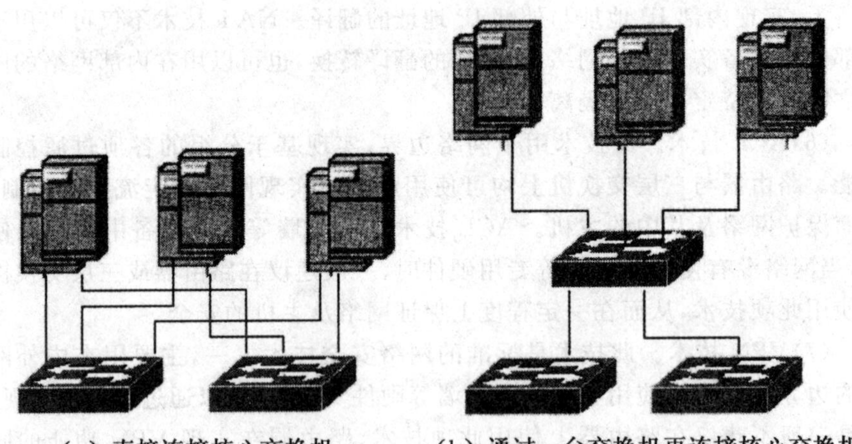

(a) 直接连接核心交换机　　(b) 通过一台交换机再连接核心交换机

图8-1　服务器与核心交换机连接

8.2.4　物理网络设计

物理网络设计的主要任务是网络环境的设计与网络设备的选型。网络环境的设计主要由结构化综合布线设计、网络机房设计与供电系统设计构成。

1. 结构化综合布线系统

该系统泛指在建筑物或建筑群内安装的网络信号传输系统.可以将所有的数据通信设备、语音设备、图像设备、安全监控设备等使用统一、标准的方法连接在一起。结构化布线系统主要由工作区子系统、水平子系统、垂直子系统、设备间子系统、管理子系统、建筑群子系统6个子系统构成。由于多数中小规模的网络工程施工企业并不具备完整的综合布线资质,因此多数网络工程中的布线工程采用外包的形式,将结构化综合布线系统这个环节外包给专业的、具有布线资质的布线公司去完成。

对于小型或轻量级的网络工程,如网吧、机房等,虽然并不需要非常专业地进行综合布线,一般的计算机专业人员可能都能完成这些简单的布线任务,但必须注意的是布线过程中一旦涉及防雷击处理或需要在建筑物外部布线的情况,则应该请具有布线资质的专业人员进行布线,计算机专业人员基本没有从事弱电或强电作业的经验与能力。因此本教材也不打算展开介绍综合布线的6个子系统,对此有兴趣的读者可以自行参阅这方面书籍。

2. 网络机房

网络机房是整个企事业网络的核心区域,多数核心层设备及服务器都将部署在网络机房中,因此网络机房的设计好坏,直接影响到日后网络的运行与维护工作。网络机房的设计一般包括综合布线、抗静电地板铺设、棚顶墙体装修、隔断装修、UPS电源、专用恒温恒湿空调、机房环境及动力设备监控系统、新风系统、漏水检测、地线系统、防雷系统、门禁、监控、消防、报警、屏蔽工程等。根据网络工程项目的预算,上述设计并不一定会全部实施。但其中有几项设计是需要在网络工程设计中尽可能实施的。

8.3　网络的综合布线

网络综合布线系统(Premises Distribution System,PDS)起源于美国,

具体是指按标准的、统一的和简单的结构化方式编制和布置建筑物(或建筑群)内各种系统的通信线路,包括计算机网络系统、电话系统、电视系统、消防报警系统、监控系统等。综合布线系统采用模块化结构设计,易于扩展和管理维护,彻底解决了传统布线中的布线复杂、费用高、使用难、扩展难等诸多缺陷。目前,综合布线系统主要应用在语音、数据、图像及多媒体业务方面,网络应用大多考虑到现行的5类系统。在不远的将来,网络应用会在级别更高的线缆和布线系统上运行。

8.3.1 综合布线系统的组成与设计

综合布线系统采用开放式网络拓扑结构,能支持语音、数据、图像、多媒体业务等信息的传递。一般地,综合布线系统工程都是按照7部分进行设计的,即工作区子系统、配线子系统、干线子系统、建筑群子系统、设备间、进线间、电信间。如图8-2所示,是综合布线系统的基本构成。

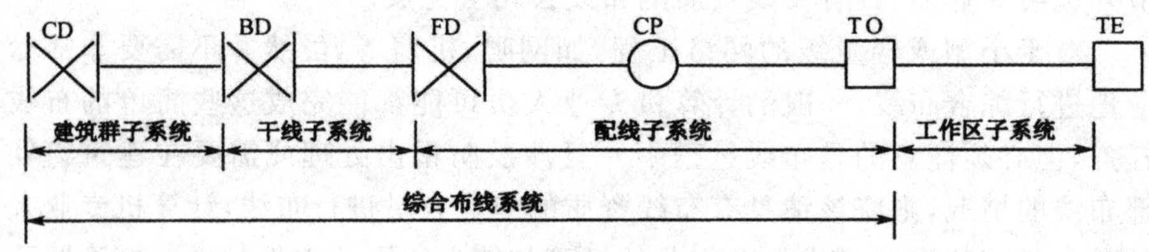

图 8-2 综合布线系统基本构成

综合布线系统应采用星形拓扑结构,每个分支子系统都是相对独立的单元,对某个分支子系统改动都不影响其他子系统。只要改变节点连接,就可使网络在星形、总线、环形等类型之间进行转换。如图8-3所示,是综合布线系统的设置示意图。

通常情况下,综合布线系统通常具有结构清晰、便于管理维护、便于扩展、节约成本、灵活性强等方面的优点。

综合布线系统设计的主要内容有布线系统组成、总体网络结构、系统技术指标、设备选型配置和与其他系统工程的配合等。综合布线系统设计应与建筑设计同步进行,即要求建筑设计时考虑设置建筑物中的综合布线系统的基础设施。综合布线系统的基础设施包括设备间、电信间和布放传输介质的管槽。

综合布线系统的设计等级有三种,即基本型、增强型和综合型,通常应根据需要选择适当等级的综合布线系统。

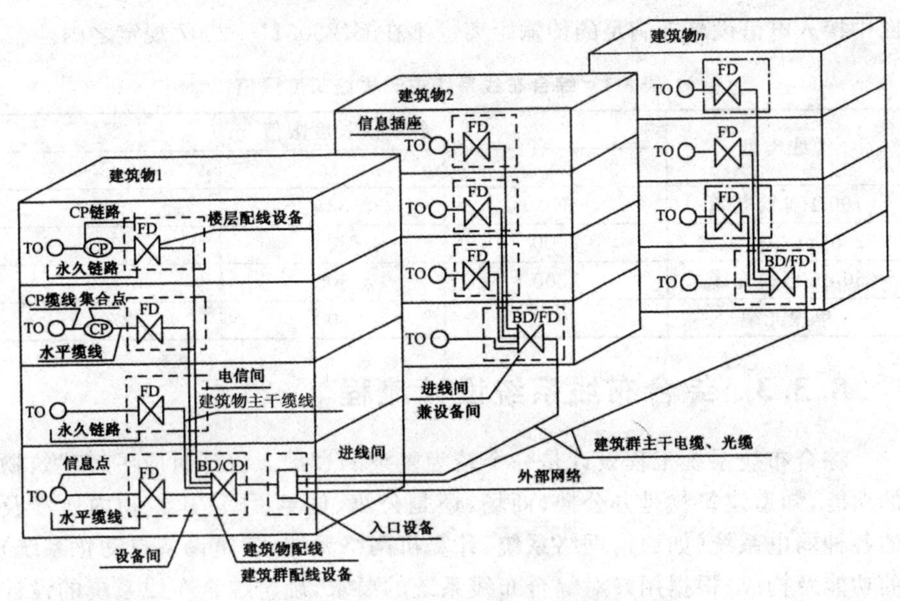

图 8-3　综合布线系统设置示意图

8.3.2　综合布线系统缆线长度的划分

ISO/IEC11801 2002-09 对水平缆线与主干缆线之和的长度进行了规定，依据 TIA/EIA 568 B.1 标准，综合布线系统各部分缆线的关系如图 8-4 所示。

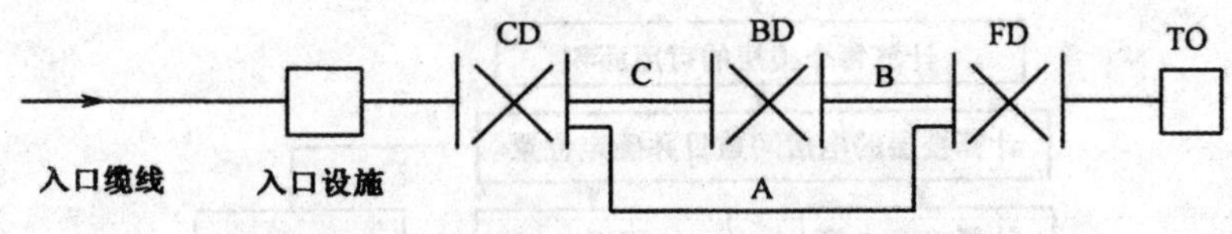

图 8-4　综合布线系统主干缆线组成示意图

同时规定，综合布线系统水平缆线与建筑物主干缆线及建筑群主干缆线之和所构成信道的总长度不应大于 2000m；建筑物或建筑群配线设备之间组成的信道出现 4 个连接器件时，主干缆线的长度不应小于 15m。综合布线系统各部分缆线的长度要求如表 8-1 所示。

在表 8-1 中，100Ω 对绞电缆作为语音的传输介质，在实际应用时，表中各线段数据可做适当变化，如 B 距离小于最大值时，C 为对绞电缆的距离可相应增加，但 A 的总长度不能大于 800m；建筑群与建筑物配线设备所设置的跳线长度不应大于 20m，超过 20m 时主干缆线长度应相应减少。需要说明的是，如果单模光纤用于主干链路传输，则传输距离允许达到 60km，但被认可至 GB 50311—2007 规定以外范围的内容，对于电信业务经营者在主干链路中接入电信设施能满足的传输距离也不在 GB 50311—2007 规定之内。

表 8-1 综合布线系统主干缆线长度限值

缆线类型	各线段长度限值/m		
	A	B	C
100Ω 对绞电缆	800	300	500
62.5μm 多模光缆	2000	300	1700
50μm 多模光缆	2000	300	1700
单模光缆	3000	300	2700

8.3.3 综合布线系统设计流程

综合布线系统工程设计是一个较为复杂的过程。设计时应了解建筑物的功能，知道建筑物是办公楼、商场，还是公寓、住宅；了解建筑物内所涉及的各种弱电系统（如通信网络系统、计算机网络系统、建筑设备自动化系统）的功能及构成；根据用户对综合布线系统的要求，确定综合布线系统的设计类型和等级（如 C 级、D 级、E 级、F 级）；确定采用适合该建筑物的综合布线设计方案、布线介质及相关配套硬件；完成该建筑中各个楼层的布线平面图、综合布线系统图；计算综合布线系统的设备材材料清单。综合布线系统工程具体设计流程如图 8-5 所示。

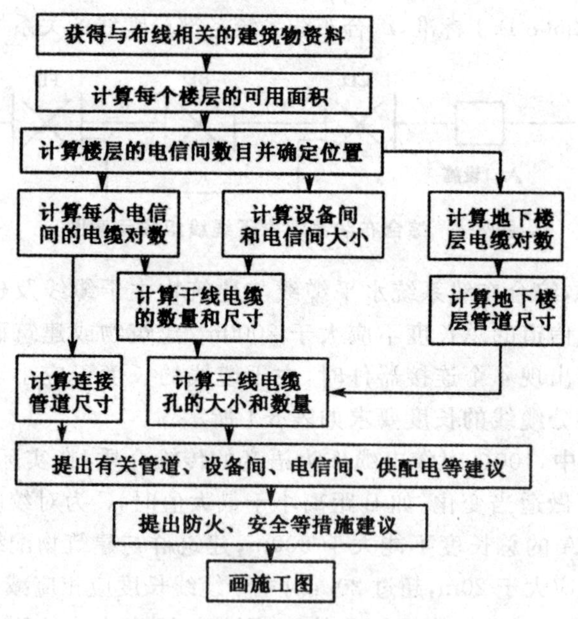

图 8-5 综合布线系统设计流程

8.4 网络的测试与验收

网络系统的测试和验收是保证工程质量的关键步骤。测试工作是故障的预防、检查、诊断、恢复的主要手段。通常在工程实施前，就需要制订各项测试计划。在测试计划内，应对每项测试活动的内容、技术指标、测试需要的环境和设备、参与人员及时间进度、测试结果分析准则等做详细的说明。测试完毕后，测试结果要写成“测试分析报告”，以便作为验收和维护的依据。网络系统的验收也可分成不同的阶段，根据测试结果和检查进行设备的到货验收、网络系统的初步验收和最终验收。测试和验收一般由设备供应商、组网工程实施人员、监理和用户共同参加。限于本书篇幅，本节我们仅就网络综合测试和网络系统验收展开讨论。

8.4.1 网络综合测试

网络综合测试又称为集成测试，是指网络设备、计算机设备互连构成计算机网络平台后的整体功能和性能的测试。集成测试具体可以测试网络的可达能力、帧传输效率和正确率、协议的类型、帧冲突率、流量等参数，再从这些参数得到网络系统性能的基本情况，如连通性、稳定性、满负荷运行情况和异常情况处理能力。

连通性是指网络上任意站点间是否能互相传输数据，相互访问并登录。稳定性是指在不间断运行时间内，计算机网络系统是否能保持正常运行，是否发生异常情况，如有异常发生是否需要操作人员人工干预。

满负荷运行情况的测试是使用专门的测试软件或其他方式让计算机网络系统处于满负荷状态运行，通过系统监控软件和管理软件检查计算机网络系统的各项性能是否仍在预计范围之内。

进行异常情况测试时，通过人为制造故障观测计算机网络系统的故障恢复能力。人为制造故障以不损坏设备为前提，凡是设备的使用手册中注明不允许的操作，均不可作为测试内容，以免给用户和供应商带来不必要的损失。

8.4.2 网络系统的验收

网络系统的验收可以根据工程的进展分为 3 步进行，即设备及软件的到货验收、网络系统的初步验收和最终验收。

设备及软件的到货验收检验购买的硬件设备及软件的货号和数量是否与订货清单一致，检验设备本身是否完好无损，检验设备和软件是否按时到货。验收完毕应该产生一份验收清单，并由参与验收的用户、施工单位、供应商签字。

网络系统的初步验收在计算机网络系统安装、调试和测试完毕后进行。初步验收的内容主要是检查和测试交付的系统是否能满足合同规定的功能指标和性能指标。初步验收应建立在测试报告的基础上，应明确地给出验收的结论，如通过初步验收、初步通过验收但需要做出某些修改、未通过验收等。如果通过初步验收，则计算机网络系统可以开始试运行。在试运行期间，由用户和施工单位共同负责系统的维护和管理。如果未通过验收，则还需确定具体的整改措施和下一次初步验收的时间。

系统经过 1～3 个月的试运行后，如果没有发生重大的故障，则可进行系统的最终验收。最终验收仍由用户、施工单位和监理共同参加。最终验收以合同的技术要求和试运行期间的运行日志为依据，通过对运行日志的分析，评价系统的功能和性能是否符合合同的规定、系统是否稳定可靠。最终验收的结果将形成最终验收报告，说明验收的结果：通过最终验收、未通过最终验收、运行一段时间后再验收。

系统在试运行期间，如果发生重大故障，导致系统中断运行等，则试运行提前结束。工程施工方有责任找出故障原因，做出整改，并安排重新进行系统的初步验收。

8.5 网络的管理与维护

网络系统建成后，网络的管理与维护工作一般由甲方的技术人员完成，当然甲方也可以在合同中将此项技术工作交由乙方进行后期的管理与维护。网络的管理与维护工作是一项确保网络正常运行的长期日常工作，是一个不断发现问题、解决问题的过程。随着企事业网络的规模越来越大，网络中需要管理与维护的资源也越来越多，如何规范地、系统地进行管理与维护是后期的一项重要工作。

8.5.1 网络的管理

对于如今的企事业网络而言，规模越来越大、越来越复杂，网络中存在的大量设备与资源很难保证都能按照设计功能全天 24 小时地正常使用，如果没有标准的网络管理系统，那么一旦出现问题就只能通过人工报告的形式通知网管，网管再进行故障诊断、处理，等到解决问题时可能已经过去了几个小时。这种管理效率明显不能满足现代企事业单位对网络的要求。因此现在的网络管理一般均使用网络管理系统完成，单纯的人工管理已经很少见了。为了规范网络管理系统的标准并提高网络管理的效率，国际标准化组织 ISO 在 ISO/IEC7498-4 标准中，明确定义了网络管理系统涉及的 5 大功能。

1. 故障管理

故障定义为与运营目标、系统功能或服务定义相偏离的事件或行为。故障可以分为内部故障与外部故障：内部故障指网络中设备的损坏；外部故障是外部环境的影响引起的故障。故障管理是网络管理中最基本的功能之一，用于检测、隔离、消除和处理异常系统行为。通过故障管理，可以迅速地检测和纠正故障，确保系统及其提供服务的高可用性。网络故障管理一般需要具备的功能有：故障报警功能、事件报告管理功能、日志管理功能、测试管理功能、确认与诊断测试的分类功能等。

2. 配置管理

配置是系统对运行环境的一种适配，包括安装新软件、升级旧软件、连接设备、更改配置参数等。虽然配置多数是与硬件设备有关的事情，但是网络管理系统中通常使用软件控制来生成并执行配置参数。这些参数通常包括功能选择参数、授权参数、协议参数、连接参数等。配置管理用于配置网络、优化网络，主要包括：设置系统中有关路由操作的参数；被管理对象或对象组的管理；初始化或关闭被管理对象；根据要求收集系统当前状态的有关信息；获取系统最重要的信息变化；更改系统的配置。

3. 计费管理

计费管理用于记录网络资源的使用情况，可以控制与监测网络各种操作的费用。在一些对外的商业网络中，这项管理功能尤其重要。通过计费管理，可以估算出用户使用网络资源需要付出的费用，网管也可以规定用户能够使用的最大费用，从而控制用户过多使用某些网络资源，提高网络资源的利用率，体现对所有用户的公平性。

为了保证计费功能的实现，网络管理系统必须提供账户管理功能对用户的使用情况进行管理与控制，账户管理一般由使用管理功能、过程功能、付费功能组成。其中的使用管理功能主要包括账户的使用生成、使用编辑、控制管理、使用分布等;过程功能主要有使用测试、使用监视、使用流程管理等;付费管理主要有付费生成、账单生成、支付处理等。

4. 性能管理

性能管理需要通过收集网络的相关参数来评价当前网络的运行情况,主要任务是监视、分析被管网络及其提供服务的性能,并根据分析结果能够触发某个诊断测试过程或重新配置网络,以维持网络的性能。性能管理与前面的故障管理是相互依存、密不可分的关系,性能管理可以被当作故障管理的延续,故障管理只负责网络的运转,并不能实现性能管理的目标。

性能管理收集、分析有关被管网络当前的数据信息,并维持和分析性能日志。一般情况下,性能管理应该具备收集统计信息、信息摘要、工作负载监视、网络流量管理、路由管理等功能。

5. 安全管理

安全管理是指对网络安全的管理,具体任务是保护网络中的资源,防止信息、网络设施、服务受到威胁或不适当的使用。安全管理的方法较多,一般应该包括:进行网络安全风险评估;定义和强制安全性策略;检查各种数字签名与证书;执行强制的访问控制;确保重要数据的加密;保证数据的完整性;监视系统以防止对安全性的威胁;及时报告违反或试图违反安全性的事件。

实施上述安全管理的开销相对于前面的管理而言,工作量及难度明显要大得多。因此在一般的中小型网络中,安全管理应用得并不多,只有在一些特别强调安全且有相应安全技术应用的网络中,才会严格应用安全管理。

8.5.2 网络的维护

现代社会对网络系统的依赖性越来越强,网络系统失效造成的影响往往是惊人的。因此应注意网络系统的日常维护,保证网络系统稳定可靠、能够长时间高效率地运行显得越来越重要。在实际应用中,有许多因素威胁着网络系统的运行。大到自然灾害,小到断电和操作员的操作失误,都会影响系统的正常运行,甚至造成整个系统完全瘫痪。同时,网络技术的发展使得计算机网络应用的范围越来越广,技术也日益复杂,这些都给维护工作增加了难度。网络系统的维护工作应该包含对系统失效原因及后果的分析、预防性的维护、故障的处理、系统的扩展等几个方面。

1. 系统失效的原因分析

导致网络系统失效的原因很多,大致可分为两种类型:一类是自然灾害和人为破坏,另一类是系统本身潜伏的一些破坏性因素。计算机网络是由各个部件组成的,因此从失效位置出发又可以把系统失效分成部件失效和连接失效两类。网络的基本部件——各种计算机系统失效的主要原因依次是硬盘损坏、各类硬件的损坏、病毒以及人为的操作失误等。连接失效主要是物理线路和协议软件上的问题。

一般地,失效原因分析要有针对性地做以下几个方面的工作:

(1)对症状进行精确完整的描述,确定问题是否的确存在,或是由于用户使用不当造成的。

(2)深入调查分析,确定故障的原因。可以使用支持 SNMP 和 RMON 等技术的工具收集设备的统计数据,排除与性能和能力有关的问题。

(3)从逻辑和物理角度理解网络的功能。

(4)应该真正地解决问题,而不是采用替代法避免问题的发生。

(5)开发问题解决方案的跟踪系统,提供一种跟踪机制,记录事件发生的过程,为技术人员发现问题创造条件。

对网络失效的整体情况有所了解之后,还可以进一步缩小失效原因的查找范围。应该了解每个设备的最大能力和使用的程度,有时问题是由于网络拥塞造成的。可以利用 SNMP 和 RMON 监视设备的使用情况,找出设备的底线参数和典型使用模式,为排错提供帮助。底线数据对于数据分析是很重要的,利用协议分析仪得到统计数据,应该是比较好的依据,而底线数据就是用于比较的基本数据。

硬盘是机电设备,是最容易损坏的部件。硬盘损坏将丢失盘上存储的数据,有时还会引起整个系统崩溃。数据丢失则有可能使信息不可恢复。处理器、内存、网卡、电源乃至主板的损坏会使系统无法正常运转,保存在磁盘中的数据也几乎毫无用处。

网络系统通常由多家厂商的网络设备组建构成,设备需要各种协议软件支持。因此,协议软件的错误有可能导致整个网络系统不能正常运行。

人为操作失误导致系统失效的可能性较小。典型错误是系统管理员误删系统文件、数据文件和系统目录等。人为破坏缺少规律性,有可能反复发生,是目前导致网络系统失效的一个主要因素。

2. 故障处理

故障处理是指对错误状态的恢复、错误数据的纠正和错误结果的清除。

网络系统发生故障时，有些可能是局部性的，如某根线路的断开、某个端口的失效、部分数据的丢失；有些则可能是全局性的，如主交换机的掉电、主服务器的磁盘损坏。故障的处理一般按照先发生先处理的顺序进行处理，但发生全局性故障时必须得到优先处理。

实践经验表明，即使是在同一个部位，故障的严重程度也不一样，其等级由故障对用户的影响来决定，响应的处理手段也有区别。

对于非设备性故障或一般性故障，网络维护人员应及时地加以解决。而对于设备故障，则还要依赖于各种设备的备件供给情况。系统集成商应提供相应的备件，以便在设备发生故障时，能及时获得备件供应。用户也可适当考虑自备一些关键设备的备件。另外，设备供应商在国内一般均设有备件库，可供选择。因此，为了让系统能够尽快恢复，网络维护人员、系统集成商和设备供应商应该共同建立一整套支持体系，用于向用户提供高效的、行之有效的支持服务。

发生故障后，故障的检测和恢复应由专业的网络维护人员负责或协调，利用有关工具和测试设备检测问题所在，并及时地解决问题，恢复系统的正常运行。当发生维护人员不能解决的问题时，应及时利用其他有保证的力量来共同解决问题。

在解决问题的过程中，因为是在网络上工作，每个采取的步骤都有可能影响其他用户，所以要慎重行事，不能随意改动无法确定的因素。例如，当出现局部路由问题时，技术人员往往采用 route 命令改变路由表。但是应该指出，如果没有搞清楚问题的所在，就不能简单地一改路由表了事，以为只要能够工作就行了。因为一个表项的改动有可能影响其他路径，造成低效率的路由。应该记住，在一次快速修复操作之后，还要找到产生问题的原因，使之在今后不会造成更大的故障。

3. 预防性维护

预防性维护是保证网络稳定和可靠工作的必要条件。网络工程人员和维护人员应与设备供应商合作，在网络运行期间定期对网络系统中的关键设备和线路进行预防性检测，并监视网络的运行情况，以防患于未然。而对一般性设备，也应在固定周期内进行全面的检测，并对有关设备提出替换或改正意见，争取及时发现问题、解决问题。

预防性维护需要在平时投入相当的人力和物力。网络维护人员必须使用经过多年工作积累起来的经验和技巧，利用网络管理工具、网络协议分析工具和专用的网络监控工具系统地检查网络中点到点的数据流，分析复杂的网络报文序列，测量网络数据通信流量和性能，及时反映当前网络运行的状态。

预防性维护可以在运行的网络上找到一些底层的间歇性的拓扑结构错误或传输媒体引起的错误。这些错误会使网络在局部地区发生的中断和性能下降，影响网络的稳定性。使用网络协议分析工具可以定位引起这些错误的设备或传输媒体，在错误产生的影响进一步扩大之前予以排除。

在网络上每天都会遇到许多非规律性的难以预料的问题，需要进行临时决策。如果简单地采用预先采样数据，发现问题后再对数据进行分析，由于受到时间和资源的限制，难以做到立即反应。预防性维护工作可以通过每天对特定指标进行趋势分析，减少非规律性问题出现的数量，或者将其转化为可预先处理的问题。

预防性维护应该注意监测网络的改变和新设备的使用。网络上的某些变化是计划好的周期性的升级，另外一些改动则需要动态地及时做出，以适应没有预料到的网络操作或应用需求的改变。预防性维护应该预见到实现网络的改变将如何影响整个网络的运行，要分析这些改变是否适合当前的网络运行状况，新设备是否适合当前的网络节点。特别要注意改变是否会对网络环境中其他区域产生负面影响，如果存在负面影响，应该采用什么方法应对。通过监测和分析预防性维护可以保证网络改变和新设备使用的平稳进行，并按计划达到预期的效果。

保持网络性能的最优也是网络维护的一个重要目标。大型计算机网络具有复杂的结构，例如有多台服务器，有些设备需要访问多个源节点。当工作站与服务器通信时，确定是否能达到最大的性能非常重要。预防性维护过程中，可以用各种各样的测量方法来确认当前实际的性能水平，并分析是否在当前的物理拓扑结构下，以及相应的网络操作系统和应用程序传输条件下性能达到最优。例如，用户经常会抱怨网络的速度慢，此时就有必要使用协议分析工具检查延迟出现在哪里，分析对端到端通道有负面影响的、降低网络吞吐量的网络区域和设备。检查需要针对特定的用户网段的吞吐量、特定路由器的吞吐量、目标网络的吞吐量，甚至还要检查进行实际处理的服务器或某一特定设备的内部吞吐量。通过检查了解目前的吞吐量是如何获得的，并指出网络延迟产生的原因。

预防性维护也要保证数据的安全性。为保护数据信息不丢失，有时需要使用功能完善、使用灵活的备份软件。备份软件应当能保证备份数据的完整性，并具有对备份介质（如磁带、磁盘）的管理能力。完善的备份软件还支持定时自动备份、校验技术、RAID容错技术和图像备份等。有些场合还要求备份软件具有“通知机制”，可以提醒管理员及时更换备份介质，提供备份策略等。备份数据对计算机网络系统来说至关重要。事实上，许多故障造成的损失都可以因备份数据的存在而被降到最小。

文档化的网络更易于管理和维护，这里的文档是指各种设备的手册，包括计算机、操作系统、路由器、交换机等设备的安装手册和用户手册。文档越齐全，就越易于进行故障定位和排除。同时，要注意文档应随着系统设备的升级而更新，使之保持为最新状态。具体的文档范围如下：

(1)网络的逻辑拓扑和物理拓扑。二者应该配合使用，确定每个网络部件如何连接。

(2)电缆连接和配线架信息。在一大捆无序的电缆面前，人们往往会不知所措，因此要做好标记，明确电缆的连接位置。

(3)计算机和其他设备的默认设置参数。应该利用报表记录各种网络设备的默认配置参数，如果有可能，编写一个应用程序来管理这些参数，这样更容易检索。

(4)计算机和用户使用的各种应用列表。应该区分网络管理与应用管理，记录每个应用程序的功能、版本号、补丁级别以及应用管理员的联系方法。一旦确定问题出在应用程序，而不是网络系统，那么就应该请求相应的应用管理员来帮助解决。

(5)用户账号信息和权限。应该了解每个网络用户的账号信息与使用权限。

(6)网络概况信息。应该为每个用户简要介绍与其工作环境有关的设备的使用方法，哪些设备可以使用，而哪些不能使用。

(7)问题报告。当问题出现时，应该及时记录与跟踪，记录当时的现象或原因，以便于日后分析，也作为避免该问题再次出现的保障。

4. 系统的扩展与升级

随着网络技术的发展和应用水平的逐步提高，用户将提出新的需求，要求网络系统增添新功能或提高性能。系统扩展和升级的具体操作可以分成硬件设备的升级和软件升级两种。硬件设备的升级包括硬件设备部件的升级和整机的升级两大类。在部件升级时网络工程人员应与各原供应商协调，回收或处理被替换下的老部件；而整机升级时，网络工程人员也应对老设备的降级使用提供参考意见。软件的升级主要是版本的升级和软件的更新。网络工程人员应就软件版本的提高、更新和升级及时通知用户，并提供升级和安装调试服务。

参考文献

[1] 刘建友,李清霞,张俊林.计算机网络基础[M].北京:清华大学出版社,2018.

[2] 苗凤君,夏冰,董跃钧,等.局域网技术与组网工程[M].第2版.北京:清华大学出版社,2018.

[3] 张荐.计算机网络基础[M].北京:人民交通出版社,2018.

[4] 孔祥杰.计算机网络[M].北京:机械工业出版社,2018.

[5] 朱迅,杨丽波,徐建军.计算机网络基础——基于案例与实训[M].北京:机械工业出版社,2018.

[6] 晋玉星.计算机网络技术[M].第2版.北京:科学出版社,2018.

[7] 徐志伟,孙晓明.计算机科学导论[M].北京:清华大学出版社,2018.

[8] 袁津生,吴砚农.计算机网络安全基础[M].第5版.北京:人民邮电出版社,2018.

[9] 何凯霖,陈轲.计算机网络基础[M].北京:人民邮电出版社,2018.

[10] [美]威廉·斯托林斯.现代网络技术[M].北京:机械工业出版社,2018.

[11] 邹莹,朱玲利,程小红.计算机网络[M].第2版.北京:中国铁道出版社,2018.

[12] 李永忠.计算机网络测试与维护[M].西安:西安电子科技大学出版社,2018.

[13] 姚琳,林驰,王雷.无线网络安全技术[M].第2版.北京:清华大学出版社,2018.

[14] 袁津生,蒋东辰.计算机网络与应用技术[M].第2版.北京:清华大学出版社,2018.

[15] 何小东.计算机网络原理与应用[M].第2版.北京:水利水电出版社,2018.

[16] 黎连业,王萍,等.计算机网络工程[M].北京:清华大学出版社,2017.

[17] 南炯.计算机网络技术[M].北京:电子工业出版社,2017.

[18] 郭四稳.网络工程设计与实施[M].北京:机械工业出版社,2017.

[19] 李联宁.网络工程[M].第2版.北京:清华大学出版社,2016.

[20] 杨陟卓.网络工程设计与系统集成[M].第3版.北京:人民邮电出版社,2014.

[21] 夏靖波,杜华桦,段弢.网络工程设计与实践[M].第2版.西安:西安电子科技大学出版社,2011.

[22] 肖川,田华,苏雨龙.计算机网络技术[M].北京:高等教育出版社,2018.

[23] 张兆信.计算机网络安全与应用技术[M].第2版.北京:机械工业出版社,2017.

[24] 鲁立.计算机网络安全[M].第2版.北京:机械工业出版社,2017.

[25] [美]威廉·斯托林斯.密码编码学与网络安全——原理与实践[M].第7版.北京:电子工业出版社,2017.

[26] 李芳,唐磊,张智.计算机网络安全[M].成都:西南交通大学出版社,2017.

[27] 鲍卫兵.计算机网络[M].北京:清华大学出版社,2017.

[28] 何琳.网络搭建及应用[M].北京:电子工业出版社,2017.

[29] 安葳鹏,汤永利,刘琨,等.网络与信息安全[M].北京:清华大学出版社,2017.

[30] 吴英.计算机网络[M].北京:清华大学出版社,2017.

[31] 朱晓姝.计算机网络[M].成都:西南交通大学出版社,2017.

[32] 曾瑶辉.计算机网络与通信[M].西安:西安电子科技大学出版社,2017.

[33] 林爱武.计算机网络[M].武汉:华中科技大学出版社,2017.

[34] 吴伟.网络安全技术配置与应用[M].西安:西安电子科技大学出版社,2017.

[35] 孙波.计算机网络技术[M].第2版.北京:机械工业出版社,2017.

[36] 李浪,谢新华,刘先锋.计算机网络[M].第2版.武汉:华中科技大学出版社,2017.

[37] 方洁.计算机网络技术及应用[M].北京:机械工业出版社,2017.

[38] 陈晓文,熊曾刚,等.计算机网络工程与实践[M].北京:清华大学出版社,2017.

[39] 沈鑫剡,俞海英,伍红兵,等.网络安全[M].北京:清华大学出版社,2017.

[40] 龚娟.计算机网络基础[M].第3版.北京:人民邮电出版社,2017.

[41] 郭浩,赵铭伟,陈玉华,等.计算机网络技术及应用[M].北京:人民邮电出版社,2017.